吴志强　主编

Edited by
WU Zhiqiang Siegfried

青岛世园会可持续规划设计

SUSTAINABLE PLANNING & DESIGN FOR THE INTERNATIONAL HORTICULTURAL EXPOSITION 2014 QINGDAO

中国建筑工业出版社

图书在版编目（CIP）数据

青岛世园会可持续规划设计 / 吴志强主编. —北京：中国建筑工业出版社，2015.12
ISBN 978-7-112-19006-5

Ⅰ.①青… Ⅱ.①吴… Ⅲ.①园艺－博览会－建筑设计－青岛市 Ⅳ.①TU242.5

中国版本图书馆 CIP 数据核字（2016）第 010388 号

责任编辑：杨　虹
责任校对：王宇枢　姜小莲

青岛世园会可持续规划设计
吴志强　主编
*
中国建筑工业出版社出版、发行（北京西郊百万庄）
各地新华书店、建筑书店经销
北京嘉泰利德公司制版
北京方嘉彩色印刷有限责任公司印刷
*
开本：880×1230 毫米　1/16　印张：12¼　字数：360 千字
2016 年 5 月第一版　2016 年 5 月第一次印刷
定价：**96.00** 元
ISBN 978-7-112-19006-5
（28280）

序

Preface

作为青岛世园会专家委员会的成员，我在世园会筹备之初就来过几次世园会，并参与了前期概念规划的国际方案征集和总体规划的评审等工作。

通过参加几次评审会，我深切地认识到青岛市委市政府和青岛市民对青岛世界园艺博览会非常重视。园区选址距离市区中心不远，临近大海，坐北朝南，是一块难得的山林地，在这个基础上又广泛征求方案。总体规划内容系统全面，考虑比较完善。除了园区，还有急救、商业服务等方面。功能设施比较齐全，露天的、室内的都充分考虑到。从交通来讲，对内、对外都有方便的连接，内外两环方便通达。这些方面都充分体现了青岛各届对世园会这一项城市重大建设项目的充分重视。

对城市建设我们要有一个远景，也就是我们城市建设的中国梦。但是如何建设我们美丽的祖国，如何建设我们的城市村镇，大家莫衷一是，也形成了很多名目，如绿城、森林城市、花园城市、园林城市、生态园林城市等。我觉得我们的城市应该有一个终极目标，那就是钱学森先生 1985 年在《人民日报》上提出的，建议中国建立山水城市。

山水城市彰显的是中国特色的城市建设之路，融合了中国传统文化和思想，强调自然与人类和谐共处，强调自然环境与人工环境的协调发展，是要将我国的自然山水画移植进城市建设，把中国园林构筑艺术应用到城市大区域建设当中。它包含生态城市的全部内涵：不仅是自然环境生态，还包含社会生态、经济生态、文化生态等，其根本指向是生态文明。

什么是山水城市？不是有山有水就是山水城市，山水城市有两个基本点，一是绿地率要达到50%，二是把中国的山水诗和山水画融进城市建设中。从这个意义上说，2014 年青岛世界园艺博览会是一届从规划布局、山水搭配、具体细节等各方面都非常成功的世园会。

世园会开园后，我去园区参观过几次，虽然没能看遍世园里的每一个角落，但是通过具体形象，说明了我们青岛世园的成功，我觉得它的成功是一个综合的因素。

首先，我们青岛很负责任，整个世园会的规划建设是建立在对自然充分尊重的基础上。世园会会址选用崂山山麓，隔山观海，是城市用地里面的一块风水宝地，从地形上来讲叫做山林地。世园会“不烦人事之工”，没有过多的人工改造，而是依靠原有的地形建园。我们的成功还在于理念正确。“让生活走进自然”，让我们把生活引向自然，这个理念也就是我们中华民族人跟自然高度融合的宇宙观，体现了天人合一。生活就是指人们把生活引向自然，人跟自然调和，结为一体。世园会的一个成功之处就是“相地立意”，作为崂山的余脉，百果山的美是一种纯朴的自然美，世园会是一种艺术美，是把社会美融入进去，这样就把人工美融入了自然，整个崂山也因此而变得更美。这也是传承了我们中华民族的理念。这对将来的城镇化建设，包括城市建设和风景园林规划，都有极其重要的指导意义。

其次，世园会整体的布局非常符合章法。我们中国的园林讲究“景面文心”，表面看是风景，实际上是文学。我们主张道法自然，这个“道”怎么体现呢？文以载道，要用文章来展现，因此我们很多景都有名字，这些名字都代表了一种诗意，所谓诗意并不是完整的诗，它是用四个字把诗意概括出来。然后我们“按题行文”，按照诗意我们去做文章，从布局上来讲中国的园林诠释了“文章是案头上的山水，山水是地面上的文章”。

再者，青岛世园会的规划建设非常符合山水城市的理念。山水城市的绿地既包含自然土地也包含屋顶绿化或者屋顶花园等人造绿化地面 ix，并且这两种绿地都应当作为一个系统结合起来建设。世园会对这两种绿地的规划设计都是非常到位的，特别是屋顶绿化的设计，体现了世园会山水城市的特色。世园会园区地块外围以山为环形，以水为心，它的中心是水。它的中心部分还是焦点，这个焦点就是两山夹一巘，到这块地方一看，引人注目的就是这个焦点。世园会的规划设计师们把握好了场地的特色，创作出不同特色的山水画、山水诗的意境。

中国园林要做到赏心悦目，讲究“外师造化、内得心源”、“巧于因借、精在体宜”，这正是山水城市的中国特色。我们的城市建设也应当诊断好场地的本身特色，这样才能避免千园一面、千城一面，走中国特色、地方风格的城市建设之路。

吴志强教授在本书中向我们呈现了青岛世园会规划设计和建设实施过程中对人与自然的关系、城市与环境的可持续发展进行的思考、研究和实践探索，解读如何运用“天人合一”的中华传统哲学精髓和东方智慧，去应对城镇化带来的种种问题，为今后的城乡规划和建设提供了经验参考。特别是在我国城镇化发展进入高速发展的阶段，生态环境日益复杂和严峻，思考和强调可持续发展的命题，塑造具有中国特色的山水城市，具有非常重要的意义和价值。

2015 年立春于北京

前言

Foreword

2010 年 10 月，在世博会即将闭幕的时候，我被聘任为 2014 年青岛世界园艺博览会的总规划师。这使我能够将上海世博会积累的经验和成熟的技术延续下去，进一步试验和检验这些前沿的理论方法和技术成果。当然，我也深刻认识到这两次博览会的不同之处。上海世博会面对的是黄浦江两岸 150 余年传统工业化严重污染的土地，是高密度的城市中心地带；而青岛世园会面对的是崂山余脉山谷腹地中农村土地，是梯田、果园、农舍、水库和池塘，是偏远的郊外。上海世博会展示的是人类社会对未来的畅想，对科技的赞美，对梦想的追逐；而青岛世园会展示的是人类对土地的敬畏，对自然的向往，对生命的热爱。如果说上海世博会的重点在于“修复”，那么青岛世园会的重点则在于“爱护”。“爱护”意味着尊重。尊重大地，尊重山水，尊重每一棵树、每一方田垄，尊重每一块石头、每一洼池塘，尊重每一条山径、每一座农舍，尊重每一眼山泉、每一个鸟窝……

犹记得 2011 年初，我们刚刚开始规划工作。为了使主办方赶在春天开始时动工，我坚持过春节前就敲定路网的方案。那一年的 2 月 1 日，是农历的腊月廿九，第二天就是除夕了，所有工作人员都已放假回家。那天夜里，我带着助手马春庆在现状地形图上，对比着每一根等高线，一点一点推敲道路，为的是尽可能地保护现状的山体、地貌和植被，尽可能地减少施工土方量，尽可能地维护其原本的自然山水格局。待我们推敲完全部路网，天已经微微发亮。东方既白，我欣慰于交出这样一份真正扎根于土地的设计成果。站在土地上规划，为人而规划，为一方土地而特制，一直被我奉为圭臬。

自 2014 年 4 月 25 日至 10 月 25 日，历时 184 天的青岛世界园艺博览会在青岛市百果山世园会景区成功召开，引起各界广泛反响。四年来的不断规划设计，终得以开花结果。人们对于世园会的印象是建设高效优质，管理精细入微，服务人性周到，展示新颖震撼，好评如潮，交口称赞。热闹过后，当我们冷静下来回顾这则盛会，其实更令人欣喜的，当是世园会背后所蕴藏的宝贵的精神财富，是许多进步的理念、创新的技术和特制的工作方法在世园会中变成了现实，也为未来青岛留下了这 240 多公顷的城市生态绿肺。

世园会的规划设计在可持续发展方面主要有九点新探索：

第一，规划严格尊重大地和山水，按照原有山水格局和地形地貌布置园区各功能区块，完成天人合一的格局。

第二，规划实现了屋顶全绿化覆盖，充分体现自然的魅力，追求虽由人作，宛自天开。

第三，规划通过绿道辐射将世园会突出为整个青岛北部未来发展的生态内核和城市绿肺。

第四，规划对已经被城镇化破坏的地方进行了巧妙的修复。

第五，所有道路选线利用全 3D 分幅设计，最大限度减少山体冲击，紧贴地形原貌。

第六，首次运用《本草纲目 2.0》，完成了六组“乔、灌、草”的配方，展示中医治理城乡环境中的水污染、大气污染和土地污染的实验配方。虽然是初步的首次尝试，但这一探索已经经过数年理论、科学实验和总结，首次转化成大地上的实践。

第七，专门申请到德国教育科研部和中国科技部清洁水专项，联合中德水处理专家完成了世界首座小型水处理站房，采用多项世界顶级水处理技术，分三级回收废水加以利用，用于世园村的废水回用、废水再用率高达78%。

第八，首次完成了世园会历史上全园全覆盖Wi-Fi，使参观者在园内各处用手机与植物介绍交互，使整个园区处处成为尊重自然的教育点。

第九，为青岛留下一个国际绿色产业大会的永久会址。从规划开始到会展结束，园区的规划布局经过与市委市政府多次汇报，确定将中心展馆选为“国际绿色产业大会”的会场。在世园会期间，召开了首届大会，为青岛的绿色产业发展提供了新的支持。

但支撑这一届展会圆满成功的，除了上述九点之外，是更多的智慧细节。为了将这些细节梳理整合，归纳分析，为更多的规划设计同行提供参考和借鉴，也为学生的未来探索可持续的城乡规划设计铺垫一片平台。在此世园会刚刚闭幕之际，编纂此书，是我的初心。

这本《青岛世园会可持续规划设计》集聚的正是我和同事们四年来的思想火花和劳动结晶。是可持续的设计理想将我们凝聚在一起，不懈进取，勇克难关。

我作为2014青岛世园会的总规划师，十分感谢青岛市领导对于规划设计理念、方案的理解、赞同和全力支持；感谢孟兆祯院士等前辈师长在学术上的指导和建议；感谢主办方对我规划工作一以贯之的信任、支持和配合；也感谢工作在各条战线上为青岛世园会贡献智慧和心血的规划师、建筑师、景观师、园艺师以及各类工程师，没有大家的一同努力，就不会有青岛世园会最终的成功。

回想2009年春，当我完成上一本可持续设计的丛书——《上海世博会可持续规划设计》的编写工作时，距即将召开的世博会一年时间，距我开始担任世博会总规划师已经五个年头。我将自己回国以来长期对生态城市和可持续发展的思考与研究，以及五年时间所积累的实践经验整理回顾，编成这本书。这其中有对城市生存底线的思考，有对可持续发展在规划领域总体目标的认知，有对可持续发展运营模式的设想，有对中华文化传统智慧的升华，更有对生态城市技术与空间关联的梳理。世博会的成功召开，让可持续发展的梦想广为传播，让可持续发展的理念深入人心，更让可持续发展的技术荟萃交流。然而，世博会仅仅是一个开始。时代不断变化，技术日新月异，赋予我们规划师的，是新的环境、新的条件、新的命题和新的挑战。城市的可持续发展和生态城市建设的路程不会有终点，唯有不断思考、不断实践、不断发现、不断总结，才能把握住城市可持续发展的方向。

蓦然回首，白驹过隙。《上海世博会可持续规划设计》出版又已过去五载。这本《青岛世园会可持续规划设计》提供了一个窗口，在更广阔的背景下全面回顾和审视了过去十年、两座名城、两届盛会的种种思潮和点点细节，并对可持续规划设计的体系构建进行了更进一步的探讨。希望这本书的内容能够对各位读者有一定的启发，也欢迎各方提出不同意见、积极参与讨论。

谨以此书献给前行在新型城镇化道路上的祖国，献给繁荣而美丽的青岛。

甲午年大寒

于同济大学文远楼

目录
Content

第一章　从世博到世园

Chapter I　From World Expo Shanghai 2010 to International Horticultural Exposition Qingdao 2014

2012年1月21日

1 2004-2014：可持续发展的十年

2004-2014: A Decade of Sustainable Development

1.1 十年，既是轮回，也是超越

时钟拨回 2004 年，经过一轮又一轮激烈筛选，由同济大学城市规划、建筑、交通、桥梁、能源、电子等十多个学科的 200 多位设计和工程专家组成的专业团队凭借上海世博会园区规划方案从国外众多一流设计公司的包围圈中脱颖而出，成功杀入三甲，也成为三甲中唯一的中国方案。这一年的 10 月，作为竞标团队的负责人、同济大学建筑与城市规划学院院长，被上海世博会事务协调局和上海市城市规划管理局任命为上海世博会园区总规划师。经过 6 年的努力，伴随着 2010 年上海世博会的成功举办，世博会规划设计团队以“城市，让生活更美好”的核心理念，围绕可持续发展的母题，为中国未来城乡可持续发展，作绿色低碳、智能永续的集成创新实验示范。向中国和世界交出了一份满意的答卷。

而就在同一年，青岛世界园艺博览会的规划设计工作正式启动，作为青岛世园会总规划师与团队再一次投入到新的挑战之中。2014 年举办的青岛世园会，并不是上海世博会的复制和翻版。它有着不同的特点和语境，存在不同的问题，需要不同的策略和方法，更为关键的是，需要在更加复杂的环境和生态背景下，从思想到技术层面提出更具有针对性和创新型的解决方案。

从 2004 年的萌芽，到 2010 年的绽放，再到 2014 年的结果。十年，从世博会到世园会，是为可持续的城乡探索理性规划的艰苦历程。它既是一个轮回，也是一次超越。

图 1-1：十年，双城。规划的不仅仅是两个盛会展园，更是可持续的城市梦想和未来生活

Figure 1-1: Ten years in two cities, it is not only planning for two tremendous expositions, but also for the sustainable urban dream and future life

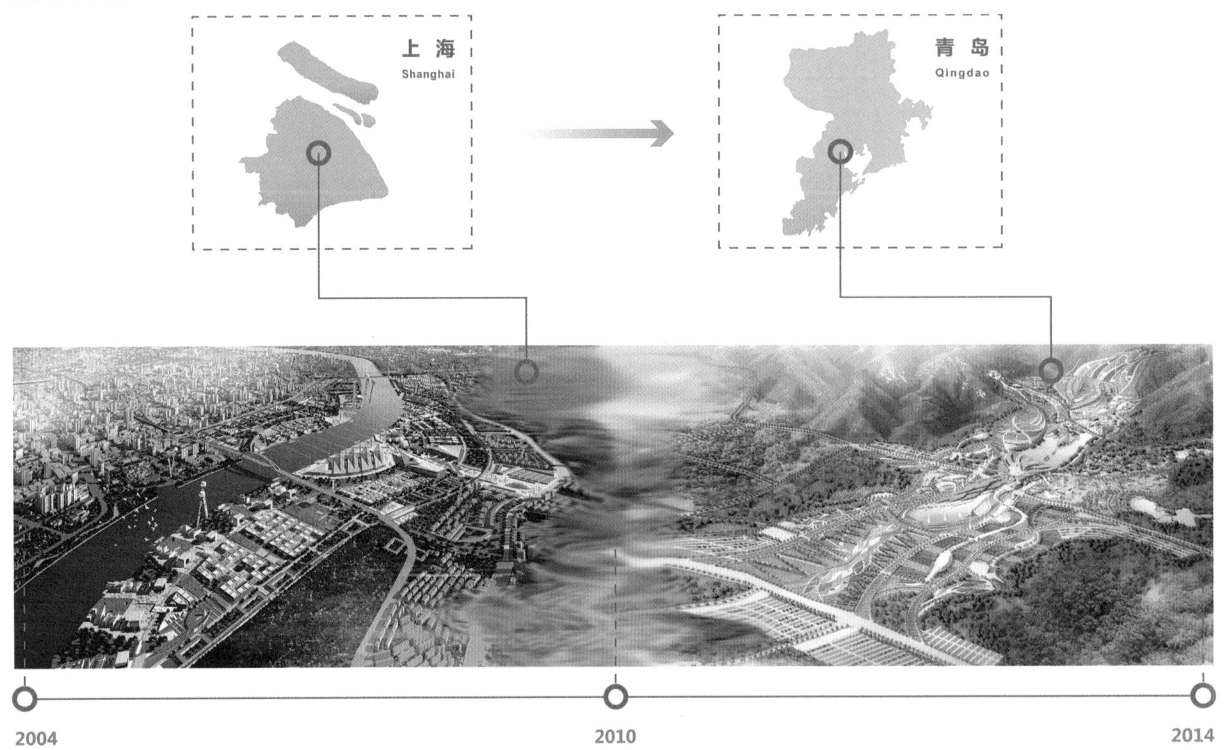

1.2 城市社会中人与自然的变局：可持续发展的全球命题

进入 21 世纪，人类社会面临前所未有的变局。作为规划设计者和城市研究者，从 2004 年到 2014 年这十年的研究和实践恰好见证和践行了时代的变革，这是一条自觉可持续发展的非常历程。

这十年，全球气候持续发生变化，温室效应显著，极端天气情况和自然灾害频发，物种加速灭绝、生态多样性被破坏，各类环境污染严重威胁着人类的生存。应当说，人类和自然都深陷严峻的危局，到了不能不做出改变的关键时刻。

与此同时，城市成为这个地球的主角。联合国经济和社会事务部（DESA）的数据显示，到 2009 年的年中，世界上居住在城市的人口数（34.2 亿）首次超过居住在农村的人口数（34.1 亿）[①]（图 1-2）。我们人类终于进入了城市社会。换言之，相比于以往，当今世界的主要问题，都是以城市为背景的：城市的发展转型，城市的动力缺失，城市的生态破坏，城市的环境恶化，城市的人口膨胀，城市的阶级分化，城市的文化趋同……彼时查尔斯·狄更斯（Charles Dickens）在 1859 年为小说《双城记》撰写的开头，冥冥中成了此时全球城镇化大潮最好的注脚："这是最好的时代，这是最坏的时代；这是智慧的年代，这是愚蠢的年代；这是信仰的时期，这是怀疑的时期；这是光明的季节，这是黑暗的季节；这是希望之春，这是绝望之冬；我们拥有一切，我们一无所有；我们正走向天堂，我们都在奔向与其相反的地方；简而言之，那时和现在是如此的相像，某些最喧嚣的权威坚持要用形容词的最高级来形容它。说它好，是最高级的；说它不好，也是最高级的……"[②]

在这样一个时代背景下，如果说提出"城市，让生活更美好"的上海世博会探讨的是"什么是城市社会"，以及畅想"城市社会如何发展"的宏大命题，那么提出"让自然走进生活"的青岛世园会则更加专注于解决当下城市社会面临的最主要问题和最重大挑战——人与自然的关系。因此，相比与"博览天下、包罗万象"的 2010 上海世博会的全球城市盛宴，以园艺为主要载体和核心命题的 2014 年青岛世园会有着一以贯之的宏观背景和不尽相同的微观解读视角。即人与自然在当今的地球如何和谐共存，互利互惠，共赢发展。而这，正是可持续发展的本质要求。

图 1-2：2004 到 2014 的十年，是世界步入城市社会的历史性转型期

Figure 1-2: The decade from 2004 to 2014 is the historical transition period when the world has entered into urban age

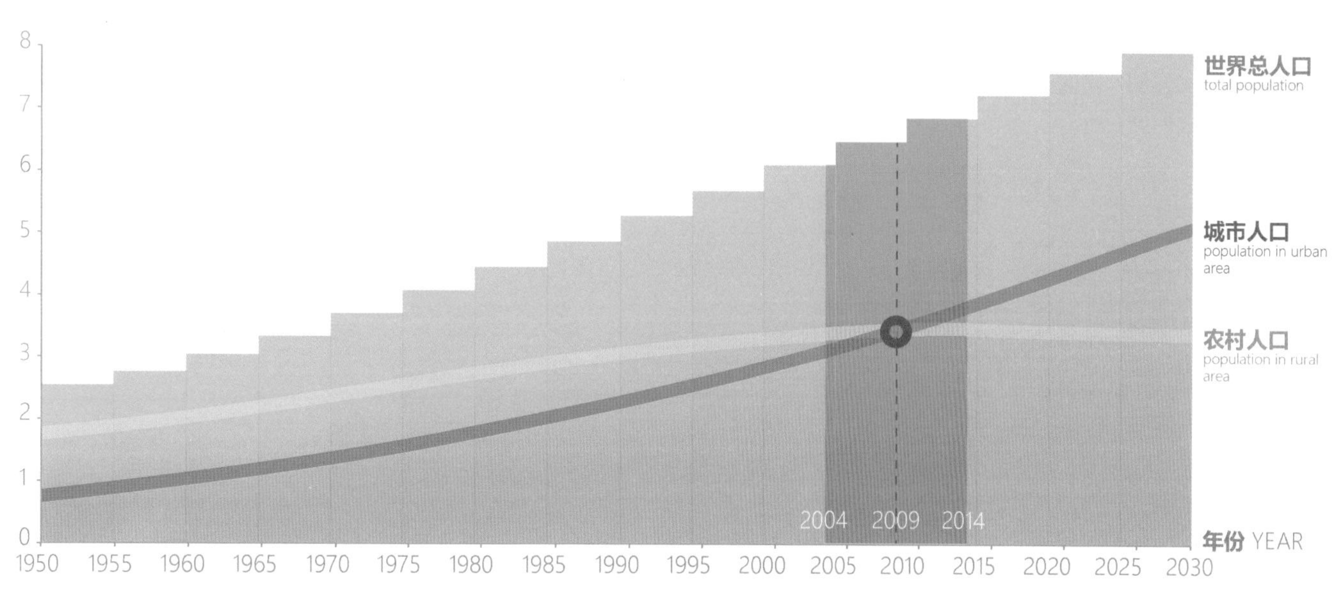

扫一扫

青岛世园会官方网站

青岛世园会官方微博

2012 年 3 月 24 日

图 1-3：城市化率 50% 的临界点，止是城市问题集中爆发的节点
Figure 1-3: Urbanization ratio at 50% is the critical point of the breakout of urban crises

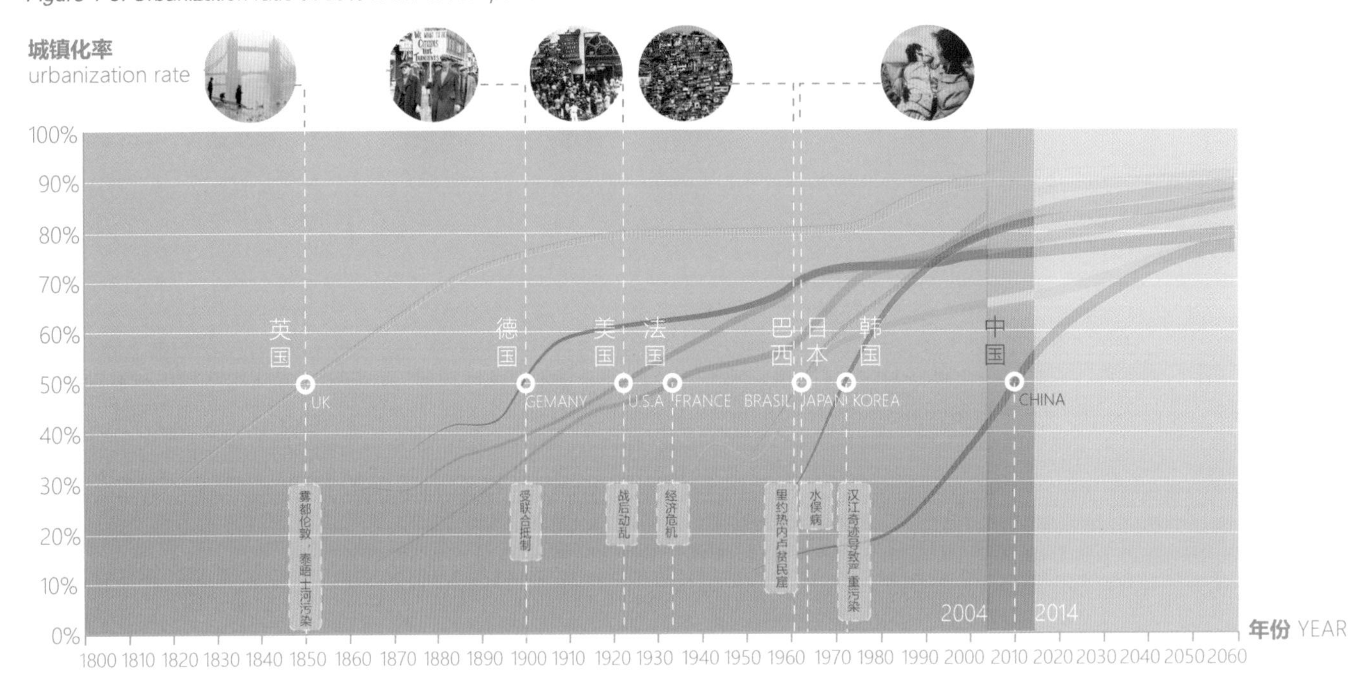

正如我们所注意到的，50% 城镇化率对于我们的社会，有着深刻的意义。当我们审视历史，每一个经历过这个节点的国家和地区都经历着城镇化带来的环境与社会阵痛，如伦敦的雾霾和泰晤士河污染，德国的莱茵 - 鲁尔区工业区污染，日本的水俣病等（图 1-3），更有“八大公害事件”给人们敲响了警钟。[③] 事实上，不光是世界范围已经进入城市社会，就中国而言，在上海世博会成功举办的 2010 年，城市人口亦首次超过农村人口，从而迈入城市社会。对于全球化的世界和新兴的中国来说，都走到了一个交叉路口，前路并未可知。在这样一个里程碑式的时间点，以如此不停歇的发展速度，如果仍然以人类自我为中心，为经济利益试图忽视生态环境，无异于竭泽而渔，焚林而猎，甚至是寅吃卯粮，杀鸡取卵。因此，在城镇化率达到 50% 的时间节点，思考和强调可持续发展的命题，具有举足轻重和刻不容缓的重要性。

城镇化以让人难以置信的速度深刻改变着我们的地球。将原本自然的土地变成城市，不仅是对地球地理外观的一次彻底改造，更是对人类内心深处传统记忆的一次彻底革命，大量从农村走进城市的人们，不仅需要从生理上适应城市，更需要在心理上融入城市。正如，可持续景观设计的先锋伊安•麦克哈格（Ian McHarg）在《设计结合自然》（Design with Nature）中提到他重回童年记忆中格拉斯哥郊外时的感慨之情：“……格拉斯哥已把这块土地兼并了，秉承了格拉斯哥的样子，每个小丘都被推平，填平了谷地。小溪埋起来了，改成了暗沟，树木砍光了，农舍与铁匠铺拆除了。原有的树、灌木丛、沼泽、岩石、蕨类植物和兰花等，现在已没有一点痕迹了……”在城镇化的“大跃进”之中审视被我们破坏的自然，唯有走可持续发展、理性规划设计的道路，才能让人类更好地生活在我们的地球上。[④]

可持续发展概念综述
Sustainable Development Concept

可持续发展概念的提出可以追溯到 1980 年代。1980 年 3 月 5 日，由世界自然保护联盟（IUCN）、联合国环境规划署（UNEP）、野生动物基金会（WWF）共同发表了一项保护世界生物资源的纲领性文件《世界自然保护大纲》（World Conservation Strategy）。1981 年，莱斯特 • 布朗（Lester R. Brown）发表《建设一个可持续发展的社会》（Building a Sustainable Society），提出以控制人口增长、保护资源基础和开发再生能源来实现可持续发展。1987 年世界环境与发展委员会（WCED）发表了题为《我们共同的未来》（Our Common Future）。这份报告正式使用了可持续发展的概念，并作出了系统阐述。1992 年，联合国在里约热内卢召开的“环境与发展大会”，通过了以可持续发展为核心的《里约环境与发展宣言》及《21 世纪议程》等文件。可持续发展提出 30 余年来，人类社会和世界环境都发生了深刻的变化。通过人们的努力，局部问题得到了一定的改善。但生态问题依然十分严峻，还需我们不断努力，思考新的解决方法。

1.3 融合与创新：可持续发展的中国路径

至开始规划设计上海世博会时的 2004 年，中国已经经历了十年的可持续发展探索，既有成功的经验，也有失败的教训。上海世博会在总结这些经验教训的基础上，在各个层面上广泛提出了可持续发展理念并运用和展示了一系列具有前瞻性的解决方案。而时间推移到青岛世界园艺博览会举办的 2014 年，中国经历了可持续发展的第二个十年。相比于第一个十年，中国各方人士对可持续发展有了更深刻的认识，中国可持续发展的内外部环境又发生了巨大的变化。中国的可持续发展逐步从“理论探索、初步立法”，走向“政策实践、完善体系”。这也是 2014 年青岛世园会之于 2010 年上海世博会在可持续发展方面的不同之处。

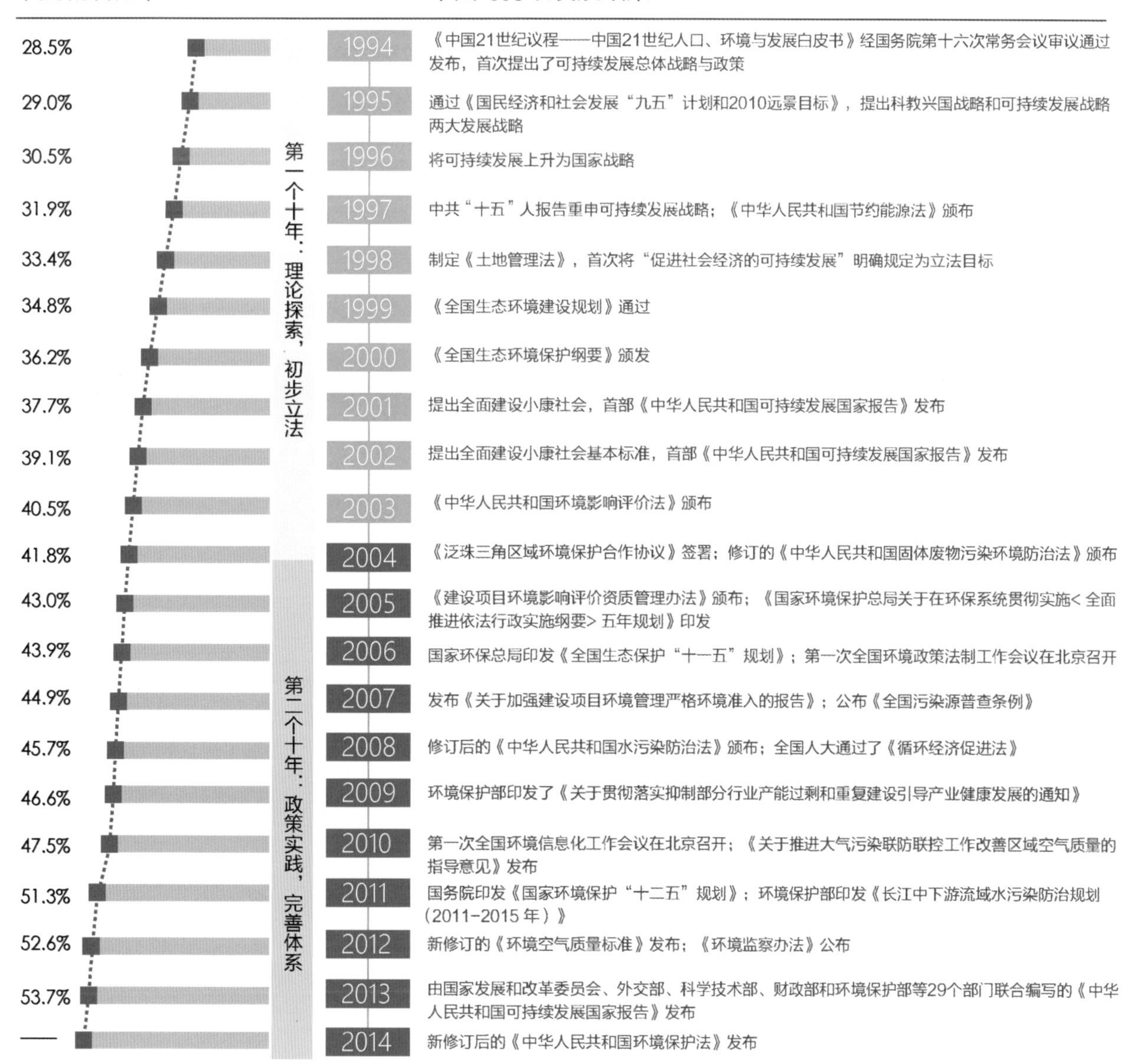

图 1-4：城镇化率的快速增长与中国可持续发展的政策推动有着密切的关系

Figure 1-4: The fast urbanization process is closely linked with the driving of sustainability policies in China.

2012 年 5 月 4 日

1.4 重生与转型：可持续发展的城市轨迹

城市：人与自然的对立？

说到人与自然，就不能不说城市。很大程度上说，城市的未来，就代表着人类的未来、地球的未来。

8000 多年的城市历史，是一部人类文明的发展历史，同时也是一部站在自然对立面的人类建设史。如果前工业社会和工业化社会还能维持这样的城市发展的话，面对全球城市化超过 50% 之后，站在自然对立面的城市不得不被终结。这个星球无法承担更多的人口向这种自然对立面的城市集结。[⑤] 更有甚者，根据 GEOHIVE 网站统计和预计的数据显示，到 2030 年，全球人口总数超过 80 亿，其中约 40 亿人将生活在欠发达地区的城市，约占所有城市人口五分之四（图 1-5）。试想当超过全球 50 亿的人口生活在面积有限的城市区域，如果不采取积极有效的预防和疏导措施，逐步改善城市生活的方方面面，一旦由于大规模新型疾病、突发自然灾害、能源危机、资源短缺、经济衰退、阶层对立等原因引发动乱，极易产生“多米诺骨牌效应”，造成“塌方式”的恶性后果。

在这样一个大的时代背景下，一系列复杂的、持续的和开放的命题需要人们不断地探索。2014 年的青岛世界园艺博览会，是再一次对城市生活与地球未来，人类发展与自然和谐关系的深入探讨。

图 1-5：到 2030 年，全球人口超过 80 亿，其中约 40 亿人将生活在欠发达地区的城市。城市能否为这些人提供美好的生活？
Figure 1-5: By 2030, the global population will exceed 8 billions, among which 4 billions living in less-developed will be living in less-developed urban areas. Can cities offer those people better life?

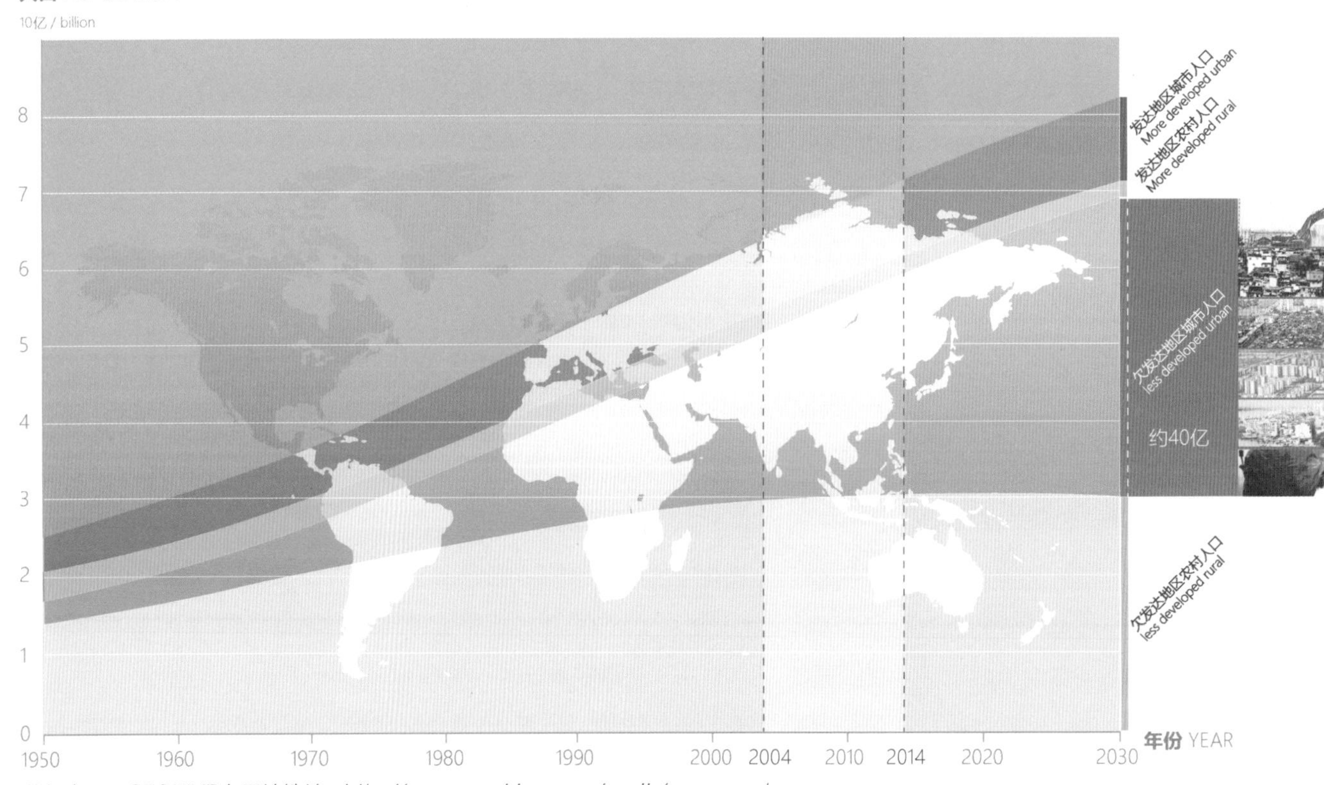

数据来源：GEOHIVE | 网站地址：http://www.geohive.com/earth/pop_rururb.aspx

城市：天人合一的有机体

未来的城市是什么样子？让我们看看过去十年我们的城市发生了怎样巨大的变化。以世界园艺博览会的举办城市青岛为例，十年前的 2004 年，青岛市区人口约 250 万人，城镇化率约 34%；到 2014 年青岛市区常住人口超过 400 万，短短十年间城市人口增加 150 万以上，城市建成区占地面积扩大数倍之多，从原来的胶州湾东部半岛向胶州湾中部、西部迅速扩张，将胶州湾彻底变为城市内海（图 1-6）。随着跨海大桥、城市轻轨、海底隧道的陆续修建，城市交通系统支撑起巨大的城市空间范围，城镇化所依靠的科技、制造业与资本正在以极快的速度席卷过它们所有能够触及的地方。在这样的趋势之下，城市的未来到底是什么样子，应当如何构想和描绘，是体现规划师、设计师和决策者责任心、远见和智慧的地方。如果说 2010 年的上海世博会更多地向中国人展示了来自世界各地的未来思想、理念和技术，那么 2014 年的青岛世园会，则是向全世界展示了源自中国古代传统文化与民族基因的东方智慧——“天人合一”。规划设计尝试运用这一中华传统哲学精髓，去思考和解答城镇化带来的种种问题。这些问题的本质，并未跳出人与自然的关系问题这个大的范畴。而“天人合一”，则恰恰另辟蹊径、旗帜鲜明地点出了人类与自然的关系所应该有的状态。

天人合一的哲学思想
The Philosophy of Human-Nature Harmony

“天人合一”的哲学思想发端于西周的《周易》，经一千多年传承发展，最终由北宋理学家张载正式提出。它是中国人最基本的思维方式，也是中国古人看待人与自然关系的基本态度。该对思想的阐述与理解具体体现在“天”与“人”（即自然与人类）的关系上。它认为人与天不是处在一种主体与对象之关系，而是处在一种部分与整体的共生关系之中。其核心思想是强调人与自然的和谐统一。[①] 早在中国古代，这一重要哲学思想就为城市建设提供了重要的支撑与依据。在科技进步的今天，我们不应当遗忘和丢弃先人的哲学智慧，而应该将其与先进的科学技术相结合，为 21 世纪全球城市化的发展贡献宝贵的中华财富与中国力量。而 2014 年青岛世界园艺博览会，正是这些新时代新贡献的一个小小发端。

图 1-6：从 2004 年到 2014 年青岛城市扩张的轨迹
Figure 1-6: The track of urban sprawl of Qingdao from 2004 to 2014

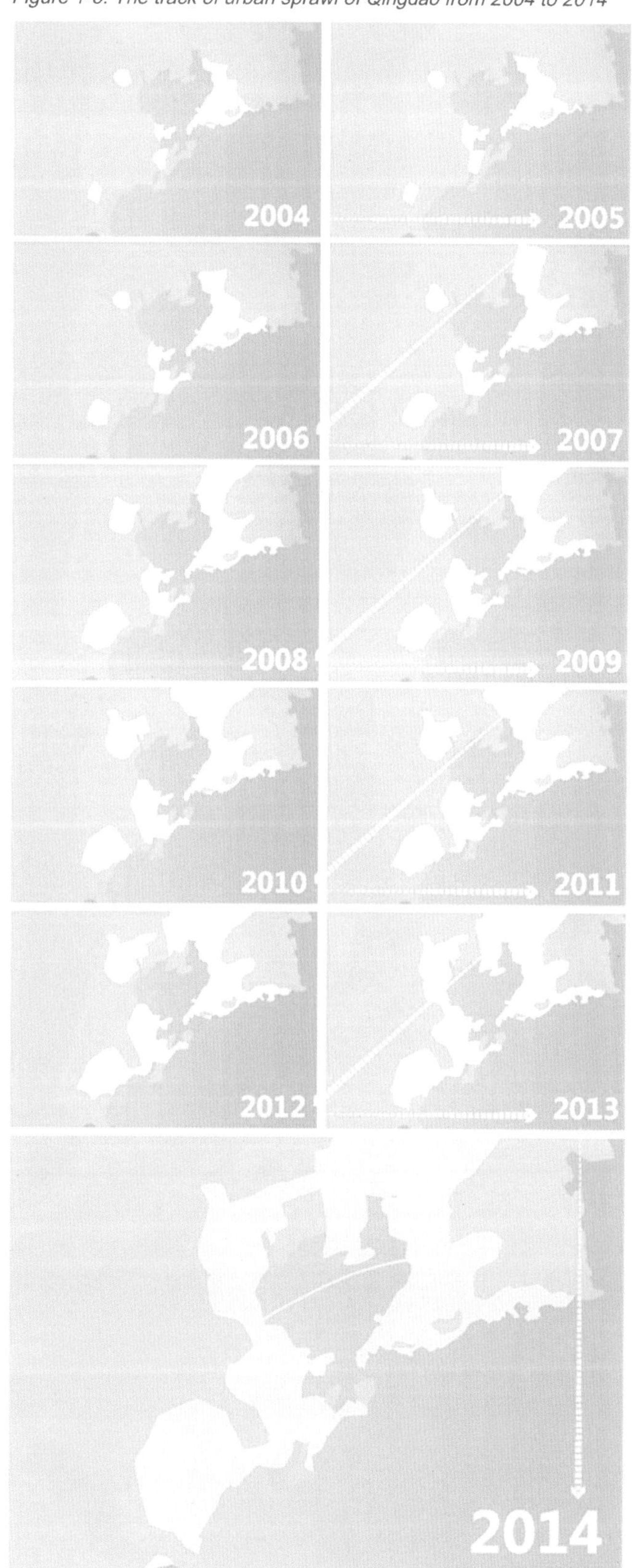

2012 年 5 月 24 日

“城乡要永续，规划要理智”——专访 2014 青岛世界园艺博览会总规划师吴志强教授

问：作为城市学者和规划师，您在很早就提出了“生态城市”和“可持续设计”的理念，请问您是何时开始关注城市生态问题的，又是如何将可持续发展的理论和方法融入传统的规划设计之中的？

答：从回到祖国的第一天，我就开始关注城市生态这个问题了。在德国学习和工作了十年之后，一下子飞回到北京的上空，当时的印象极其深刻。20 世纪 90 年代中期，北京的雾霾已经令我非常震惊了。在我回来之前，我所担忧的是中国城市、中国经济如何在全球化背景下生存的问题；是在跨国资本的威胁下，如何提升中国城市的竞争力的问题。但是在国内待的时间越长，我越发现中国城市生存力和竞争力的底线，恰恰是生态、安全和社会的和谐。它们是中国城市能够生存的最根本挑战。在回国后的 1997 年底，我就全力投入到中国城市可持续发展模式和评价体系的国家重点研究课题中间。所以说，回国以后的这些年来，我的研究重点在于对内城市如何可持续发展，对外城市如何具有创新力，对于规划设计本身，则是如何摆脱非理性的、随意的、追求表皮繁荣的道路，而寻求一种理智的规划。这三个方向是我一直在追求的。

图 1-7：2010 上海世博会和 2014 青岛世园会的总规划师 吴志强教授
Picture 1-7: Professor WU Siegfried Zhiqiang, the Chief Planner of Shanghai World EXPO 2010 and Qingdao International Horticultural Exposition 2014

世博会和世园会两个项目使得我有机会把自己的担忧作为工程实践中的探索。回想在欧洲十年的留学和工作经验，我对那种可持续发展的设计价值观有了深入的了解，很希望能够在欧洲可持续城市规划与设计的已有成果的基础上，结合中华的智慧，再往前迈出一步。比方说，策划世博会的时候，就不仅仅提出建设生态城市。因为生态城市在欧洲已经做了很多年，尤其是德国，主要是在单体建筑的被动式节能方面。这些单体建筑技术已经做到了极致，但并非说中国人不可为。因为中国城市建设中有大面积的居住区、新的城市中心和新的成片工业建筑。这种情况下，我们从单体建筑走向了城市，这不仅仅是单体节能的问题，而且是群落之间主动产能成为可能。所以在世博会中我们提出了“正生态”的战略目标——是 2005 年的夏天正式提出的——就是在原来欧洲被动式节能的基础上，增加了楼宇之间主动产能的技术和设施，包括太阳能、风能、地能和生物能。我们在欧洲人单体的基础上走向群落，在欧洲人做节能技术的基础上做产能，这样就大大加强了城市的可持续性。事实上，在我近十年的规划中间，不断追求这些最新技术的探索，在世博会里做了大量的实践和试验。比如，将水源制冷技术运用于很多场馆；又如，城市未来馆改造自原来的南市发电厂，运用了大量太阳能、风能和地能的技术；再如，在中国馆中运用了太阳能光热转换发电技术，这些都是非常重要的探索。

问：能否谈谈您构建的“能、水、物、气、地、生”生态城市技术理论体系，该体系的核心思想是什么？如何将该体系应用于生态城市和可持续设计的实践中？

答：这个思想是在考察了现有的世界上各个著名生态城市案例的基础上逐步发展起来的。到 2008 年为止，世界上所有著名的所谓“生态城市”，集中在三个系统中——能源系统、水系统、废物循环利用系统。但对于真正的生态城市，我觉得还有相当长的路要走。所以在建构世博会未来新的生态城市模型的时候，在三系统的基础上继续往前推进了空气系统，针对的是中国城市的空气污染；增加了土地系统，针对的是中国城市被工业化污染的土地。这时有了“能、水、物、气、地”五大系统。但我们很清楚，光这五大系统仍然不能概括生态城市的全部。说到底生态城市是为“人”服务的。所以在世博会规划的后期，我们又提出了“生物”系统，针对的是城市的生物多样性。我们不可能想象一个真正的生态城市没有鸟语花香，这是全球生态城市所要回归的终极目标，即生态系统在城市空间中的良好运营。到今天为止，“能、水、物、气、地、生”六大系统所建构的理论框架，足够成为全世界的规划师、设计师和其他各类技术人员奋斗几十年甚至上百年才能完成的最终归宿。我希望这个系统是开放的，今后还有人会提出第七系统、第八系统……但就今天而言，世界仍然处于从前三系统向后三系统延伸、探索和攻关的阶段。谁能率先完成六大系统的搭建，谁就能在全球可持续发展的进程中处于领先的地位。

有了这六大系统，在世博会和世园会的规划设计中就有了分项的指标。我们把所有技术在这六大系统中做了任务分解。使得生态城市从理论模式到规划方案、再到技术更新，都有了强有力的推进。这个过程中，最令人欣喜的是建立了六大系统与城市规划、园艺设计的空间相关分类表。这个表纵坐标是六大系统，横坐标是空间分类，在纵坐标和横坐标交汇的各个点上，就是最新的城市生态技术的列表。这张表，很多人把它称为城市生态技术总表。有了它以后，我们在判断城市生态化过程中，到底发育到什么程度，到底哪些技术可以整合，在什么空间层面上可以整合，都有了一个直观的展现。有很多专家把它比喻为"元素周期表"，而我们则称它为"城市生态元技术表"。从这张表中，除了可以了解有哪些技术可以运用和整合，还可以看到有哪些地方还处于空缺之中。这样就未来生态城市的公关和研究提供了一个非常好的框架。

问：您先后担任上海世博会和青岛世园会的总规划师。对于这两次盛会，您从生态环境和可持续发展的角度如何解读？各自的难点是什么？

答：两个基地完全不一样，两个展会的主题也不一样，但对于我来说，都是对城市未来的一个探索。

上海世博会的场地是经过一百五十年工业污染的土地。不管是浦东园区还是浦西园区，都沿江建有大量工厂，如造船厂、发电厂、钢厂、药剂厂。整个土地的污染已经非常厉害。当你走到现场踏勘，可以发现一百五十余年的工业废品，如钢梁、钢桶等都抛弃在江岸的滩涂之上，是黄浦江的重要污染源。所以我们的重点是在被污染的城市化的工业土地上建构、恢复城市的生态系统。我们把这些土地进行了详细的测绘，进行了样本成分和深度的检测和分析，因为土地是要租给各个国家的，所以采用了荷兰的土壤安全标准，请了荷兰专家做鉴定。之后我们做了大量的修复。我们把工厂的土地进行了置换，然后对工业厂房的屋架、屋顶、管道等的污染物残留做了检测和清理，如此才留下黄浦江两岸30万平方米老工业建筑，成为重要的文化遗产。生态修复，是世博会的历史性挑战。我们借鉴了德国、荷兰等国的生态修复技术，积累了大量的经验。

青岛世园会的场地是农田、村庄、果园和池塘。因此我们的重点是尽可能的维护现有的山体，尽可能尊重原有的山水格局。如果说世博会的关键在于修复，那么世园会的关键则在于维护；如果说世博会针对的是城市，那么世园会针对的则是农村；如果说世博会面对的是大量的厂房，那么世园会则面对的是成片的果园。在世园会我们花了大力气踏勘现状——每一条路、每一块石头、每一个果园、每一块池塘、每一座农舍，我们都非常尊重地记录。人家看我们的方案，问为何没有北方常见的笔直道路？这是因为大地告诉我们应该这样做，如此我们的道路才会严格尊重地形走势而弯曲。除此之外，我们也对土壤和水源中残留的化肥、农药残留进行了检测。我们对世园会"天水"的水做了整体的置换，经过反复的冲洗，终于呈现出了现在这种最好的水质。

问：可持续设计是近年热谈的一个热点，本次青岛世园会也将可持续设计作为规划的重中之重，那么本次世园会项目中，有哪些在可持续方面的创新经验值得后续项目学习？

答：我们把青岛世园会作为农村城镇化的实验样板，因此在世园会中有几件事是被我当作信仰在做的：

1.所有的空间布局都严格尊重大地和山水。方案的所有细节都严格依照山水——比如"天水"和"地池"，分别改造自原来村庄中的水库和池塘，基本形状几乎没有改变；不同高度的一块块农田，也没有通过大规模的挖方填方改变其地貌，而是顺其自然做成世园会核心园区的七大展园；园区主要道路的走向也基本因循了原有村庄间已有的山间小路。2.我们强调屋顶绿化全覆盖，充分体现自然的魅力。所有的场馆要么能在屋顶上看到绿色，要么能透过屋顶看到里面的绿色（植物馆）。所以我们造了园不破坏自然、造了园依然保持绿色。3.我们始终不是为了世园而做世园，而是作为整个青岛未来北部发展的生态内核和城市绿肺来做的，通过向东、向南、向西的多条绿道将园区与城市贯通起来，辐射整个青岛；4.对已经被城镇化破坏的地方，如采石场破坏的山体、违章的高层建筑等，有针对性的做了修复和拆除；5.处处以人为本，比如为了减缓车速、保证行人安全、增加树木遮阳面积，将道路设计成单向窄幅的山路。又如为了让人更舒适，我们设计了贯穿全园的步行顶棚——"七彩飘带"。当时我们还设想将七彩飘带做成建筑楼宇之间的太阳能板，用于园区的产能发电。但后来由于技术原因没能实现，只让七彩飘带起到了"遮阳"的作用，这是一点遗憾。

2012年6月23日

2 双城记

A Tale of Two Cities

2.1 上海与青岛：中国百年近现代城市发展史的缩影

上海与青岛，是中国百年近代城市发展史的两个代表和缩影。无论是沿海的地理位置、城市的发展轨迹都有着相似之处。从清末到北洋、从民国到抗战、从解放初到计划经济年代、从改革开放到 21 世纪，上海与青岛都走在时代的前列。它们都是鸦片战争之后诞生的中国大都市。既是近代西方帝国主义列强侵略中国、殖民中国的产物，也是中国最早向世界开放的窗口。它们同样年轻，又同样厚重；同样开放，又同样的中西交融；同样举足轻重，又同样意气风发；同样历经磨难，又同样前程辉煌。翻阅两个城市的历史，犹如浏览一部半世纪波澜壮阔的中华民族奋斗史，一部东方的《双城记》。

自 19 世纪下半叶至新中国成立前，上海与青岛同为列强通商口岸，同为中国最早的工商业城市，同为对外贸易重镇，同为中国近现代进步思想和高等教育的先驱之地，同为北洋政府六大特别市、民国政府行政院下辖八大特别市、二战后民国十二大直辖市之列，同为国际交通枢纽和远东大港。上海、青岛和天津并列中国工业的三大支柱城市，都是纺织工业基地、机械工业基地、造船业基地。有“上、青、天”之称。

改革开放后，上海与青岛又同为开放的先驱地、改革的试验田和现代化的示范城。1981 年，上海与青岛同时获列 15 个经济中心城市；1982 年，上海与青岛等 14 个沿海城市获批中国首批对外开放城市；1985 年，青岛经济技术开发区奠基，成为国务院批准设立的首批国家级开发区之一；1986 年，青岛获批国家社会与经济发展计划单列市；1990 年，上海外高桥保税区成立；1992 年，上海市获批中国首个国家级新区——浦东新区。同年，青岛保税区成立，并于次年正式运营；1993 年，青岛啤酒在香港上市，成为首家在香港上市的中国内地企业；1996 年，青岛获列 15 个副省级城市；2001 年北京获得第 29 届奥运会主办权，青岛同时成为唯一伙伴城市；2008 年第 29 届夏季奥林匹克运动会帆船比赛在青岛举行；2010 年上海世界博览会成功举办；2013 年，上海自贸区挂牌成立，成为中国首个自贸区；2014 年，青岛世界园艺博览会开幕。同年，第九个国家级新区“青岛西海岸新区”正式成立。

不难理解，2010 年的上海世博会和 2014 年的青岛世园会对于两个城市的重大意义。这两次盛会，让两个伟大的城市以全新的面貌展现在世人面前。

图 1-8：自鸦片战争始大半个世纪，上海和青岛在列强侵略下开始近代城市化进程，百余年风雨历程，演绎了一部东方《双城记》

Figure 1-8: Beginning with First Opium War, Shanghai and Qingdao started their urbanization process. During the period of more than a century, they had presented oriental version of “A Tale of Two Cities”

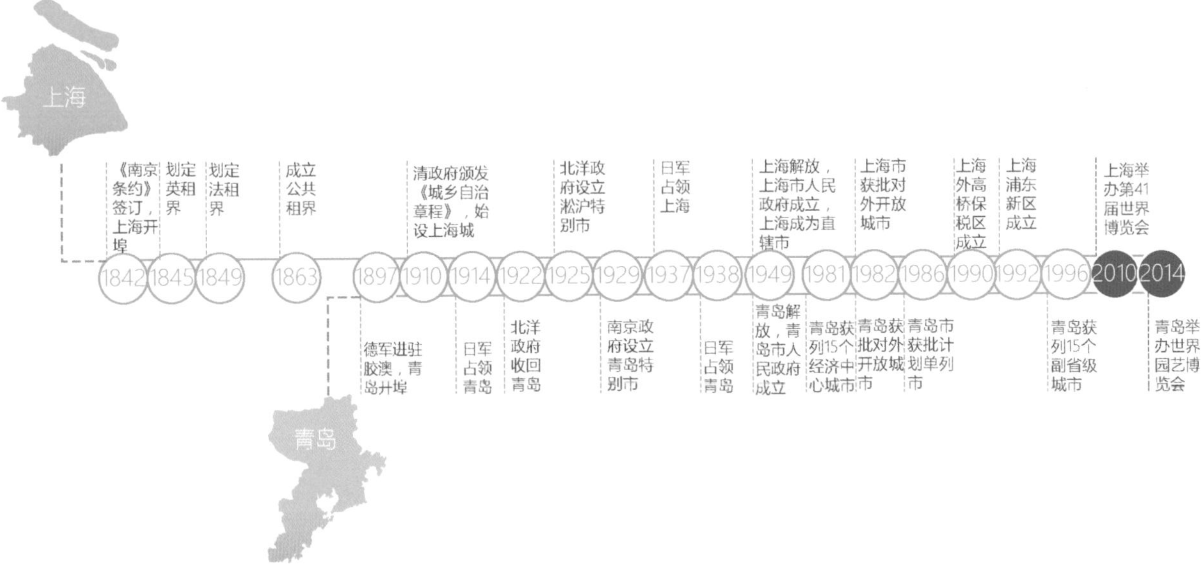

2012 年 6 月 27 日

图 1-9：俯瞰上海与青岛——中国现代沿海大都市的代表
Figure 1-9: To Overlook Shanghai and Qingdao – The Representatives of Chinese Modern Costal Metropolises

来源：张崇宁
Source：ZHANG Chongning

来源：王思成
Source：WANG Sicheng

图 1-10-1：从 2004 年到 2014 年，上海世博会园区场地和青岛世园会园区场地的变迁

Figure 1-10-1: Changes of the sites of Shanghai World EXPO 2010 and Qingdao International Horticultural Exposition 2014 in Ten Years from 2004 to 2014

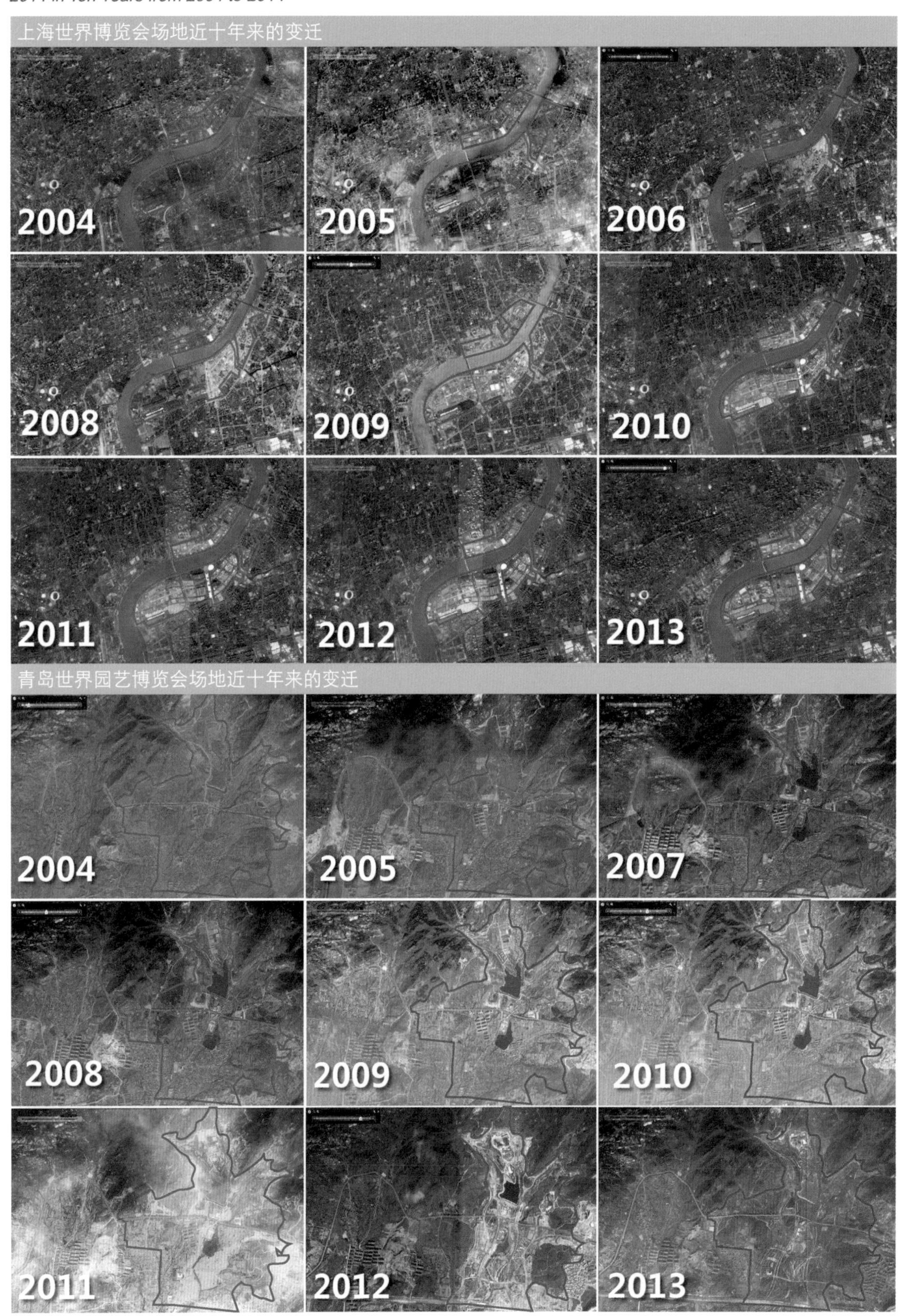

2.2　世博与世园：改变城市的重大事件

在城镇化的宏观背景下，世博会与世园会，对于各自的举办城市来说具有重大的意义。它们是上海和青岛的“城市大事件”，是激活城市的“触媒”。世博会和世园会在举办前、举办时和举办后，分别以不同的形式与载体为各自所在的城市注入巨大的能量。它们通过短时间内空间改造、招商引资、品牌推广等行为，加速基础设施和管理体制完善，促进城市环境改善，助力城市空间和功能配置优化，带动城市土地价值提升，支撑城市产业结构和能级的转型与升级。不同的是，2010 年上海世博会所改变的，是工业化的土地，而 2014 年青岛世园会所改变的，是仍然处于农业化中的土地（图 1-10）。它们为新型城镇化中土地的转型和发展提供了可贵的范例和样板。

图 1-10-2：从 2004 年到 2014 年，上海世博会园区场地和青岛世园会园区场地的变迁

Figure 1-10-2: Changes of the sites of Shanghai World EXPO 2010 and Qingdao International Horticultural Exposition 2014 in Ten Years from 2004 to 2014

2012 年 7 月 13 日

2.3 农业文明、工业文明与生态文明：文明代际的碰撞与转型

正如前述，2010 年的上海世博会和 2014 年的青岛世园会分别改变了工业化环境中的城市土地和仍处于农业化环境的城市土地。而从更深层次理解，这两个转变恰恰代表着新型城镇化背景下，城市社会中的三种文明——农业文明、工业文明与生态文明三者之间的文明代际转型。[⑦] 如果说人烟稠密、厂房密布、经济衰退、污染严重、环境恶劣的黄浦江畔——2010 年上海世博会的选址是以劳动密集型和资源密集型产业为代表的高能耗、高污染的传统工业文明的典型代表，那么山体地貌遭到人为破坏、梯田阡陌纵横、过度农牧、水土流失严重、河流干枯、农业生产垃圾成堆的青岛李沧百果山麓——2014 年青岛世园会的选址代表的是以耕地为根本、以人力和畜力为主要依托、"靠天吃饭、赖地穿衣"、希冀世世代代自给自足，但又被现代农药、化肥和废弃塑料污染的农业文明。而这两者，都注定要被发展中的社会所淘汰，注定要在新型城镇化的大潮流下彻底向生态文明转变。上海世博会和青岛世园会正是在这种文明转型的关键时刻，针对各自特点进行的先锋性、创新性，甚至是革命性的实践。历史已经证明，人类的文明程度越高，城市的驱动效应就愈加突出。中国正处于社会转型的十字路口，上海和青岛正是以自身的探索和实践，向世人展示农业文明、工业文明向生态文明转变的历史之路。

图 1-11：上海世博会和青岛世园会分别用不同的方法应对城市的发展和转型，同时实践着文明的升级

Figure 1-11: Different approaches were applied in Shanghai EXPO and Qingdao Horticultural EXPO to address the urban development and urban transition and both had pushed forward the civilization upgrading

工业文明：位于上海的江南造船厂旧址

改造前的世博会场地

生态文明：上海世博会城市最佳实践区

改造后的世博会园区

农业文明：青岛李沧百果山农业村庄

世园会基地南面原鸟瞰

世园会地池原状

世园会基地北面原状

世园会天水原状

生态文明：青岛世园会园区景观

世园会基地南面实景

世园会地池实景

世园会基地北面实景

世园会天水实景

3　从世博到世园的设计哲学

Design Philosophy: From Shanghai Expo to Qingdao International Horticultural Exposition

3.1　生态文明首先必须抛弃“非理性的决策”

生态文明不仅仅是一个命题，也是青岛世园会规划、设计和建设的背景与需求。在世界经历了工业化的粗放发展、人口爆炸和快速城镇化之后，在信息化、全球化和新型城镇化成为主流的今天，如何处理“人”与“自然”的关系，如何处理“生态环境”和“经济发展”的关系，如何智慧地利用现有资源创造尽可能大的价值，如何将自然最好地展现出来并激活城市创新发展动力，都是规划者和设计者所面临的核心问题。

要从“开山填水”到“尊山爱水”，从“物质至上”到“以人为本”，从“野蛮力量”到“古今智慧”，从“胡乱攀比”到“天人合一”，规划人试图探索一条走向生态文明的路径。

图 1-12：生态文明：规划者对于自身、对于自然，以及对待二者关系的不同态度

Figure 1-12: Ecological Civilization: Planners' two different attitudes to human-beings, to Nature and to the relationship between them

生态文明与世园会

Ecological Civilization and Horticultural Exposition

国家林业局局长赵树丛曾说：“2014 年青岛世园会是党的十八大之后我国举办的第一个国际性园艺博览会，是中国向世界展示生态文明建设成果的一次盛会，是促进绿色产业国际交流与发展的重要平台，是弘扬绿色发展理念、推动生产生活方式转变的重要契机，更是建设美丽中国的一次生动实践。”

我国风景园林界泰斗、中国工程院院士孟兆祯先生从头开始亲自指导，使得此届世园会从规划布局、山水配搭、具体细节等各方面都非常成功。他在参观了建成的园区后，欣然题下“人与天调、天人共荣”赠予世园会。

非文明　　**生态文明**

开山填水

尊山爱水

物质至上

以人为本

野蛮力量

古今智慧

胡乱攀比
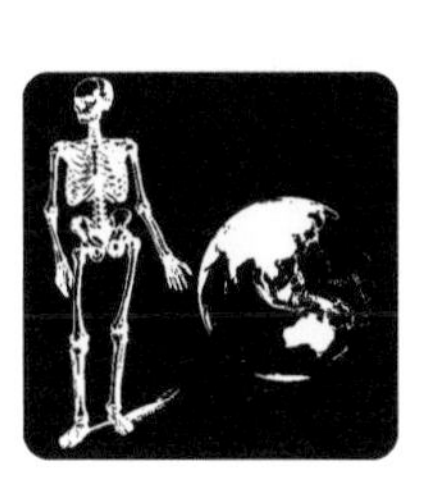

天人合一

扫一扫

吴志强，《世博规划中关于“和谐城市”的哲学思考》，时代建筑，2005 年 9 月 18 日。

3.2 园艺：人与自然的和谐

园艺：城市可持续发展的一种路径

2010 年上海世界博览会提出了具有独创性的主题“城市，让生活更美好”（Better City，Better Life），这是世博会历史上首次采用“城市”作为主题，体现了全人类对于未来更美好生活的向往，并将为进入“城市时代”的人类社会提供一个展示和交流的平台。这次世博会向世人展示了城市世界下的可持续发展愿景。

2014 年青岛世界园艺博览会则向前更近了一步，它以一种特定的对象为载体，为城市综合展示了一条可持续发展的路径。它提出了“绿色世界的精彩”的理念，通过一个城市展会，探索人与自然的关系、人与自然的互动作用和人与自然的共赢发展。而这个载体，就是园艺。

图 1-13：园艺可持续规划设计通过三个渠道实现城市生态文明的构建
Figure 1-13: Sustainable Horticulture Design Contributes to the Urban Ecological Civilization Through Three Approaches.

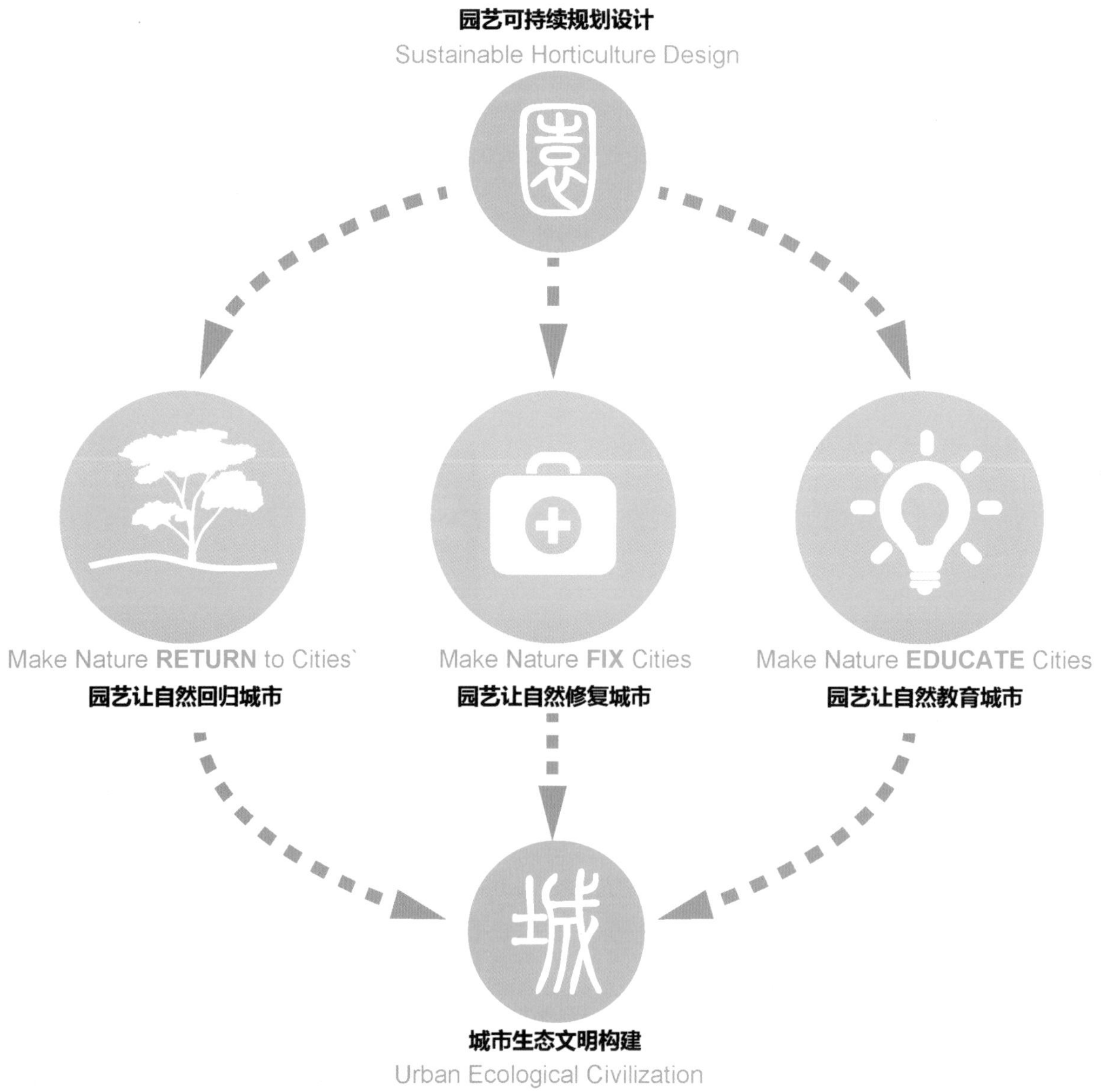

园艺可持续规划设计
Sustainable Horticulture Design

Make Nature **RETURN** to Cities`
园艺让自然回归城市

Make Nature **FIX** Cities
园艺让自然修复城市

Make Nature **EDUCATE** Cities
园艺让自然教育城市

城市生态文明构建
Urban Ecological Civilization

人类与自然协同造物的历史可以追溯到人类起源的年代，而园艺无疑是这些众多的创造物中最为典型的一个。园艺，即园地栽培与造园的技艺，从远古人类开始定居生活开始，最早的园艺就出现了。园艺的历史与建筑的历史一样久远，两者一同见证人类在地球上定居的历程。无论是内陆还是海滨，高山还是平原，干旱还是水润，炎热还是寒冷，只要有人居住的地方就会有“园”，就会有园艺。从林木果树的种植、瓜果蔬菜的栽培，到花草盆景等观赏植物的培育、生产和经营方法，再到亭台楼阁、曲水流觞、假山奇石、小径通幽，园艺通过运用自然界的馈赠，不仅为人们提供了吃穿用度、提供了如画美景，更提供了身体的休憩、心灵的港湾、艺术的宝藏和思想的源泉。我们认为，纯人工不是园艺，纯自然也不是园艺，只有人与自然的恰当结合才是真正的园艺。园艺已经成为人类与自然协同的文明缩影。

但是，园艺的作用远不仅限于此。在人类世界经历了大规模工业化的粗放发展、人口爆炸和快速城镇化之后，在全球变暖、臭氧层空洞、生物多样性被破坏、荒漠化蔓延和资源枯竭的背景下，在全球城市人口超过 50%，时代的步伐迈入城市时代，在信息化、全球化和新型城镇化成为主流思潮并拥有惊人力量的今天，园艺可以成为解决人与自然种种矛盾的方式和手段，可以成为未来绿色产业的重要组成部分，也可以成为解决当前和未来城市问题，刺激城市复兴，探索新型城市发展模式的推动力量。而 2014 青岛世界园艺博览会的规划与设计，则是对这些方式、手段和推动力量的创新探索。

在城市的世界中，园艺正在发挥前所未有的重要作用。仿佛城市的绿色“芯片”，园艺不仅存储着城市的生态密码和自然基因，也蕴含着城市转型发展的绿色动力。以园艺为载体的可持续规划设计，正试图激活这些城市生态密码和自然基因，创造城市独一无二的景观、空间与体验，释放城市的生态活力，并运用绿色产业动力促进城市的可持续发展。同时，这也是传统的园艺在后工业时代实现自我救赎和自我发展的重要途径。这种以园艺为载体，以新的理念和技术为手段的新型可持续规划设计，将构建一种科学的“能、水、物、气、地、生”的协同作用机制和“山、水、城、人”的共赢发展框架。它将均衡考虑经济、环境和社会等问题以及各个层面的需求。在可持续发展的指导思想下，融合了古今人类智慧、艺术手法和先进科学技术的现代园艺，让自然回归城市，让自然修复城市，让自然激活城市。最终，园艺与城市，城市与自然，将融为一体。园艺，不仅让世界更美，也让世界变的更好。

园艺：让自然回归城市

工业文明一度让自然远离了城市，甚至让自然与城市对立起来。工业革命以来的两个半世纪时间里，自然被一点一点地剥离出城市，直到城市里塞满高密度的住房、商店、工厂和高耸入云的摩天大楼。尽管有大大小小的公园，但却无法满足居住在城市的人们对绿色的渴望，也越来越难弥补城市的各种环境问题。早在一百多年前的 20 世纪初，英国城市学家和社会活动家埃比尼泽 • 霍华德（Ebenezer Howard）就曾针对工业化带来的城市问题和人居环境问题提出“田园城市”的构想，然而，他的乌托邦式的理论和理想从未真正实现过，日益扩大的超大城市仍然像巨型海绵一般无限地吸纳着不断涌入的人口。拥挤在城市中的忙碌的人们，和他们所生存的城市本身一同迷失在工业化的大潮中，以至于忘记了自然的模样。

Make Nature **RETURN** to Cities
园艺让自然回归城市

园艺作为人与自然协同创造的典范，将带给城市新的希望。以园艺为载体的可持续设计解决方案和规划设计，运用科学的方式和手段让自然回归现代城市。园艺增加了城市的绿化、植被和观赏植物景观，为野生动物提供了庇护所和栖息地，也为市民和游客提供了亲近大自然的活动空间和场所，成为人们身体和心灵的休憩地和避风港。对于青岛，世园会起到的正是这样的作用。位于李沧区百果山的世园主会场，与东、南、西、北、中五个分会场一起组成了城市的生态板块和生态廊道，构建了辐射整个城市全域的生态网络节点，最大限度地释放城市的生态能量。而青岛世园会中所展示的许多做法，也为城市中各种尺度和各种类型的空间提供了回归自然的可持续设计方法。两千五百年前孔子所称赞的“暮春者，春服既成，冠者五六人，童子六七人，浴乎沂，风乎舞雩，咏而归”的生活方式，将回到现代城市生活。

2012 年 8 月 5 日

园艺：让自然修复城市

雾霾、酸雨、沙尘暴、饮用水污染、土地荒漠化、固体垃圾危机、噪声污染、光污染……，我们的城市面临着越来越多的环境问题和生态问题。19 世纪初，大气中 CO_2 含量是 280PPM，到 20 世纪中期上升到了 350PPM，而现在，这一数据已经达到 385PPM，这是地球 210 万年以来的最高值。全世界城市人口中有一半左右生活在 SO_2 超标的大气环境中，有 10 亿人生活在颗粒物超标的环境中。大气污染已成为隐蔽的杀手。人类本身的生存成为极为严重的问题，每年因呼吸道疾病、心血管疾病和恶性肿瘤而死亡的人数持续增加。城市的可持续发展问题，已经不仅仅是城市本身的问题，更是全球可持续发展问题的关键之一。

Make Nature **FIX** Cities
园艺让自然修复城市

园艺可以成为应对这一问题的新思路——用自然的力量修复满目疮痍的城市。青岛世园会的规划设计理念创造性地提出了“本草纲目 2.0”的城市生态修复理念和技术。工业社会带来的现代城市病，可以运用中华传统智慧通过园艺的手段科学地解决 —— 根据城市表现出的不同“症状”，通过特定种类的植物配置，相互协同作用，有针对性地“治疗”城市的各种“生理疾病”，如水体污染、空气污染、土壤污染、噪声污染等。在青岛世园会中，专门设置了草纲园，其中包括水部、土部和气部等多种不同的生态修复植物配置，用于解决园区内原有的水、土壤和空气的污染问题。与此同时，青岛世园会还运用了生态修复与绿化营建技术改善和修复作为背景山体的百果山山体景观。通过此次创新性试验，证明园艺可以修复城市生态系统，并进一步解决日益严重的城市生态问题——为未来城市的规划和设计提供了可借鉴的新范例。

园艺：让自然教育城市

在经历了以劳动密集型和资源密集型为主导的工业化发展之后，世界产业格局进入了新的阶段。高能耗、高污染和低循环、低效率、低附加值的工业生产模式正走向穷途末路。汽车之城底特律的破产、有“煤都”之称的抚顺，以及千千万万经历衰退的城市进一步加重了地球的生态负担。传统产业的大规模衰退不仅带来了环境恶化的趋势和生态多样性的压力，也增加了城市所面临的社会问题。以效率、和谐、持续为发展目标，以生态农业、循环工业和可持续服务产业为基本内容的绿色经济，将为城市注入新的产业和经济活力。

Make Nature **EDUCATE** Cities
园艺让自然教育城市

比绿色经济更深层次的是绿色发展。广义的绿色发展包括存量经济的绿色化改造和发展绿色经济两方面，覆盖了空间布局、生产方式、产业结构和消费模式；狭义的绿色发展重点在于发展绿色经济。青岛世园会所实验的主要是狭义的绿色发展。绿色发展可以刺激经济振兴，并创造就业机会、解决环境问题，覆盖了绿色投资、绿色消费、政府绿色采购、绿色贸易等多方面。青岛世园会展示了绿色经济的最新成果，比如海洋科技产业、都市农业、新型经济作物等方面。现代园艺为世界提供了大量高新技术产品，成为创新发展的增长点，将开拓更广大的市场。同时，园艺本身亦成为创新产业的要素。良好的生态、优美的环境、充满创意的空间、极具特色的景观和健康的生活方式，无疑将吸引人群的汇聚与交流，带动城市的商业和服务业，激发城市创新动力和创意活力，复兴城市经济，促进城市的创新转型和能级。

2012 年 8 月 11 日

园艺：创造未来可持续发展的城市生态文明样板

从诞生的第一天起，城市就是人类脱离野蛮的象征，造就文明的归宿。与之相悖的却是城市从诞生的第一天起，城市的特质中始终存在着与自然的对立，一方面不断从外部吸取资源，换取内部环境舒适，另一方面不断向外部排放污染，扩大城市生态足迹。随着工业革命出现的大都市，造成了人类的都市生活与自然生活的进一步远离，引起了一系列理想城市的伟大范式，田园城市、广亩城市、光辉城市、带状城市……然而这些理想城市范式始终未能解决人类城市的自然对立特质。直到1970-1980年代后提出"生态城市"概念，人类开始把城市终极理想范式定格于城市对于自然资源和能源的极小化上。可称之为自然消耗的"极小主义（Minimalism）"。时至今日，城市仍然在自然赋予其最大能量的夏季，恰恰出现能源饥荒的现象，在自然赐予人类最多能量之时，人类还需要更大的能源来给与抵抗，这不得不令人反思。总体上说，我们的城市始终处在对立于自然的危险之中，未来城市必须关注城市的生态底线。

在建设生态文明的时代背景下，强调以人和环境相互协调关系为本，强调人与自然之间和谐的城市建设仍然在黑暗中探索着前进的方向。青岛世界园艺博览会将为未来可持续发展的城市生态文明提供一个最佳的样板——园艺成为城市生态文明的一个重要要素。

2014年青岛世界园艺博览会的规划设计通过对基地的研究、现状的研判、愿景的设定、理念的创新、技术的革命、细节的推敲和运营的设计和发展的构想组成了完整的城市园艺可持续发展解决方案。大到整个园区的选址、布局，小到一个景观构件，都是这个解决方案的重要一环。智慧地组织和协同每一个环节，最终献给人类一个前所未有的世园。

扫一扫

《世园会，生态文明的青岛实践》青岛全搜索电子报，2014年10月27日。

园艺小传

History of Horticulture

园艺一词，原指在围篱保护的园囿内进行的植物栽培。该词包括"园"和"艺"二字，《辞源》中称"植蔬果花木之地，而有藩者"为"园"，《论语》中称"学问技术皆谓之艺"，因此栽植蔬果花木之技艺，谓之园艺。

西方语境下的园艺（horticulture），原为园地栽培（garden husbandry）和园林艺术（gardening），果树、蔬菜和观赏植物的栽培、繁育技术和生产经营方法。可相应地分为果树园艺、蔬菜园艺和观赏园艺。

现代园艺虽早已打破了这种局限，但仍是比其他作物种植更为集约的栽培经营方式。园艺业是农业中种植业的组成部分。园艺生产对于丰富人类营养和美化、改造人类生存环境有重要意义。

20世纪以后，园艺生产日益向企业经营发展，包括果树、蔬菜和观赏植物在内的园艺产品愈来愈成为人们完善食物营养，美化、净化环境的必需品。果树中的葡萄、柑橘、香蕉、苹果、椰子、菠萝，蔬菜中的豆类、瓜类和花卉中的切花、球根花卉等在国际贸易中的比重也不断提高。由于许多现代科学技术成果的应用，园艺业生产技术进步迅速。如植物激素为园艺作物的繁殖和生长结果的调节提供了新的手段，组织培养技术使快速繁殖园艺作物和进行无病毒育苗有了可能，塑料薄膜的广泛应用大大便利了各种园艺作物的保护地生产，控制光照处理为周年供应蔬菜和鲜花开辟了新的途径，各种果实采收机、采集器的发明使园艺业生产有可能很快地结束手工操作，遗传学的进步正使园艺作物育种工作提高到新的水平，现代园艺业已成为综合应用各种科学技术成果以促进生产的重要领域。同时，园艺业生产技术的研究，也反过来对植物生理学、遗传学等的发展起着有力的促进作用。

在当今21世纪，在科学技术推动下全面发展的园艺越来越受到人们的重视。它将为人类生存、城市生活贡献更大的力量。因此，园艺，是新型城镇化的宝贵工具。

2012年8月16日

4 为可持续而设计

Design for Sustainability

4.1 园城融合：可持续发展的空间格局

城市可持续发展的空间格局是一个宏观的命题。在生态文明的语境下，城市绿地系统的外延扩大为城市可持续发展的空间格局，将城市与自然统筹协同规划——“城”在“园”中，“园”在“城”中。这种空间格局既包括传统意义上的城市公共绿地系统，包含广场、林地、耕地等多种其他类型的土地，更包含自然山体，河流、湖泊、海洋等自然湿地，以及自然山水的相互位置关系，山脉水系走向以及大小等级、山水秩序、山水城的关系等。城市可持续发展的空间格局包括但又不限于城市的绿地格局、城市的开敞空间格局、城市的游憩景观格局、城市的生物多样性格局、城市水资源格局等。城市可持续发展的空间格局是个有机融合的系统，它不仅包括城市内部及外围的整个生态系统和山水体系的尺度和位置，还包括这些要素与城市功能和城市建设的空间形态关系，以及城市文化内涵等更深的层次。

作为专业性展会，2014 年青岛世界园艺博览会是对园艺思想、园艺理论、园艺艺术、园艺科技、生态技术、建造技术和城市技术的集中展示。展示内容体现时代性、先进性、前瞻性和可持续性。青岛世园会的展示维度贯穿宏观、中观和微观多个层面。通过可持续的总体规划与设计手法，平衡展园整体和展品细部之间的关系。同时，规划师和设计师强调展示手法的多元创新。重点展示新材料、新设备、新工艺和新技术。“四新”并不只是静态的陈列展示，也融入到世园会园区规划、设计、建设和展园布置的每一个环节中，使青岛世园会园区本身成为未来园林发展趋势的集大成范例。

图 1-14：青岛世园会通过微观设计实现园城融合
Figure 1-14: Qingdao Horticultural EXPO Park is integrated with the City at Micro Levels

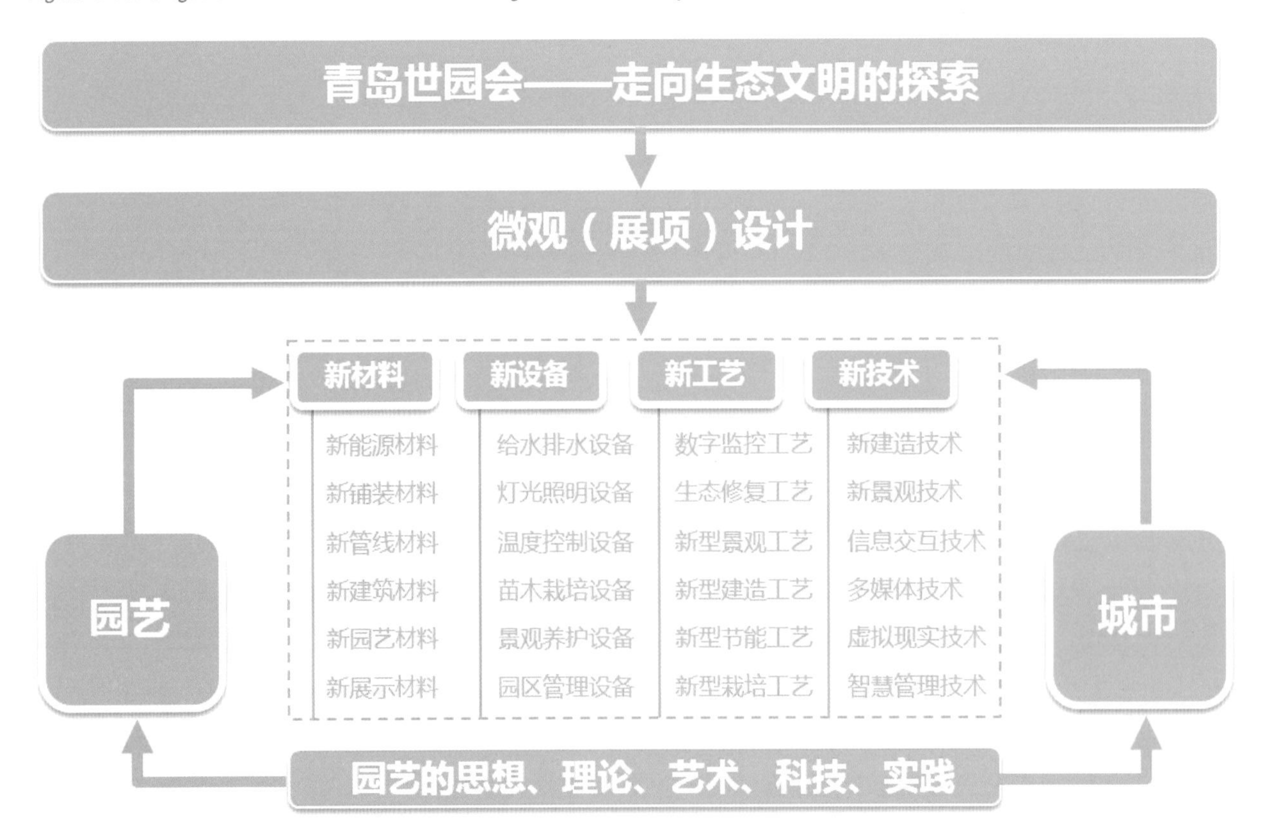

2012 年 8 月 22 日

4.2　六个方面：可持续的基础设施研制与安排

青岛世园会除了“园城融合”的整体展示，更将可持续发展的设计理念融入基础设施的研制和安排之中。实现从上至下、由内而外的可持续发展。

相比于园城融合，可持续基础设施的研制与安排是一个更加微观的命题。可持续的规划设计通过影响各种生态和环境要素（能源、水体、物材、空气、土地和生物）、居住活动要素、产业经济活动要素，达到控制、引导规划目标的目的。对城市相关可持续要素的基础研究作为后续基础设施研制和安排的理论依据。

传统的基础设施强调人类的直接需求，例如，水、电等；而生态基础设施更强调满足人类与自然长久共存的相互关系，例如太阳能板、空气净化系统等。为了实现城市的可持续发展，我们在以园艺为主题的青岛世园会规划设计中培育、研制和安排了大量可持续的基础设施，以人和自然的共存关系为本，利用规划模拟技术对园艺植物、景观装置、绿地基础设施、配套服务设施、交通基础设施、市政基础设施、就业中心、社会保障设施进行综合统筹下的智能安排组织。

所有的可持续规划设计解决方案可以分为能源利用类、水资源类、固体废弃物类、大气环境类、土地利用类和生物生境类。“能、水、物、气、地、生”可以被视为可持续技术的六个方面。这些设施构成了一体化的城市智能可持续基础设施系统，该系统是构建城市生态系统的基础。

图 1-15：能、水、物、气、地、生——可持续技术的六个方面

Figure 1-15: Energy, Water, Material, Air, Land and Biology-Six Elements of Sustainable Technology.

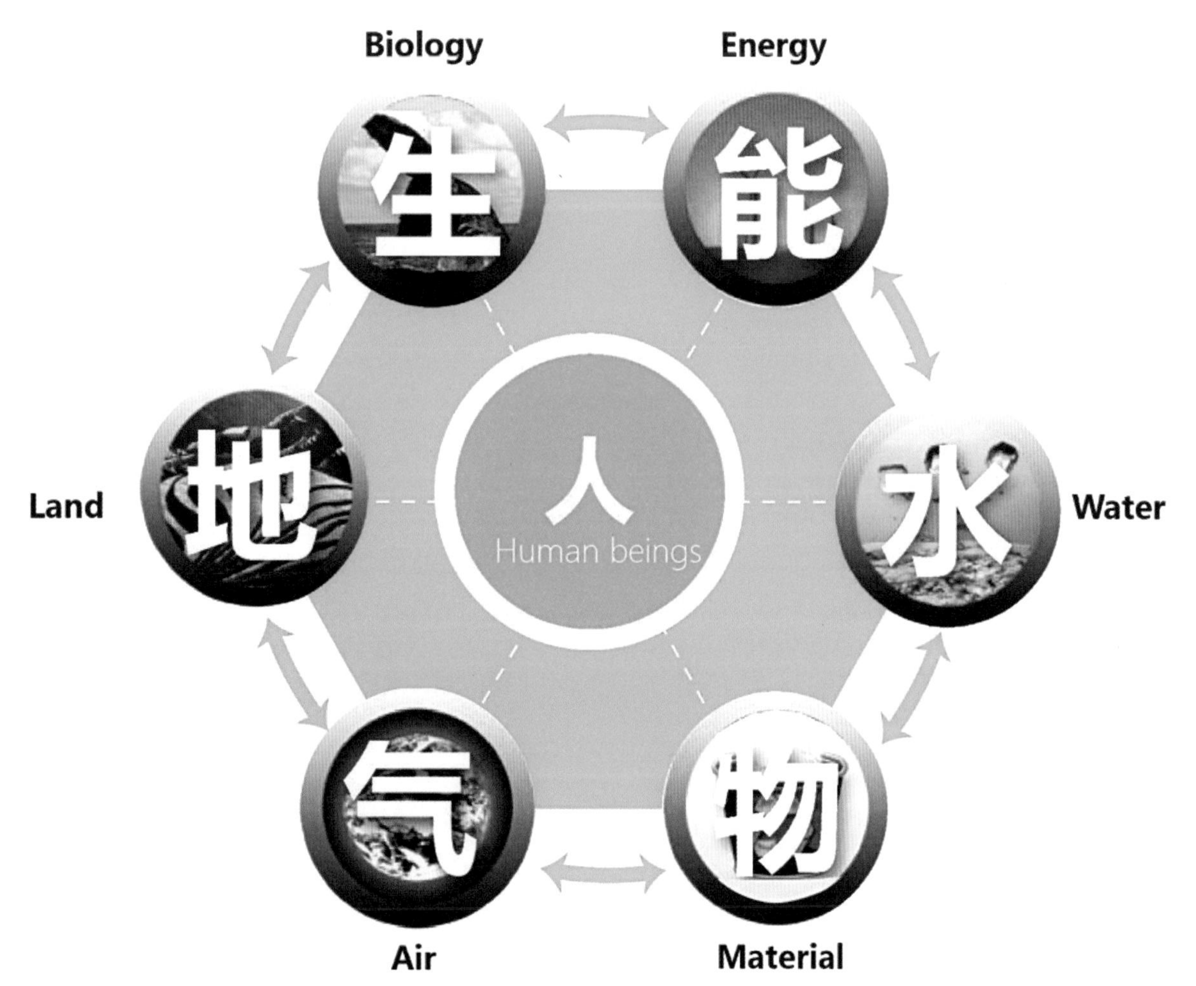

4.3 可持续发展的世园会园区运营模式

除了园区展示、园区基础设施，规划设计中的青岛世园会还拥有可持续发展观指导下的园区运营模式。

在传统城市社会以及传统的农业文明和工业文明中，人类往往从大自然中吸取能源、水资源、物质资源，回馈给大自然的却是废气、废水、废物等。这是大多数传统的展园所采用的运营模式。这种索取与回报不相匹配的发展运营模式是不可持续的。可持续发展的生态城市探索新的规划模式，在能源、水资源、物质资源的运营中实现城市和谐发展。青岛世园会探索的，正是这种新的发展运营模式。具体来说，青岛世园会运用了四种节能减排运营模式，第一种模式是减少排放；第二种模式是循环利用；第三种模式是就地集水、就地采能、就地取材；第四种模式是节地（如图 1-15 所示）。世园会科学合理地运用四大运营模式，结合市场机制，发挥市场的主观能动性，将各种资源高效整合，充分发挥其经济效益、生态效益和社会效益。青岛世园会的管理运营强化过程控制，走集约化发展道路。坚持精益求精、精雕细琢，打造集约节约的精品工程。以绿色、低碳、环保、节约和资源综合利用为重点。为了可持续发展，青岛世园会制定了《绿色建设导则》，明确了园区工程建设的总体目标、基本原则和绿色理念，创新性提出了可借鉴使用的 100 项新技术、新工艺、新材料、新设备，确保青岛世园会建筑、设施、空间和环境可持续循环利用。[8]

扫一扫

《创新，是“让生活走进自然”的前提——写在青岛世园会倒计时 100 天之际》，杨明清撰稿。此文亦刊登在《工人日报》(2014 年 01 月 15 日 04 版）以及中工网。

图 1-16：青岛世园会四大节能减排运营模式

Figure 1-16: Four Models of Energy-saving and Emission-reduction Operation in 2014 Qingdao International Horticultural Exposition

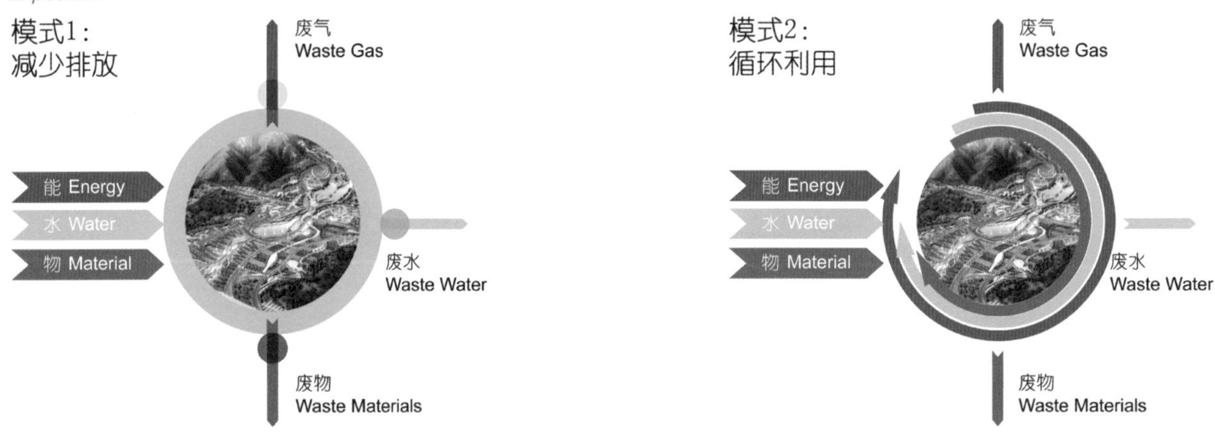

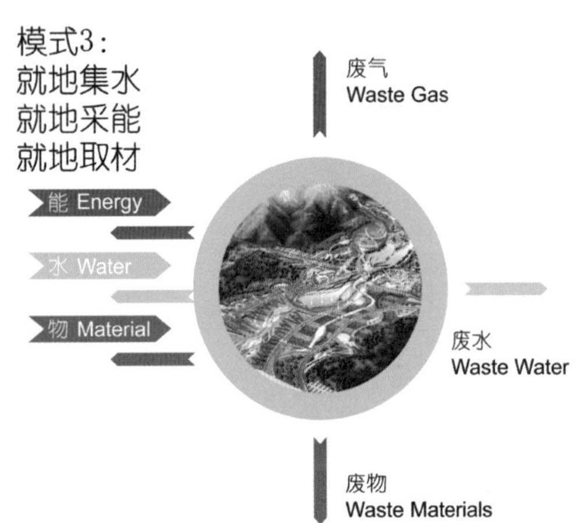

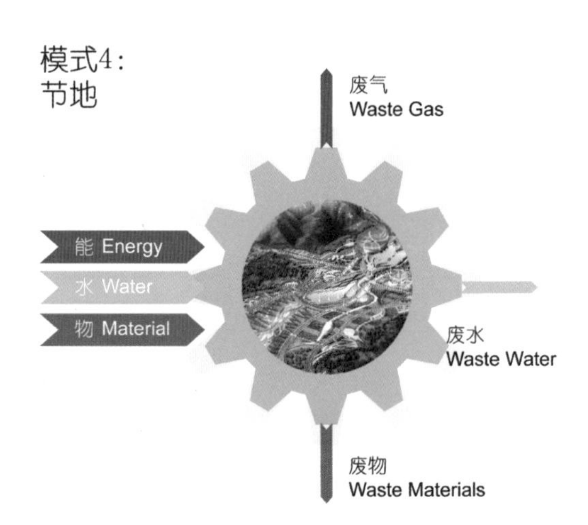

2012 年 9 月 6 日

注释
Notes

① 数据引自《拉美城镇化的经验教训及其对中国新型城镇化的启发》，作者郑秉文，刊登在《当代世界》2013年6月第6期。

② 引自人民文学出版社1996年出版的《双城记》，查尔斯·狄更斯著，石永礼译。

③ 八大公害事件：指在世界范围内，由于环境污染而造成的八次较大的轰动世界的公害事件。公害事件：因环境污染造成的在短期内人群大量发病和死亡事件。包括：1. 比利时马斯河谷事件（1930）；2. 美国多诺拉事件（1984）；3. 美国洛杉矶光化学烟雾事件（1940s）；4. 英国伦敦烟雾事件（1952）；5. 日本四日市哮喘事件（1961）；6. 日本爱知县米糠油事件（1963）；7. 日本水俣病事件（1953）；8. 日本富山的痛痛病事件（1955-1977）。

④ 引自天津大学出版社于2006年10月出版的《设计结合自然》，伊恩·伦诺克斯·麦克哈格著，黄经纬 译。作者在文中这样写道："我重访这里的许多地方，本意想看看这些地方缩小到什么程度，不是想了解有什么东西被抹掉了。然而，格拉斯哥已把这块土地兼并了，秉承了格拉斯哥的样子，每个小丘都被推平，填平了谷地。小溪埋起来了，改成了暗沟，树木砍光了，农舍与铁匠铺拆除了。原有的树、灌木丛、沼泽、岩石、蕨类植物和兰花等，现在已没有一点痕迹了。代之以清一色的徒步上下的四层公寓，前后间距为70英尺，山墙之间15英尺。公寓门前是一条柏油路，沿路排列着萧瑟的钠蒸汽灯，房后是夯土地面，由东倒西歪的栗色栅栏围着，晒衣杆上挂着湿淋淋的衣服。"

⑤ 引自吴志强所作《世博规划中关于"和谐城市"的哲学思考》。该文发表在《时代建筑》2005年第5期。

⑥ 引自孙芸所作《"天人合一"与生态城市建设》。该文发表在《城市建设理论研究》2014年第15期。

⑦ 美国著名城市学家简·雅各布森认为，城市甚至在农业产生之前就业已出现。

⑧ 关于2014年青岛世界园艺博览会可持续发展管理运营的详细介绍，可参考中工网新闻《创新，是"让生活走进自然"的前提——写在青岛世园会倒计时100天之际》，记者为杨明清。该文网址为 http://media.workercn.cn/sites/media/grrb/2014_01/15/GR0410.htm 。此文亦刊登在《工人日报》(2014年01月15日04版)。

2012年9月10日

第二章　天女散花

——园区总体规划布局

Chapter II　The Heavenly Maids Scattering Blossoms

Master Plan of Qingdao Horticultural EXPO Site

2012年9月17日

1 世园总览

Overview

2009 年 9 月 15 日，在国际园艺生产者协会（AIPH）第 61 届会员大会上，青岛市获得了 2014 年世界园艺博览会的承办权。成为继 1999 年昆明世园会、2006 年沈阳世园会和 2011 年西安世园会之后，在我国大陆举办的又一届国际性花卉园艺盛会。

2009 年 11 月 14 日，国际园艺生产者协会（AIPH）法博主席在对百果山森林公园湿地考察之后，正式签署了承办确认书。青岛世园会申办工作结束，承办工作正式启动。

与历史上世界园艺博览会多选址在平坦的用地中不同，青岛世园会园区位于市区东北部崂山风景区，园内有连绵的山脉，起伏的山丘，浑厚的岩石，清澈的水库，潺潺的溪流，茂密的树林，场地空间开合有度，地形总体北高南低，独有的山地型地貌特征是园区选址的最显著的特点。

名称：2014 年青岛世界园艺博览会
级别：A2+B1
会期：2014 年 4 月 25 日 -10 月 25 日 (共 184 天)
地点：青岛市李沧区东部，崂山余脉百果山山谷之中（首次在中国沿海城市举办的具有山地特色的世界性园艺展会）
主题：让生活走进自然
面积：园区占地总面积 2.41 平方公里，主题区占地面积 1.64 平方公里，体验区占地面积 0.77 平方公里
规模：预计将达到 1200 万参观人次
标准：生态环保标准
理念：文化创意、科技创新、自然创造

世界园艺博览会
World Horticultural Exposition

由国际园艺花卉行业组织——国际园艺生产者协会（AIPH）批准举办的国际性园艺展会。迄今为止，共举办了 30 多次，基本在欧美、日本等发达国家举办。

举办意义
Meaning of Holding Horticultural Exposition

——经济文化技术的交流与推动；
——促进城市国际化；
——提升知名度和影响力；
——加快城市建设；巨大的综合效益。

园博会发展趋势
Development Trend

地域广泛化——由欧美向亚洲转移，发展中国家获得更多承办机会类型；
多样化——由单一的 A1 类向多种类型共同发展转化；
高频化——一年多展，不同类型、不同国家；
主题的深化与细化——在关注人与自然和谐关系的基础上，强调创意，生态科技，与当地历史文化结合。

青岛世园会会徽和吉祥物
Emblem and mascots of Horticultural Exposition

会徽的设计充分体现青岛世园会“世界一流、中国时尚、山东特色、青岛品牌”的目标定位，给人以创意新颖，视觉时尚的感觉，充分挖掘了齐鲁文化、海洋文化、民俗文化以及园林艺术的底蕴和内涵，表达青岛山海城浑然一体的深厚的文化特色。

吉祥物形象为海精灵，名称为“青青”。创意来自生命摇篮、万物之灵的大海。青岛是因海而生、依海而建、凭海而兴的中国历史文化名城。

图 2-1：世园会会徽和吉祥物
Figure 2-1: The themes of Qingdao Horticultural EXPO

2012 年 10 月 5 日

表 2-1：园博会的类别
Table 2-1: The types of Horticultural Exposition

区别 / 名称	举办期间	举办次数	申请	规模 / 保证金	参展国家数量要求
A1/ 国际园艺博览会	3~6 个月	1 年 1 次以下，同一国 10 年内 1 次以下	6~12 年前	50 公顷以上 /20000 瑞士法郎	10 个及以上
A2/ 国际园艺专业展示会	基础设施	1 年 2 次以下	4 年前	1.5 公顷以上 /10000 瑞士法郎	6 个及以上
B1/ 国内园艺博览会	绿地系统	1 年 1 次以下	3~7 年前	25 公顷以上 /5000 瑞士法郎	无
B2/ 国内园艺专业展示会	公共设施	1 年 2 次以下	2 年前	0.6 公顷以上 /2500 瑞士法郎	无

表 2-2：历届园博会概况一览表
Table 2-2: The lists of previous Horticultural Exposition

举办时间	举办国家	举办城市	博览会名称	主题	等级
1960	荷兰	鹿特丹	国际园艺博览会	唤起人们对人类与自然相容共生	A1
1963	德国	汉堡	汉堡国际园艺博览会	唤起人们对人类与自然相容共生	A1
1964	奥地利	维也纳	奥地利世界园艺博览会	唤起人们对人类与自然相容共生	A1
1969	法国	巴黎	巴黎国际花草博览会		A1
1972	荷兰	阿姆斯特丹	芙萝莉雅蝶园博览会		A1
1973	德国	汉堡	汉堡国际园艺博览会	在绿地中度过假日	A1
1974	奥地利	维也纳	维也纳国际园艺博览会		A1
1976	加拿大	魁北克	魁北克国际园艺博览会		A1
1980	加拿大	蒙特利尔	蒙特利尔园艺博览会		A1
1982	荷兰	阿姆斯特丹	阿姆斯特丹国际园艺博览会		A1
1983	德国	慕尼黑	慕尼黑国际园艺波兰胡		A1
1984	英国	利物浦	国际园林节		A1
1990	日本	大阪	大阪万国花卉博览会	花与绿——人类与自然 口号：保护未来生态环境	A1
1992	荷兰	路特米尔	海牙国际园艺博览会		A1
1993	德国	斯图加特	斯图加特园艺博览会		A1
1999	中国	昆明	昆明世界园艺博览会	人与自然——迈向 21 世纪	A1
2000	日本	兵库县淡路岛	日本淡路花卉博览会		A2/B1
2002	荷兰	阿姆斯特丹	芙萝莉雅蝶园艺博览会	体验自然之美	A1
2003	德国	罗斯托克	罗斯托克国际园艺博览会	海滨的绿色博览会	A1
2004	法国	南特	南特国际花卉博览会		A2
2004	日本	静冈（滨名湖畔）	日本滨名湖国际园艺博览会		B2
2005	德国	慕尼黑	德国联邦园艺展		B1
2005	法国	第戎	国际花卉展		B2
2006	泰国	清迈	清迈世界园艺博览会	表达对人类的爱	A1
2006	意大利	热内亚	欧洲国际花卉商业展览会		A2
2006	中国	沈阳	沈阳世界园艺博览会	我们与自然和谐共生 口号：自然大世界，世界大观园	A2/B1
2007	德国	格拉	德国联邦园艺展		B1
2008	加拿大	魁北克	Quebec en Flueurs		B2
2008	加拿大	魁北克	Les Jardins des Floralies		B1
2009	韩国	故既（安眠岛）	韩国安眠岛国际花卉博览会		A2
2009	日本	静冈	滨名湖花卉国际博览会		B2
2009	德国	什未林	德国联邦园艺展		B1
2010	中国台湾	台北	台北国际花卉博览会	彩花、流水、新视界	A2/B1
2011	中国	西安	西安世界园艺博览会	天人长安·创意自然——城市与自然和谐共生	A2/B1
2012	荷兰	芬罗	芙萝莉雅蝶园艺博览会	融入自然，改善生活	A1

2012 年 10 月 8 日

图 2-2：历届世界园艺博览会（1960-2014）A2/B1/B2 类（AIPH）
Figure 2-2: Previous World Horticultural Exposition (1960-2014) A2/B1/B2 (AIPH)

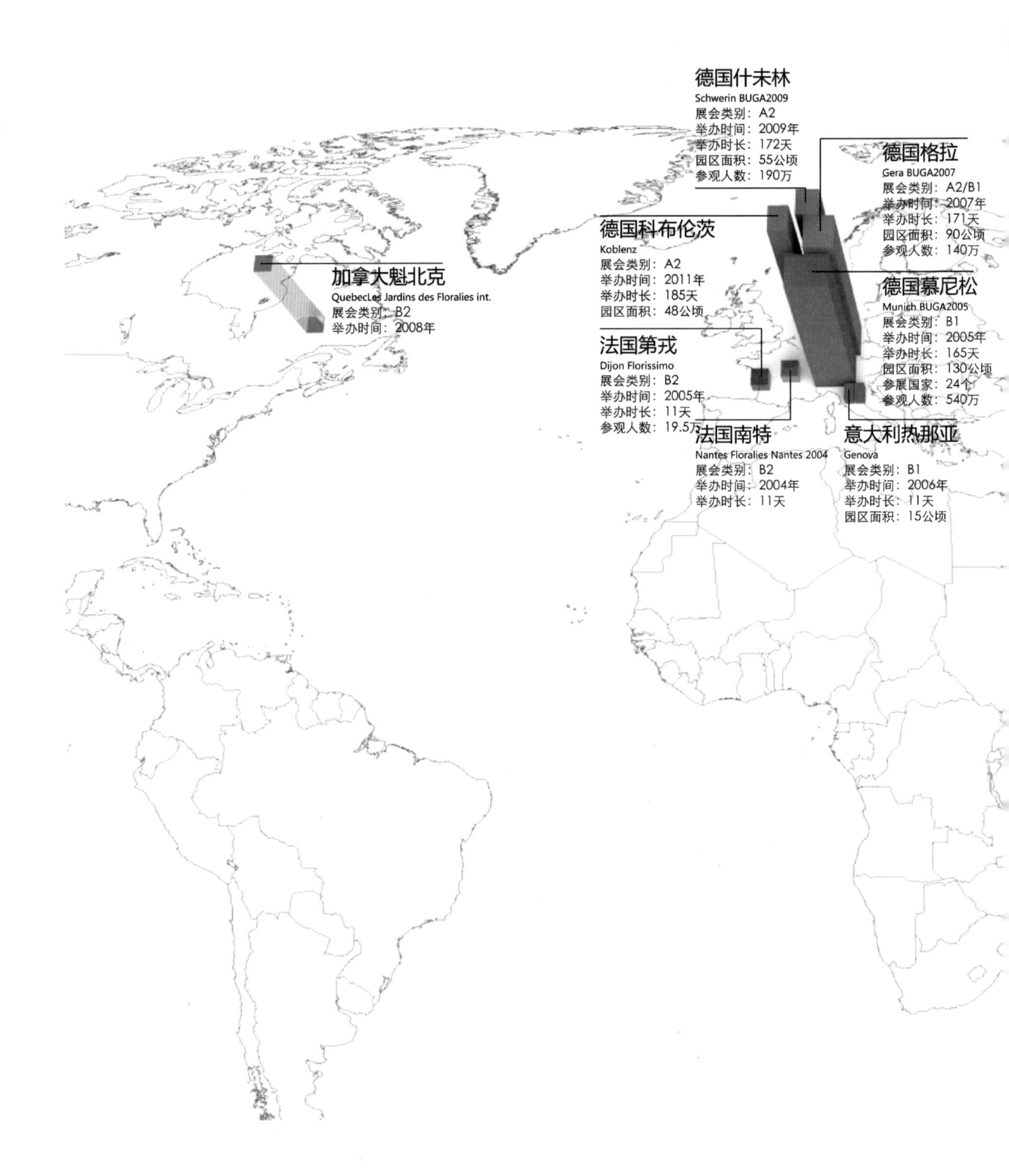

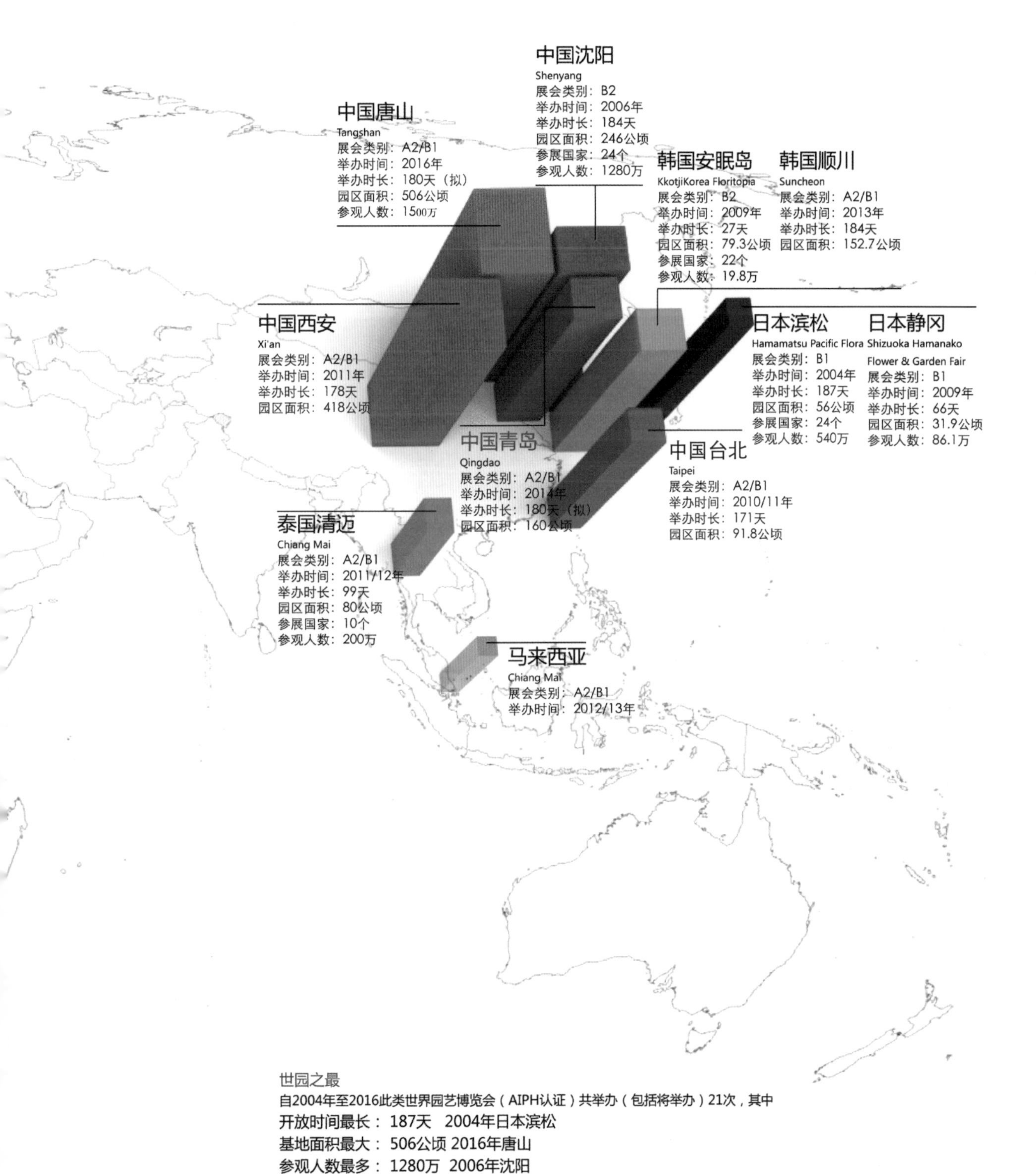

世园之最

自2004年至2016此类世界园艺博览会（AIPH认证）共举办（包括将举办）21次，其中

开放时间最长：187天　2004年日本滨松

基地面积最大：506公顷 2016年唐山

参观人数最多：1280万　2006年沈阳

2012年10月14日

2 天人哲思：园区总体规划概念

Philosophy with in Master Plan

2010 年 8 月 20 日，青岛市领导邀请我到青岛做一个关于上海世博会的讲座。面对 100 多名青岛建设系统的规划、设计、建设和管理者，我针对上海世博会的总体规划理念、后续利用、核心问题、可持续设计等做了详细的介绍和总结，毫无保留地将世博会的得失讲了 2 个多小时。结束时，青岛市聘我作为 2014 青岛世界园艺博览会的园区总规划师，让我倍感惊喜的同时，又深感责任重大。

青岛作为有一定国际影响力的海滨旅游城市，城市发展一直存在着“南热北冷”的困境。青岛世园会的基地位于市区东北部，远离市区，缺乏市政基础设施和公共生活服务设施，城市建设管理落后。如何通过世园会的规划设计，在青岛市城市东北部形成新的城市发展极，促进青岛整体的和谐协调发展，使其成为世园会园区规划设计与青岛市总体发展建设的内在联系。

BGA
德国联邦园林展
Bundes Garten Schau

IGA
国际园林展
Internationale Garten Bauaus Stellung

第二次世界大战后，联邦德国一切都面临重建，于是又萌生了举办因战争而中断的园林展的念头。经过数年的酝酿，终于于 1951 年在汉诺威成功地举办了第一届联邦园林展。尽管当时 20 公顷的展园，面积上还不及现在多数展园的 1/3，规模与今天更无法相比。但它却奠定了联邦园林展的基础，也成为德国大中城市第二次世界大战后新建公园的起点。

自 1951 年起，联邦德国每两年举行一次大范围的综合性园林展览——联邦园林展，从 1953 年开端，展览每隔 10 年邀请一些国度的园林界加入，称为国际园林博览会。

——摘自《联邦园林展与德国当代园林》

“学习，积累，然后才有创新”
——专访 2014 青岛世界园艺博览会总规划师吴志强教授

问：园艺博览会历史悠久，世界各地举办的博览会各有特色，在众多优秀的博览会规划中，如何才能创办一届充满创意的园艺博览会，并脱颖而出？

答：在总构思的时候，我在欧洲的经历起到了很大的帮助。如果不知道园艺博览会原本的生命过滤和特征，不知道他的生命旅程是如何一路走来的，想要创造一届可以成为其发展旅程中的亮点的园艺博览会，是非常困难的。因此，对于我来说，在国外的这段经历，是很好的历史积累和沉淀。

荷兰的园艺源自于荷兰在欧洲大地上流行的文化，这一理解源自于我在欧洲的游历。我在欧洲看过许多园林展会，如荷兰园艺博览会，IGA（国际园林展），BGA（德国联邦园林展）。这些博览会，对于当地百姓的生活、对于城市都产生了一定的影响。以 BGA 为例，自从城市举办了这届园林展，城市的市民到了周末的时候，就会想到这样一个好去处，想要参与进来，接触园艺。这意味着，园林展影响到了一个城市的生活方式。而荷兰城市、国家的经济、生活方式产生的变化，甚至成为了产业集群，成了国民经济的支柱，在这些概念中，园艺都起到了很大的作用。

扫一扫

世博会总规划师吴志强献策 2014 青岛世园会

2014 青岛世园会总体规划方案出炉

2.1　青岛世园会规划设计面临的挑战

青岛世园会虽然不是中国首次举办的世园会，1999 年昆明世园会、2006 年沈阳世园会、2010 年中国台北世园会和 2011 年西安世园会都为青岛世园会的举办和规划设计积累了丰富的经验。但是，青岛世园会从 2010 年 10 月份开始概念规划国际招投标到 2014 年 4 月份完全建成投入运营，只有短短的 3 年多的时间。面对这样一个复杂的巨系统，如何在有限的时间内合理调配人力、物力、财力，依然有很多的问题和挑战需要去研究和解决。在青岛世园会的规划设计中，主要面临六个重要的挑战。

挑战 1：展示——生态文明时代，面对独有的基地环境和鲜明的地域特色，如何演绎“From the earth，for the Earth”主题？

“让生活走进自然”的主题虽然是 2013 年 3 月份才通过公开征集的方式确定下来，但是，我们在规划设计的过程中也在不断对“From the earth，for the Earth”的英文主题进行研究和思考。我们认为主题应紧紧围绕人、自然和生活三大主体展开。同时，因园区地处崂山余脉环抱的山谷之中，生态条件优越，地形高低起伏。规划设计如何利用好 1.64 平方公里富有特色的基地演绎生态文明来临背景下生活与自然的主题，成为首要挑战。

挑战 2：强度——有效展区面积小，园区限制条件多，游客参观强度大，如何保障有序运营？

世园会场址规划总用地面积约为 160.00 公顷，停车场面积和入口广场约 14.05 公顷，围栏区面积约 145.95 公顷。场地内水域面积约 15.55 公顷，不适宜驻留场地（坡度超过 25%）约 16.76 公顷，实际可规划建设用地面积约 113.27 公顷。按照预测高峰客流量 25 万人次计算，同时在场系数 0.8 计算，展区的人均面积约 5.5 平方米 / 人，为历届重要的世界博览会展区最低人均面积。

同时，因基地北部环绕山体，仅南半部可设置出入口，不便于组织入园交通。而内部坡地、山体、河流交错的丘陵地貌，如何在有限的可建设用地上做出一个精彩、低碳、科技园区的规划设计，在保持地域性的基础上组织好步行、车行、应急逃生等路线，是一个巨大的挑战。

挑战 3：舒适——展期恰逢高温高湿季节，如何营造舒适环境？

青岛位于夏热冬冷地区，世园会的举办期为 2014 年 4 月 25 日至 2014 年 10 月 25 日，正值青岛气候炎热季节，尤以 7、8、9 三个月份更甚，特别是基地北部群山环绕，透风性差，比海边炎热 3 度以上。与世博会以室内展馆为主不同，世园会各类展馆、公共建筑总规模仅为 11 万平方米，可容纳的人数非常有限，参观者的大部分时间都将在室外参观和场馆间移动，尤其要考虑老人、儿童及行动不便者。在酷暑季节如何有效引导各种参观群体的聚集和尽力保障舒适环境，是一个根本课题。

挑战 4：联系——偏远的地理位置，如何强化与城市中心的联系？

世园会选址处于青岛市区东北部，是城市建设区的边缘，仅有一条滨海大道从基地东侧 1.5 公里处经过。既要考虑好展会期间到达交通的组织，也要从城市未来发展的整体空间格局出发处理好区域交通，必须强化基地与城市市中心和机场、火车站、海滨旅游区等重要城市节点的联系。

挑战 5：提升——城市边缘发展落后地区，如何塑造城市新的发展极，示范城市带动效应？

青岛的城市发展一直存在“南热北冷”的困境，南部沿海和北部腹地的城市建设水平也是天壤之别。世园会园区选址位于城市东北部边缘的落后地区，城市建设和管理严重不足，现状基地及其散落着缺乏配套的自然村落和村民自建房。世园会的规划建设必须能够着眼于塑造新的城市增长极，带动周边产业、交通、旅游和商贸的快速发展，完整配套设施建设，提升城市功能。

挑战 6：后续——作为发展中的城市，如何在有限时间内勤俭办世园？

世园会的规划设计必须考虑从后续利用角度出发，考虑如何促进青岛东北部区域崛起，缩小南北差距；同时考虑如何在 3 年的有限时间中优化设计，尽可能规避重复建设，用尽可能少的时间成本和人力、物力、资本等投入，将基地上的现有资源与世园会期间的功能结合起来；如何将世园会的项目设置、临时场馆、设施和景观建设与青岛市长远发展战略中的功能性提升项目结合起来，是世园会整体规划设计与协调工作过程中所面对的一大挑战。

图 2-3：世园会主题
Figure 2-3: The themes of Qingdao Horticultural EXPO

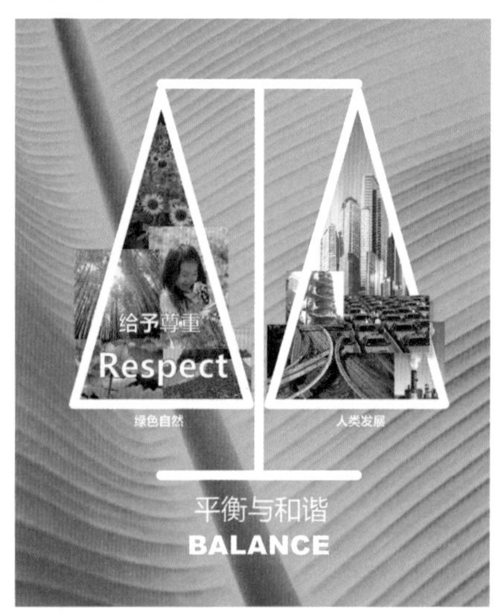

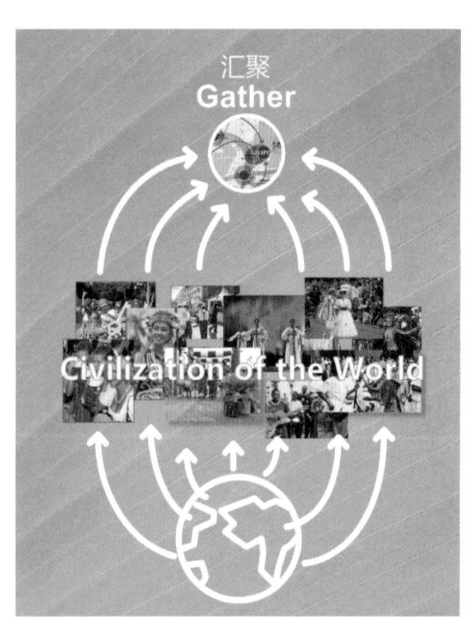

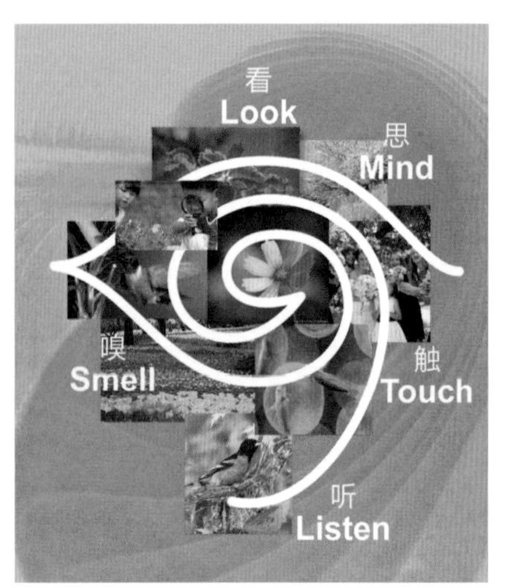

2.2 绿色世界的精彩：从自然生态中创新设计

尊重绿色自然

绿色代表地球、自然母亲。尊重自然，尊重生态，寻回对自然的敬畏，感恩自然的赠予。感知生命的力量，自然界的伟大。人不应该是自大的，不能妄想去“统治”、“征服”自然界，而要建立与自然和谐的关系。

此次世园会涵盖可持续发展的全球发展目标，低碳减排的当前各国议题，反衬人类城市化中绿色生态的日益珍贵，同时直击园艺（Horticulture）的根本要素和当今园艺发展的基本主题。

汇聚世界文明

来自全世界的绿色汇聚青岛，丰富的文化内涵，是全世界绿色智慧的荟萃：植物的、园艺的、思想的、美学的、人文的、科技的、未来的……探索发掘人类与自然相处的古今文明，基于自然灵感无限创造。

同时隐喻自然世界与人类世界的两层要义，以全世界人类的眼光，集聚全球的思想和科技文化之精粹，直面当今世界挑战，寻求自然世界之智慧，发现自然母亲之魅力，传播自然世界之精彩，师法自然世界之规律，同时点明了此次盛事的世界级别。

赞叹生态精彩

自然孕育生命，是母亲。自然界隐藏着巨大的智慧和美，是良师。人们不断探索自然奥秘与美妙，才能尊重自然、敬畏自然。

源自全球的精品在此汇集，源自对人类在经历了工业革命后对自然的第二次崇敬，源自中华智慧的复兴光芒，源自全青岛人民的全力奉献。

创造青岛未来

在青岛再一次创造新的精彩，“青出于蓝而胜于蓝”，创造人类一个新的世界的精彩，在缤纷斑斓园区中思想交融、技术交融，灵感的迸发，创造出人类生活新的绿色世界！

为此，从整个青岛市未来发展的角度出发，提出了塑造青岛城市东北发展极的战略构想，改变青岛城市建设“沿海一层皮”和青岛旅游“南热北冷”的不均衡格局，促进旅游、经济和城市建设的纵深发展。

扫一扫
世园会官方宣传视频

2.3　天地日月的精华：从中华传统中汲取智慧

为了实现“尊重自然、汇聚文明、赞叹精彩、创造未来”的办会理念和主旨目标，彰显出中华民族的智慧魅力与青岛本地的精神特色，世园会规划设计追溯东方古代哲学经典，从道家“天人合一”学说中“道法自然”的思想，以及佛家经文中“感悟山水、珍爱自然、众生平等、物我同一”的概念出发，上观天时、下察地利、中聚人和，对气候、场地、情感和文化等诸多因素深入感悟与思索。

老子《道德经》言：“域中有四大，而人居其一焉。人法地，地法天，天法道，道法自然。”佛经云：“一草一木一世界，一花一水一生灵。”规划设计用一种宏观的思维方式强调人与自然的和谐统一，把自然和人贯通于一体，把自然和人类看作一个有机统一的整体，反对把人与自然对立起来，坚信只有遵循自然，顺应自然，才能达到至善至美的境界。

图 2-4：园区场地构思草图
Figure 2-4: The concept Sketches of the Zone

山水格局引发七仙联想

世园会场地地形微微起伏，东西北三侧竣山环绕，南北两个天然水库宁静而清秀，天地在此交融，日月在此回转，是自然之选。如此独特的地形地貌及其周边山水格局，促生了“七彩飘带”的灵感创意，并与浪漫的中国古典神话故事“七仙女下凡”情思相契、镜境合璧，如下诗云：

赤橙黄绿青蓝紫，谁持彩练当空舞？
山水园林花草石，天地一色在人间。

悠游的七仙女飞舞着缤纷的彩带，畅游世界，她们在探寻人间最美的土地。胶州湾的美丽、百果山的峻秀让她们停下了脚步，俯身、飘落下来。七条欢快的彩带由天而降，化为曼妙的花瓣。她们发现了青岛这片美丽的土地，她们选择了青岛这片地杰人灵的大地。天赋予灵感，地赋予地气，欢乐之花，在此绽放！

古今文脉造就精华之喻

依托引人入胜的上古神话蓝本，融合道家和佛家的自然生态观念，世园会总体规划综合古今文脉，以“天女散花、天水地池、七彩飘带”为创意进行总体布局，上为天水，下为地池，中央为主题馆，七色彩带从天水、地池之间抛撒而出，婀娜飘逸，轻盈动感，沟通天地互动，产生园艺精华。

天水——天女散花、天外来客，寓意海外，体现世园会的世界性，由毕家上游水库改造而成。佛经《维摩经・观众生品》略云：“维磨室中有一天女，以天花散诸菩萨，悉皆堕落，至大弟子，便著身不堕，天女曰结习未尽，故花著身。”天女把鲜花撒向大地，用鲜花点缀在山林与草树之间，亦表征春满人间，吉庆常在。

地池——地灵人杰，地球大自然，人与自然的和谐，由毕家水库改造而成。

主题馆——天地之精华，取自青岛市花月季（Chinese ROSE），贯穿于整个园区的设计元素。

图 2-5：天水地池格局
Figure 2-5: The layout of Tianshui Lake and Dichi Lake

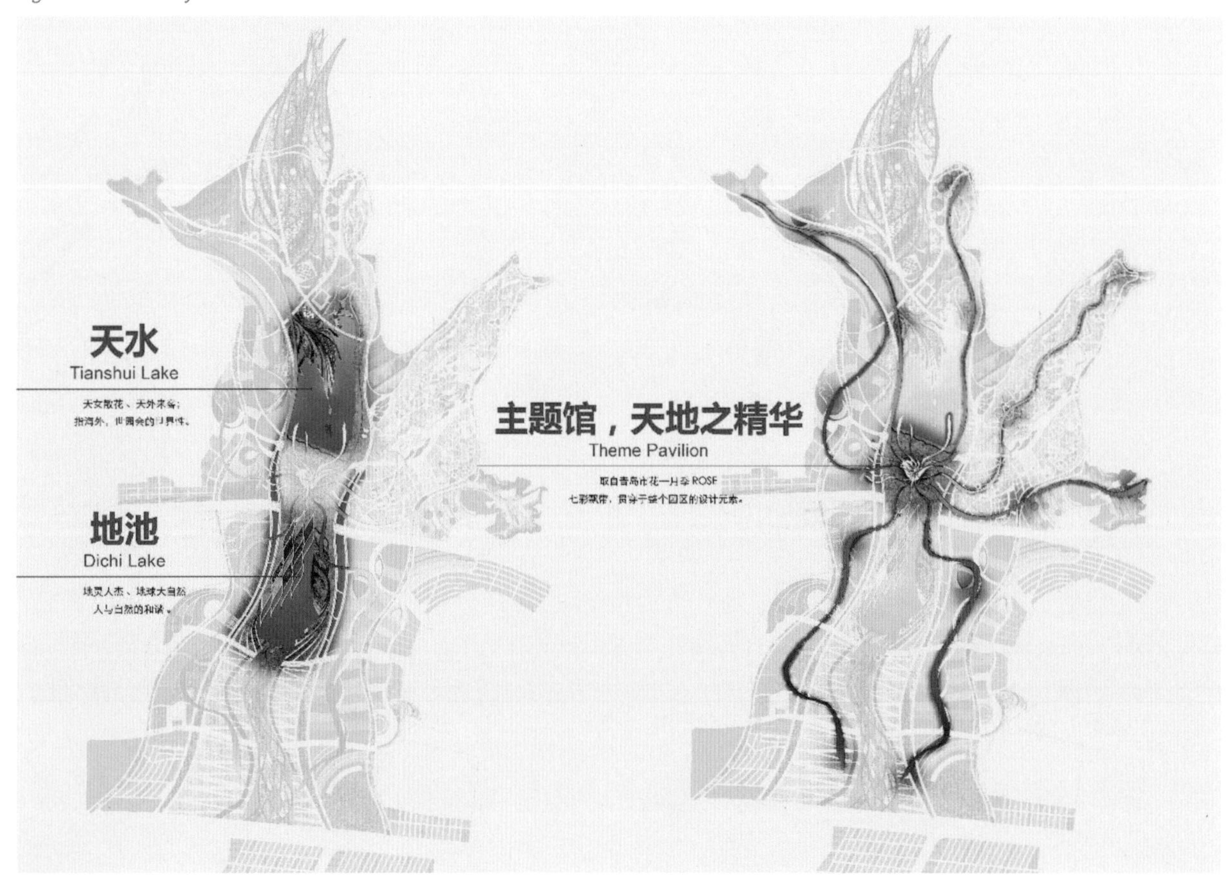

3　方案演变

Development of the Plan

3.1　他山之石：世界园艺博览会国际方案征集

为更好地借鉴国际先进规划设计理念，引进国际顶级水平的策划、规划、设计团队，把 2014 年青岛世园会办成一届充满创意、富有特色、令人难忘的园艺博览盛会，执委会于 2010 年 9 月 9 日联合发布《2014 青岛世园会规划设计单位征集公告》，面向国内外公开征集 2014 青岛世界园艺博览会规划设计单位。要求对世园会约 1.6 平方公里园区及周边区域约 4.8 平方公里的范围进行研究，编制能够充分体现世园会主题、突出地形地貌特征、可操作性强的规划设计实施方案。

征集公告发布以来，受到国内外规划设计公司的广泛关注和踊跃报名。经过专家审核，最终从 43 个应征团队中确定了 5 个具有展会策划与园林景观规划经验的优秀设计团队入围。

为了确保各团队的规划设计方向不出现偏差，跟踪了解各设计团队的设计进度，征集方案于 2010 年 11 月初举行了中期成果汇报，特邀专家组对各设计方案分别进行了点评，并就下一步设计方向提出了指导性建议。

2010 年 12 月 22 日，世园会执委会举行 2014 青岛世界园艺博览会总体规划国际方案征集汇报评审会。评审委员会最终评出一等奖一名，为上海同济城市规划设计研究院。二等奖两名，分别是柏盟项目咨询上海有限公司和青岛市旅游规划建筑设计研究院联合体；美国 SWA 事务所和广州市城市规划勘测设计院联合体。

一等奖——上海同济城市规划设计研究院

方案综述：

方案提出借助世园会全力打造青岛的蓝色文化与公园城市构想，未来形成城市主中心加世园会“风景中心”的城市双核发展战略，并创造性提出“全市办博”，设立 1 个主会场和 29 个分会场，营造“人人都是东道主，全市皆为世园会”的办博理念。通过世园会契机，加快青岛“蓝海战略”的推进，全面推行“绿海星”计划，营造“山进城绿、休旅之城”的生态空间网络。

规划要素：“浪（花浪）、石（奇石）、山（山城）、田（田园）、水（水景）、林（森林）”。

规划骨架：蓝海星花、山水韵美、青城争艳、环宇流芳。

规划为南“静”北“动”的总体构思，提出十八片区、冷热均衡、内外联动、创意趣味的总体布局，包括齐鲁文化博览区、世界药理园、中华名园集萃区、未来园艺畅想区等 18 个不同主题的功能片区，均衡布置以有效疏散人流，避免冷热不均。建筑设计充分利用“仿生学”概念，融入具有青岛和崂山特色的山、石、贝壳、松树、蚕茧、茅草屋等丰富元素，同时辅以“高新技术”，结合太阳能光电板、垂直绿化等手段，体现最新发展趋势，充分演绎“缤纷世界，绿色生活”的主题。

世园会后的园区及周边定位为生态型综合功能区，全面打造以现代商贸服务业、高科技产业和低碳生态创新产业为支撑的复合型商务旅游生态之都，实现“服务之城、休旅之城、商贸之城、生态之城”的宏伟蓝图。

专家评点：

总体评价：突出的好与突出的坏，方案设计具有很强的创新性，内容丰富，文化艺术内涵丰富，概念新颖，可实施性强；

规划布局：优点一与自然协调性强，对“水”的创新利用，就低造水摆脱死守“水库”的桎梏；动静分区具有合理性；缺点一水面面积可能过大、高架步道对山水造成一定的压抑感、建筑面积可能过大，园艺博览会应突出园艺，建筑为辅；

建筑设计：优点一仿生概念创新，文化艺术内涵丰富，形态优美；缺点一建议建筑“净出”，从青岛文化、自然环境中去寻求创新，建议与会后的城市功能相结合，引导建筑会中会后不同功能特征与建筑体量、规模，创造出一两个标志性建筑；

种植设计：种植设计深入，可以再结合山东、青岛的本土植被进行细化，同时世园会址本身土壤较为贫瘠，一些大地花卉景观可再进行深入探讨。

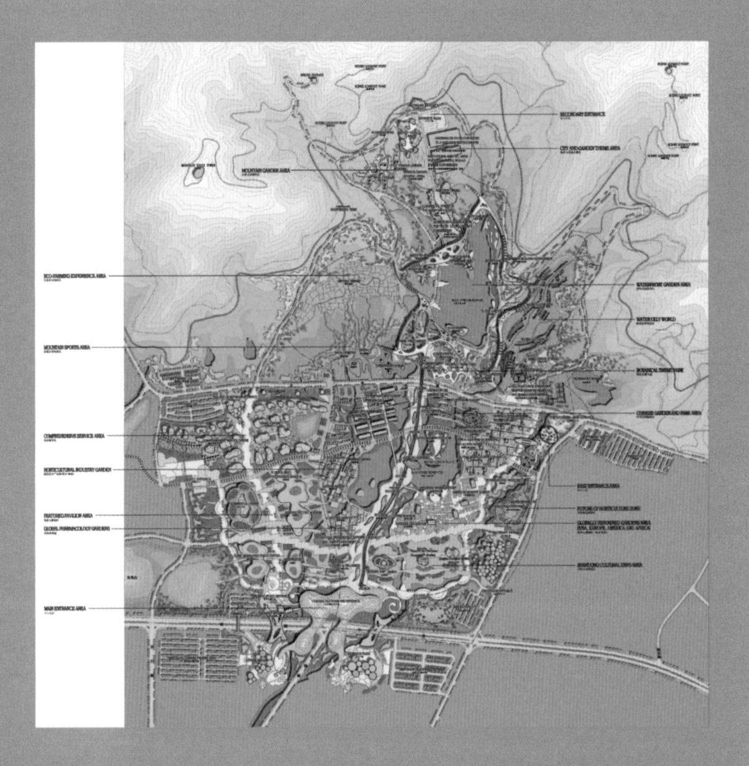

二等奖（1）——柏盟项目咨询上海有限公司和青岛市旅游规划建筑设计研究院联合体

方案综述：

方案提出通过“万种风情”、“风生水起”、“华丽转身”三大主题充分演绎“缤纷世界、绿色生活”的创新概念，打造永不落幕的休闲世园、心灵休憩的世外桃源，构造“南有奥帆中心、北有世园胜地”的空间格局。

规划为一轴两带六区的总体格局，着力打造中央景观带，环湖蓝色活力带、沿山绿色生态带以及六大不同功能展区，演绎“山地园艺博览会”、“海山园艺博览会”、“开放园艺博览会”的概念。建筑设计紧扣“山海写意”、“晴屿飘灯”、“山间雨露”三大主题，以主体建筑为中心的周边区域将金蛹化蝶，承载“亦景亦住亦商”的多元功能而蜕变为世园新城。世园会后的园区及周边据青岛“环湾发展、拥湾发展”战略将其定位为战略布局的生态商住区，横跨若干个产业发展板块，将重点打造以房地产、旅游、商务商贸等为主的绿色新城。

专家评点：

总体评价：方案主题演绎鲜明、独特，“风生水起”值得商榷；开幕式创意独特，有利于项目的宣传；在整体技术层面基本符合世园会需求，但是在整体规划设计的创新性较为缺乏，尤其是世园会对城市的创新考虑；方案可实施性较强，但是在昆虫馆的引入上存在一定风险；

后续利用：方案设计对后续利用的研究不够深入，缺乏创新与数据支撑，但是其中提出的将李村河整治纳入整体开发中是很好的想法；

建筑设计：整体设计有一定的概念与创新，但是过于追求新奇，建筑体量过大、建筑文化内涵缺乏，概念牵强。

二等奖（2）——美国 SWA 事务所和广州市城市规划勘测设计院研究院联合体

方案综述：

方案提出“create（创造）recreate（再创造）”、“cycle（循环）recycle（回收）”的设计理念，通过世园会将崂山新区发展为结合自然生态系统、农田、文化场所、休闲娱乐区和城市化为一种均衡发展的示范区。

规划通过保护自然环境、构建景观网络、合理利用水系等原则，在世园会区域内设置了国内花园展览区、国际花园展览区和主题花园展览区，并通过世园轴、水系和人行步道等将各个功能区域相互串联。建筑设计充分利用地形、地貌，充分吸收本土文化，以创造世园会的标志性景观，同时着重分析其会后所承载的城市功能。

世园会后及周边地区，利用世园会特色及品牌，打造为青岛别具特色的中央公园，结合房地产、商业休闲、商贸服务等产业，成为未来青岛最重要的生态旅游休闲示范区。

专家评点：

规划技术合理，现状分析深入，道路系统明确、功能布局完善、实施性较强；但创造性较差、与城市整体功能统一考虑有所欠缺；后续利用规划功能研究浅显，对地块开发偏向于房地产、强度过大，在承载的城市功能上其公共性较薄弱，同时高尔夫球场的引入不是非常妥当。建筑设计创意不足，拘泥于西方轴线与几何形体，对青岛元素的提取、建筑体量的研究上不足，后续开发中建筑规模过大。种植设计中“花山”、“花卉梯田”的可实施性有问题。雕塑小品中缆车的引入具有创意，但与世园会需求存在差距；三大雕塑的设计显得欠周到、过粗糙。

第四名——美国 VC Landscape Development Inc.

方案综述：

方案以莲花表达园区是一个有生命力的活系统，“莲花”一出淤泥而不染，只有这样才能与自然合作，共同打造一个世界级的世园，同时在世园会结束后，园区可以作为一个植物园和一个可持续的生态城市发展典范再续辉煌。规划布局取意“莲花”，通过一心—中央核心体验区；两轴—纵向自然景观轴、横向生态文明轴；三脉—自然水脉、历史文脉、生态绿脉；八瓣—八个不同主题的功能片区，海朋邀客、东方瑞士、炫彩迷踪、齐鲁文萃、万国风卷、智耕天下、瀚海拾遗，打造宁静而又充满趣味的世园。建筑设计依地形而设，充分引入最新建筑科技。

世园会后及周边地定位为具有灵性、积极融入且亲近周围山地自然景色和周边社区环境高度景观化的可持续发展的生态园区，成为青岛最有吸引力的旅游点之一。

专家评点：

方案立意新颖，构思特别，具有一定创新，以“莲花”作为主题演绎概念有所不当；规划设计核心突出，但是在交通及人流组织、安全性上存在潜在危险；主题园布局上构思较为独特，但是整体设计深度欠缺；建筑设计构思创新，但中心建筑体量、规模过大；种植设计中采用不同季节的种植特征，但绚彩园的设计和山花烂漫植物景观设计方面缺少生态保护和可持续发展的要求。

3.2 总体规划方案

2010 年 12 月 22 日，在总体规划国际方案征集汇报评审会结束之后，世园会执委会决定由我组织设计团队对征集的规划设计方案进行优化整合。经过将近半年紧张艰苦的努力，在国内外不少专家学者和同行的帮助支持下，我们于 2011 年 5 月底编制完成了以“天女飞花、天水地池、七彩飘带”为主题理念的《2014 青岛世界园艺博览会园区总体规划》。

2011 年 5 月 3 日，市委书记李群主持召开会议，听取并原则同意《2014 青岛世界园艺博览会园区总体规划》。

2011 年 6 月，青岛市规划局函发世园会执委办原则上同意《2014 青岛世界园艺博览会园区总体规划》。

设计是拨动使用者的弦。局限于外形上的设计是非常脆弱的，无法打动人的心灵，青岛世园会的规划设计，必须要触及青岛市民、山东人、中国人心中的弦。中国有许多中华民族的文化积淀，设计师的游学游历是自身对于本土文化的积淀。在国际博览会的规划过程中，这两种文化的积淀都不可或缺。

在青岛世园会的项目中，两种文化的积淀互相脉动，从中产生了在中国人人都可以理解的天女散花的概念。她从天上来，带给人间美好。同时，她又将我们和七仙女的故事联系在一起，带我们进入一个美好的斑斓的世界。天女散花为我带来了两种感动，一种是美好的事物，让人们追求美好的愿景；另外一种是外来的物质与思想。外来文化的进入往往会带有一定的压迫性，但是七仙女带来的文化是能够拨动人内心的，她带来的是生态、是生命，并以此构建出美好的生活。这样的故事能够从心灵感动听众，感动市民，并传递为心灵上的感动，从而引起真正的共鸣。

图 2-6：世园会园区总体鸟瞰
Figure 2-6: The Aerial View of the Qingdao Horticultural EXPO Park

图 2-7：天水（啤酒花园）鸟瞰
Figure 2-7: The Aerial View of The Tianshui Lake

图 2-8：月季广场鸟瞰图
Figure 2-8: The Aerial View of The Chinese Rose Square

图 2-9：主题馆鸟瞰
Figure 2-9: The Aerial View of The Theme Pavilion

图 2-10：地池鸟瞰图
Figure 2-10: The Aerial View of The Dichi Lake

图 2-11：园区总体布局图
Figure 2-11: The Overall Layout of Qingdao Horticultural EXPO Park

2012年11月29日

3.3 调整实施方案

《2014 青岛世界园艺博览会园区总体规划》于 2011 年 6 月获得青岛市规划局原则同意之后，在 2014 年青岛世界园艺博览会执行委员会办公室（以下简称“执委办”）领导下，世园会总规划师办公室负责进行中华园、国际园和绿业园的详细设计，同济大学建筑设计研究院（集团）有限公司负责鲜花大道区和天水地池区的详细设计，美国 VC 设计公司负责花艺园、草纲园和飞花区的详细设计，青岛市旅游规划建筑设计研究院负责科学园的详细设计，青岛市园林规划设计研究院负责童梦园的详细设计。

在各团队详细规划方案的基础上，青岛市城市规划设计研究院对各团队方案进行了整合，并对整合后的方案进行了初步校核和局部调整，于 2011 年 8 月编制完成了《2014 世界园艺博览会（中国・青岛）园区修建性详细规划》。

在第一版总体规划汇报时我们已经提出“展区面积小、参观人次多、人均面积小”的问题。2011 年 9 月 1 日，时任青岛市市长、2014 青岛世界园艺博览会执行委员会主任的夏耕同志在“2014 青岛世界园艺博览会筹备工作专题会议”上指出，青岛世园会园区空间狭小，两边应考虑外扩。中国花卉协会江泽慧会长在西安 AIPH 年会期间也认为 2014 青岛世园会的园区规模应当适当扩展。同时，发生了以下变化因素：世园会由原来的李沧区组织上升到由青岛市组织，园区的边界不再受行政边界的限制，可以拓展到崂山区和城阳区；由于规划实施中相关法规要求和工程技术的原因，主题馆等建筑位置需要调整；为满足交通组织和运营管理的需求，需要对周边关联社区和世园村进行通盘考虑；园区 24 个专项规划同时在进行，技术成果体系不断深化，需要纳入到总体规划中。

2011 年 10 月，根据相关会议精神和要求，园区在原 1.64 平方公里的基础上扩展为 2.41 平方公里。

2011 年 10 月 3 日，世园会总体规划修编工作正式启动。

2011 年 11 月 3 日，2014 青岛世界园艺博览会执行委员会第六次全体会议提出“由市规划局负责，全力以赴做好园区扩区后的总体规划调整和各专项规划的深化、调整”的要求。世园会园区修建性详细规划修编工作和世园会园区总体规划修编工作于 2011 年 11 月迅速同步展开。

本次园区修建性详细规划修编方案，边规划边实施，以截止到 2012 年 3 月底的各设计团队方案为基础整合编制完成，本次规划中各项统计数据和规划指标也源于 3 月底方案的情况。在整合编制过程中，结合园区的建设情况进行局部调整。随着世园会规划设计和建设工作的不断推进，规划设计工作将随时动态调整，园区修建性详细规划方案也不断调整完善。

2012 年 3 月 14 日，《2014 青岛世界园艺博览会总体规划（修编）》通过专家评审。

2012 年 4 月 18 日，《2014 青岛世界园艺博览会园区修建性详细规划（修编）》通过专家评审。

图 2-12：2014 世界园艺博览会（中国·青岛）园区修建性详细规划 -2011 年 8 月编制完成 - 总平面图
Figure 2-12: The Detailed Construction Plan of Qingdao EXPO Park - Completed in August 2011 - The Master Plan

图 2-13：2014 青岛世界园艺博览会总体规划（修编）-2012 年 3 月 14 日通过专家评审 - 总平面图
Figure 2-13: The Revised Comprehensive Plan of Qingdao EXPO Park-Approved by Experts on March 14, 2012-The Master Plan

图 2-14：2014 世界园艺博览会（中国・青岛）园区修建性详细规划 -2011 年 8 月编制完成 - 总平面图
Figure 2-14: The Detailed Construction Plan of Qingdao EXPO Park - Completed in August 2011 - The Master Plan

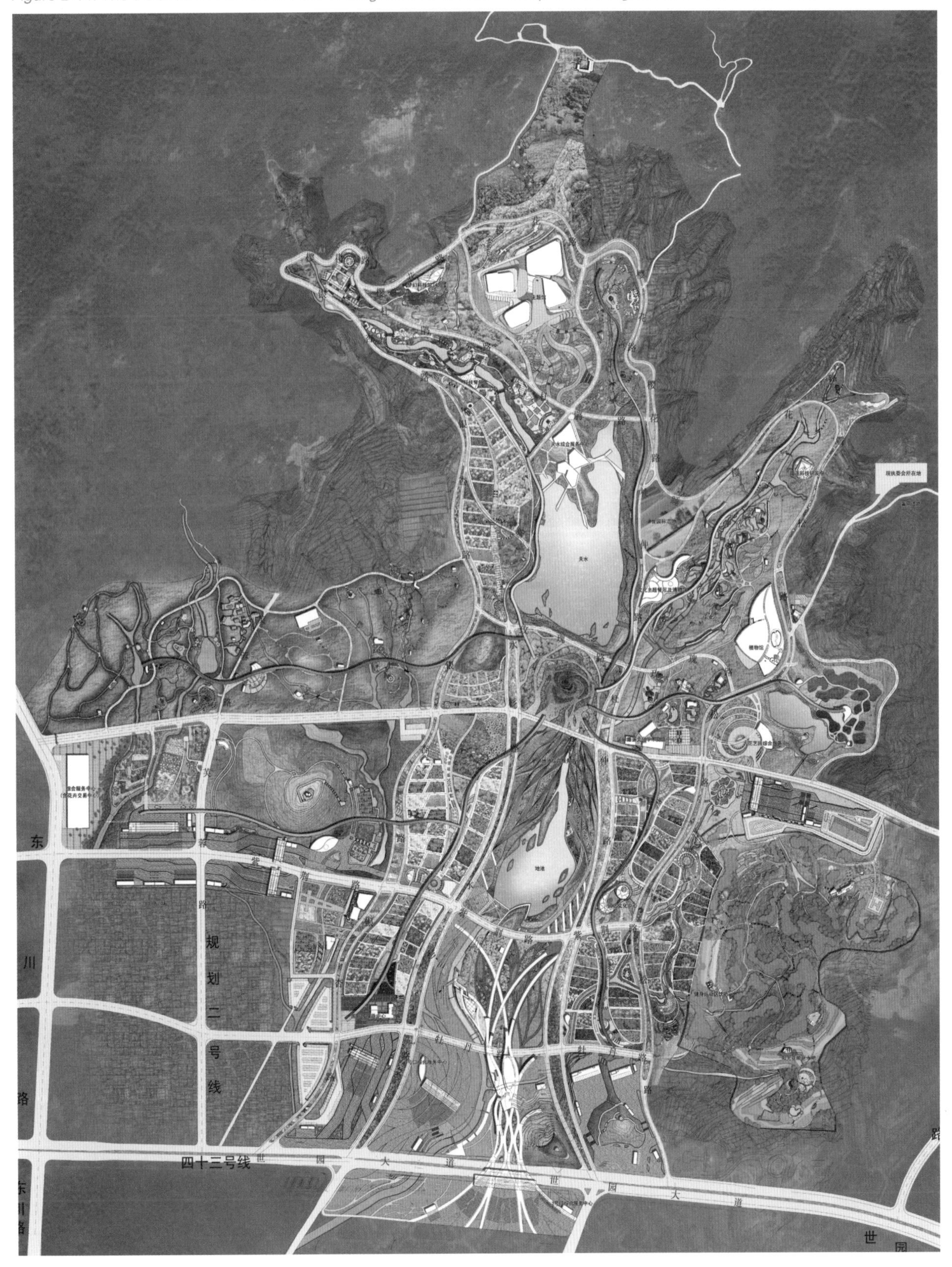

4　一轴七园：园区总体规划布局

One Axis with Seven Parks

4.1　天女飞花轴

考虑到本次世园会用地规模和参观人数空前，为了营造该地区的焦点感和标识感，同时保证步行的可达性、舒适度和参观人流的均衡分布，规划统筹办园需求和后续利用，结合水库、河流、山地、林地等自然空间要素，形成规划区范围内的“一轴七片”，主要展馆和建筑主要集中在“天女飞花轴”上，其他展区适度分散形成多个辅助片区，共同体现“天女飞花”的主题思想。

七彩飘带将整个园区划分为赤、橙、黄、绿、青、蓝、紫七个片区，并与中国传统文化中的五行图相对应“日、金、木、水、火、土、月”，同时在园区运营期间还将对应每周七天的主题日活动。

图 2-15：一轴七园空间结构及其内涵演绎

Figure 2-15: The Spatial Structure of One Axis with Seven Parks and Its Connotation

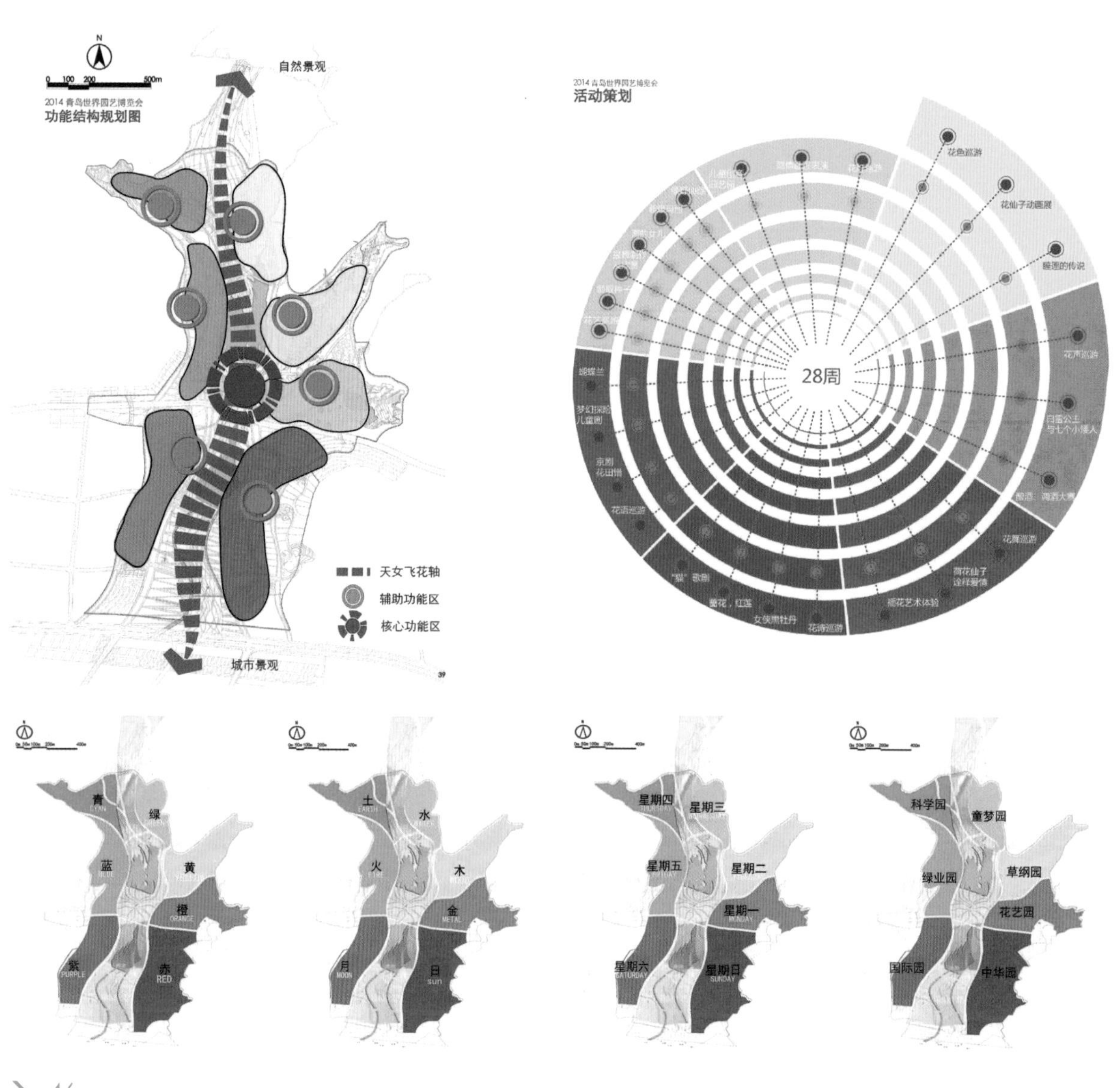

图 2-16：天女飞花区手绘效果图
Figure 2-16: Sketches of Flower Bridge, Tianshui Lake, Dichi Lake and Flower Zone

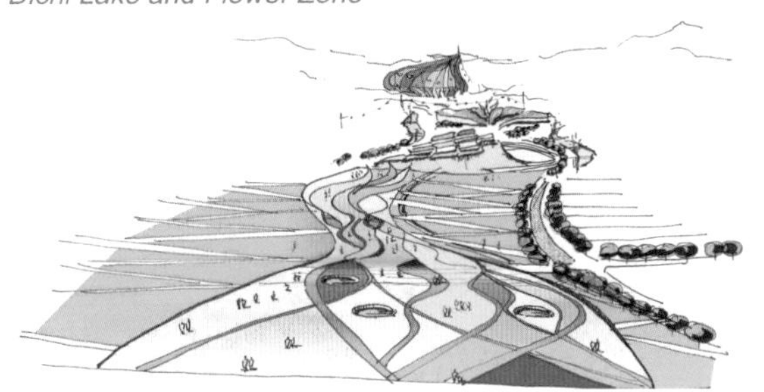
鲜花大道鸟瞰

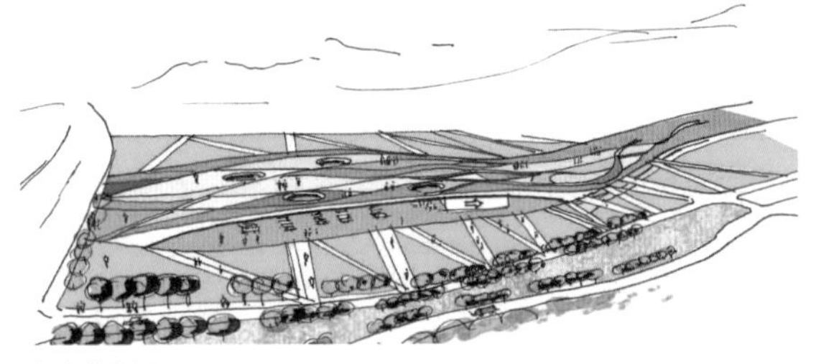
玫瑰花桥入口

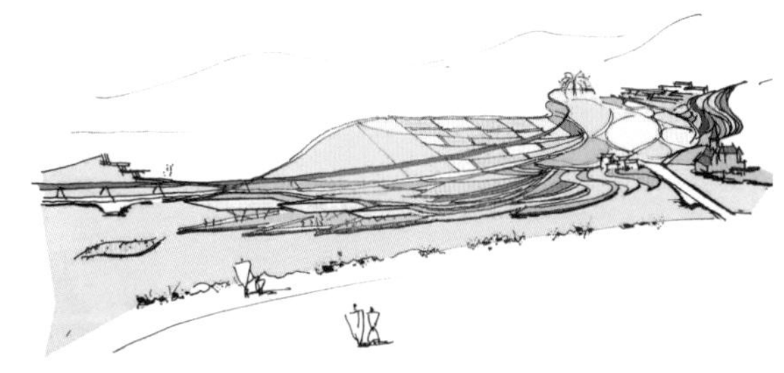
地池鸟瞰图

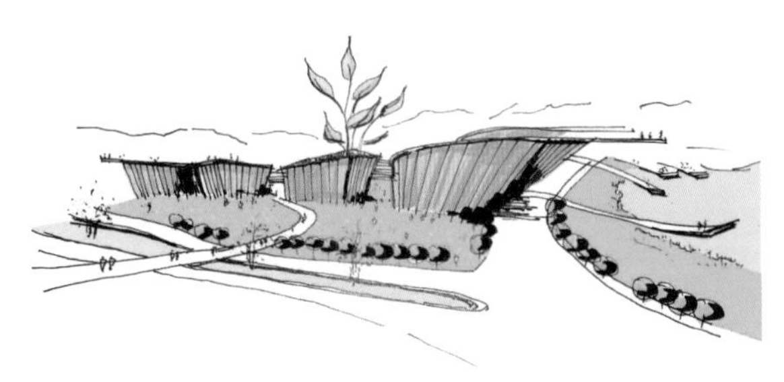
主题馆手绘

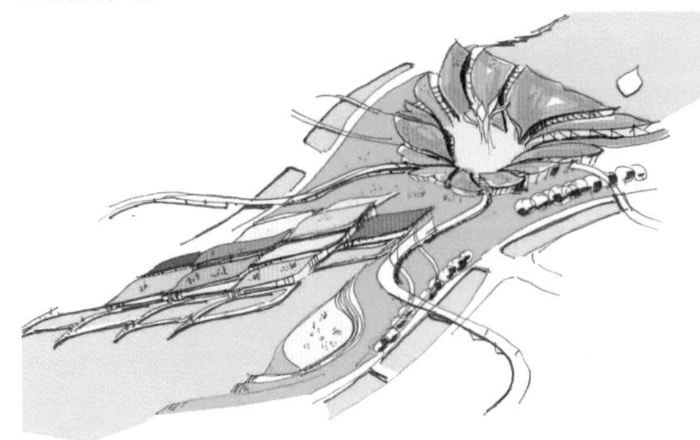
天池鸟瞰

(1) 玫瑰花桥区（南区）

玫瑰花桥区贯穿世园会展区南部，总面积为 14.9 公顷。该区定位为“交响·流动·富于梦想”。玫瑰花桥自世园大道 2 号门处上跨现状地形，其下停车，设置双层闸机检票口；花道景观建议采用流线形种植设计，营造花流意向引导参观者，并与飞花区景观相呼应。

(2) 天水地池区（中区）

天水地池区位于园区核心位置，承接南北东西，主要覆盖毕家水库和毕家上流水库，总面积为 24.6 公顷。该区主题定位为“凝聚·编织梦想”，设有天水、地池以及寓意青岛市花月季的主题馆，凝聚积淀天地之灵气，自然之精华，万花之生机。天水地池区设置观景服务综合建筑群、主题馆、主题广场及雕塑、花心喷泉等。

主题馆规划于天水地池之间，环绕主题广场和雕塑，功能为主题展示、会议论坛、新闻媒体、文化演艺，兼具部分商业、餐饮等。

地池建筑群规划于地池西岸，是园区最大的室内集中餐饮、商业、休憩场所，通过台地错落的形式，主要景观面沿地池西岸展开，屋顶采用种植设计，缤纷的花台使室内外空间时相映成趣。建筑应满足参观者活动的舒适性与安全性，同时与水景结合，考虑灯光秀表演时的布景与观演场地设计。

(3) 飞花区（北区）

世园会北区飞花园位于园区最北端，总面积为 8.7 公顷，其中规划范围外山地为 6.5 公顷。该区地形主要为现状山体，规划定位为“流动·编制梦想”的主题，兼顾餐饮、商业、休憩、疏散等综合服务功能，设计有飞花区山体花卉园艺展示、花谷咖啡、天水观景服务综合建筑群等。飞花区重要的地景设计主要为飞花种植。从围栏区北边界观景平台起始向南布置山坡花艺种植，似多条彩色飘带自天而降，从山中跌落，汇成花瀑。花海的线条形成流动的波浪，利用起伏、错落、交织的花田花径和花草不同的色彩，营造跌落花瀑效果。兼具展示游乐、餐饮服务、安全疏散、游憩等候、科教文化、户外观演、纪念展示等功能设施建筑，其肌理和色彩结合旁边童梦园、科技园的覆顶设计特点，进行一体化设计。

4.2　七彩展园

规划区除天女飞花核心轴外，形成了中华园、花艺园、草纲园、童梦园、科技园、绿业园、国际园七大主题功能园区，物化为仙女七条彩带的承载体向四周散去，引导游客、活动设施等在整个场址范围内均衡分布，以利于园区安全管理和人流疏散。

(1) 中华园："中华聚会 · 园艺舞台"

世园会中华园位于园区东片，规划为：中国各省、市、自治州、直辖市及港澳台展园；山东省除青岛市以外的 16 个地级市城市园和独立建造的青岛园。

中华园围绕世园会"绿色世界的精彩"的总主题，按照"中华聚会·园艺舞台"的主题定位，以"如意祥云"为布局肌理进行规划设计和展示策划，展示以"传承、和谐、包容"为核心的中华智慧。

扫一扫

世园会官网中华园园区介绍

图 2-17：中华园："中华聚会 · 园艺舞台"

Figure 2-17: China Park –Essence of Chinese Gardening and Horticulture

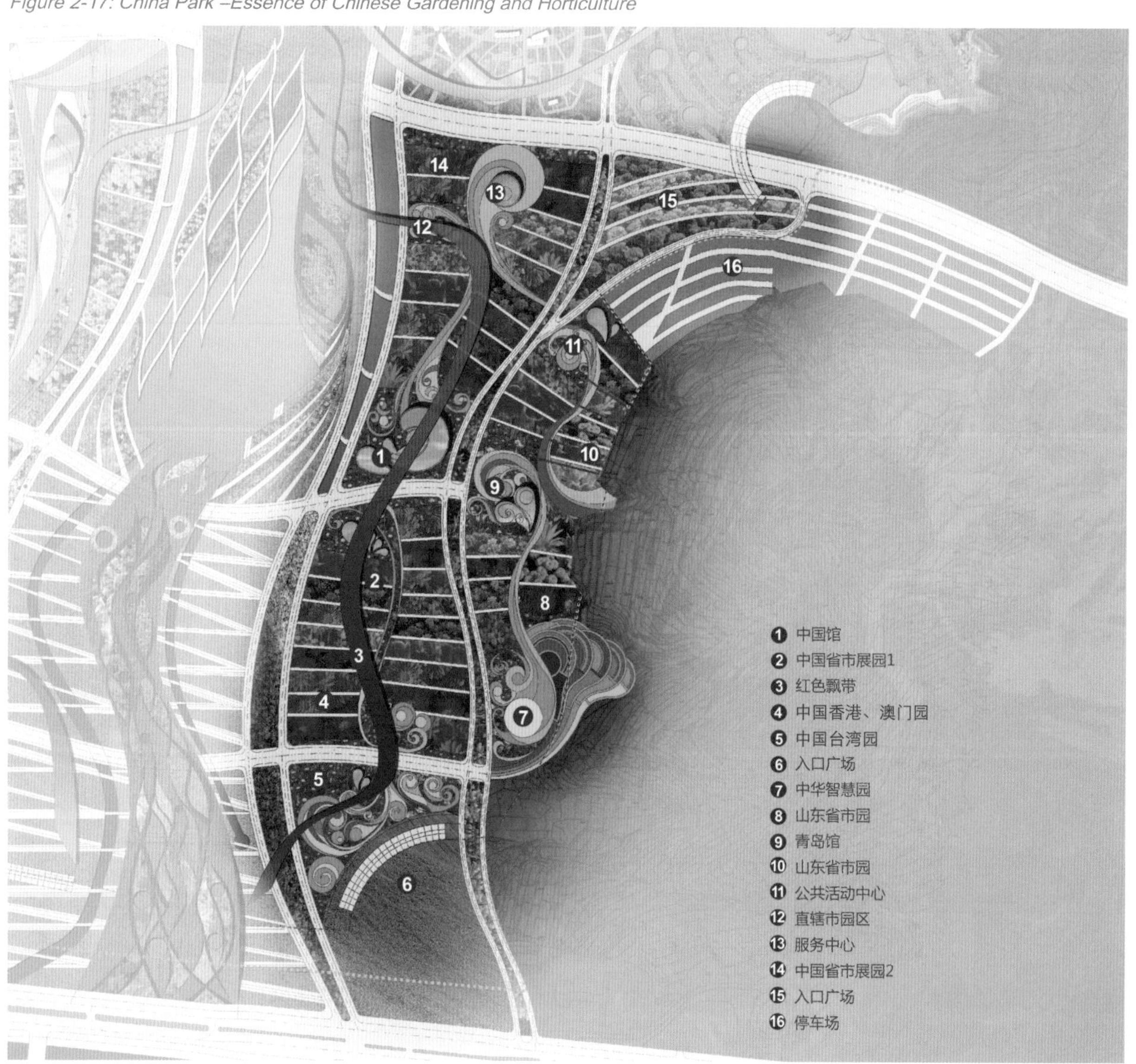

（2）花艺园："花・创意・绿色海洋"

花艺园汇聚了"大师设计园"、"青年设计园"、"最佳园艺实验区"等园区，充分展现人类的最高智慧，集聚绿色世界的创意。"婚庆园"、"盆景园"、"花香园"等展园更是将绿色世界与人们的生活紧密地联系在一起，使游客充分感受生活中的点滴绿意与心灵净化的美好。

扫一扫

世园会官网花艺园园区介绍

图 2-18：花艺园："花・创意・绿色海洋"
Figure 2-18: Horticulture Park –Flower, Innovation and Green Sea

2013年1月3日

(3) 草纲园："感恩自然，对话生命"

草纲园的创意源于我国明代著名的药物学著作《本草纲目》，传承中华医学的精粹，弘扬生命科学的真谛。园区展示数百种经典药材及相应药方，详细介绍各种药物的名称、产地、气味、形态、栽培、采集、炮制等信息。

同时通过科技手段，打造《本草纲目 2.0》展示中华智慧—利用植物对抗城市疾病的最新成果，令游客在游园中体会自然的恩赐。

扫一扫

世园会官网草纲园园区介绍

图 2-19：草纲园："感恩自然，对话生命"
Figure 2-19: Caogang (Herbal) Park—Thanks to Nature and Dialogue with Life

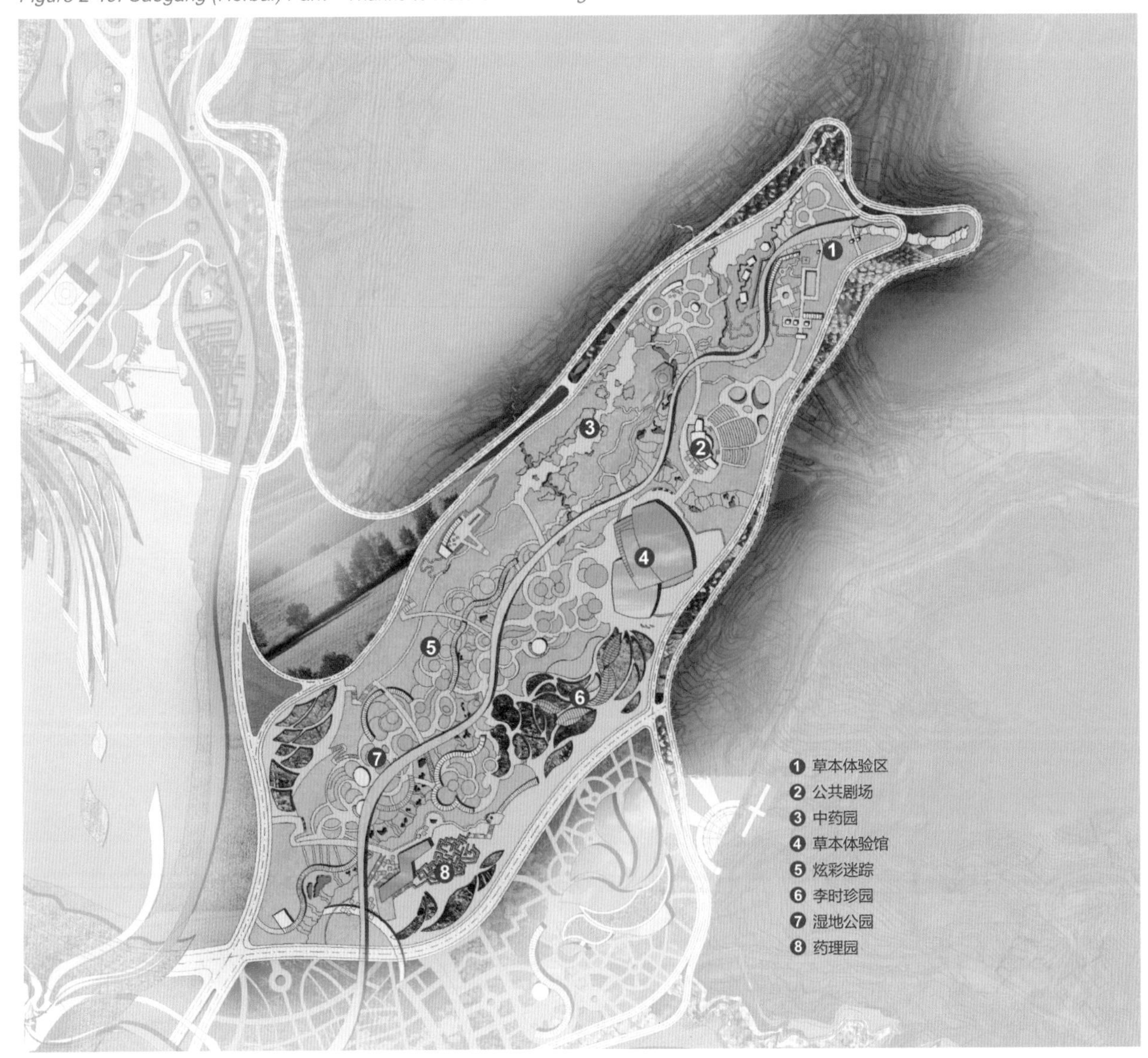

（4）童梦园："认知、想象—快乐园艺"

认知：主要结合展示、导游活动向儿童展现知识性的、认知性的内容，寓教于乐。想象：主要结合一系列的童话故事、游乐项目的设置，发挥儿童好奇的天性，满足他们进入童话世界的愿望。

快乐园艺——将知识、故事通过童话场景来迎合儿童的快乐天性，也将成为整个园区中最具有浪漫色彩和欢乐气氛的一个区。

扫一扫

世园会官网童梦园园区介绍

图 2-20：童梦园："认知、想象—快乐园艺"
Figure 2-20: Children's Dream Park---Cognition, Imagination and Happiness

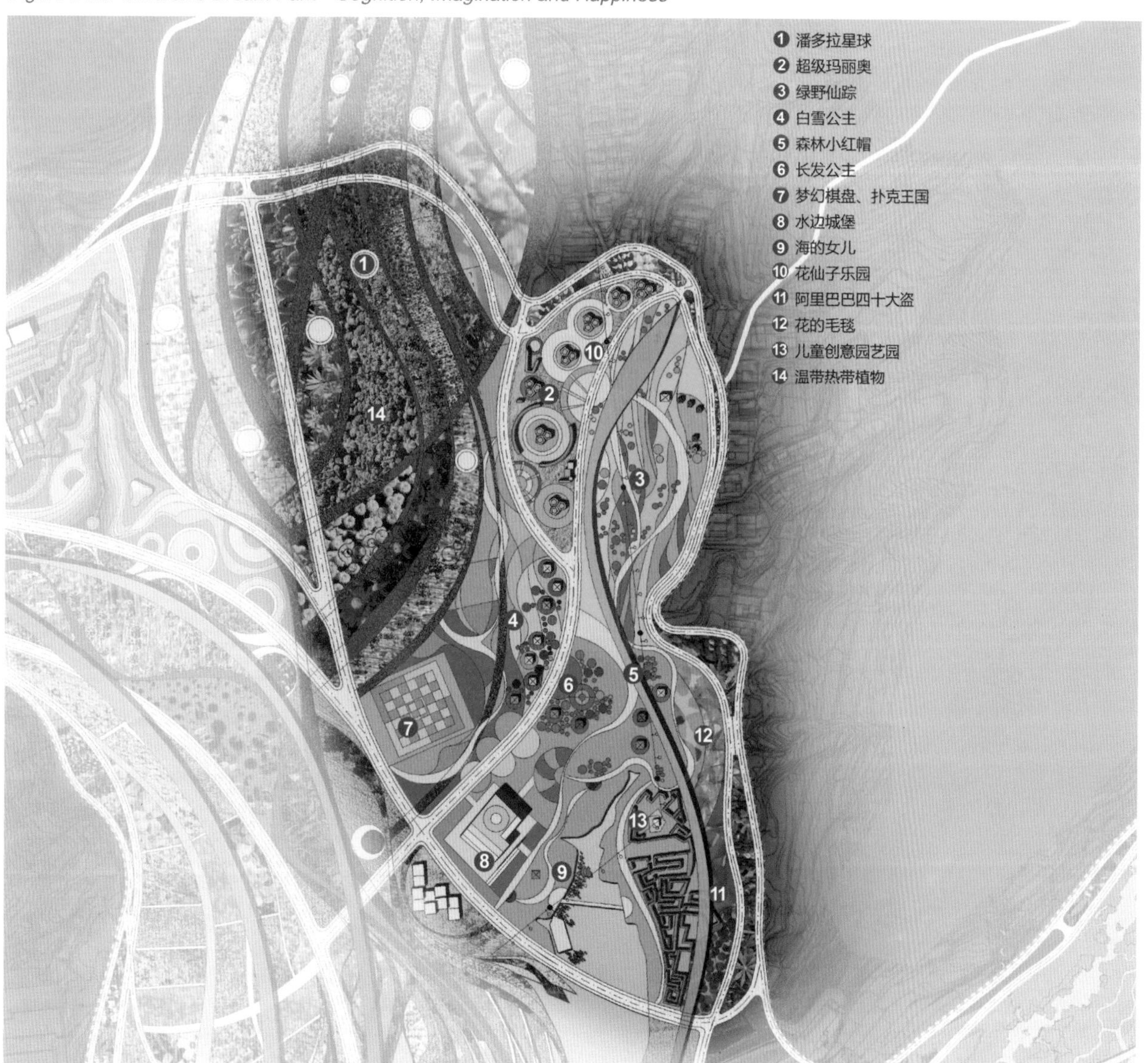

(5) 科学园："发现·探索·思考—爱自然"

发现：向游客展现人类发现的现存物种

探索：向游客展线人类新研究的新型物种

思考：向游客展示已灭绝和濒临灭绝的物种

爱自然——利用最新的 4D 科技手段，展现自然的智慧，通过碳汇园、多感官花园表达自然与人的对话，设置的生命之树让人感叹自然生命的伟大，发人思考。

扫一扫

世园会官网科学园园区介绍

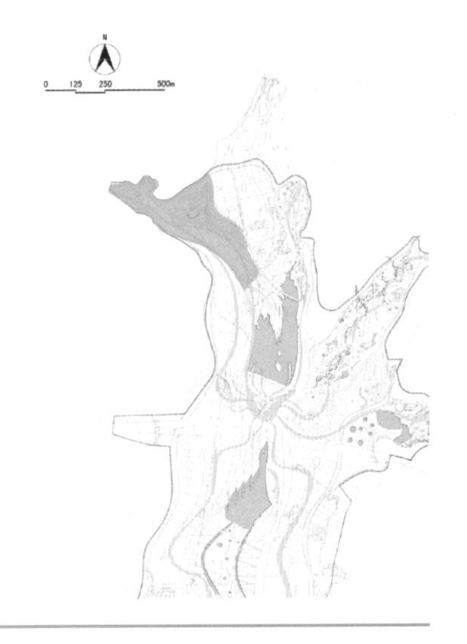

图 2-21：科学园："发现·探索·思考 — 爱自然"

Figure 2-21: Science Park—Discovery, Exploration, Thinking and Love for Nature

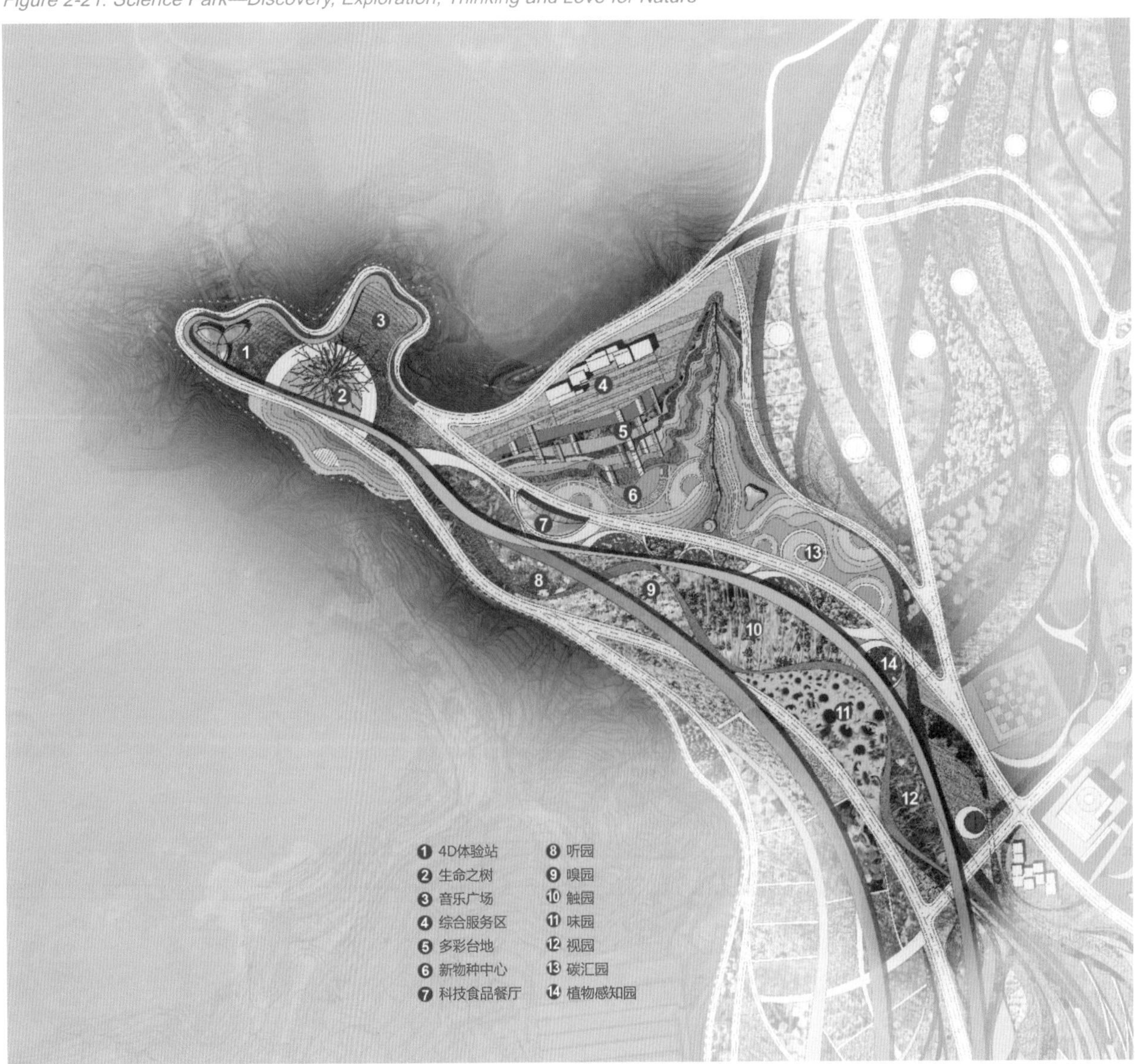

(6) 绿业园："绿色产业的未来"

世园会绿业园位于园区西片，围绕主要步行道，规划布置园艺设计展园、种子苗木展园、生物技术展园、园林设备展园、绿色企业展园等。绿业园围绕世园会"绿色世界的精彩"总主题，按照"绿色产业的未来"的主题定位，以"萌芽绿叶"为布局肌理进行规划设计和展示策划，倡导科技、活力和未来之声，系统展示以低碳为核心的先进技术。

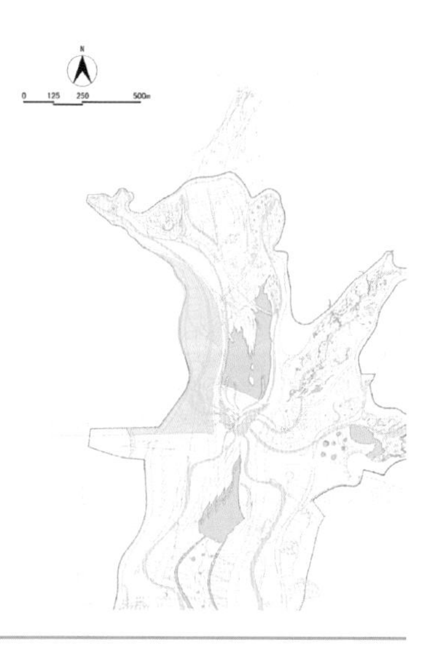

扫一扫

世园会官网绿业园园区介绍

图 2-22：绿业园："绿色产业的未来"
Figure 2-22: Green Industry Park—Future of Green Industries

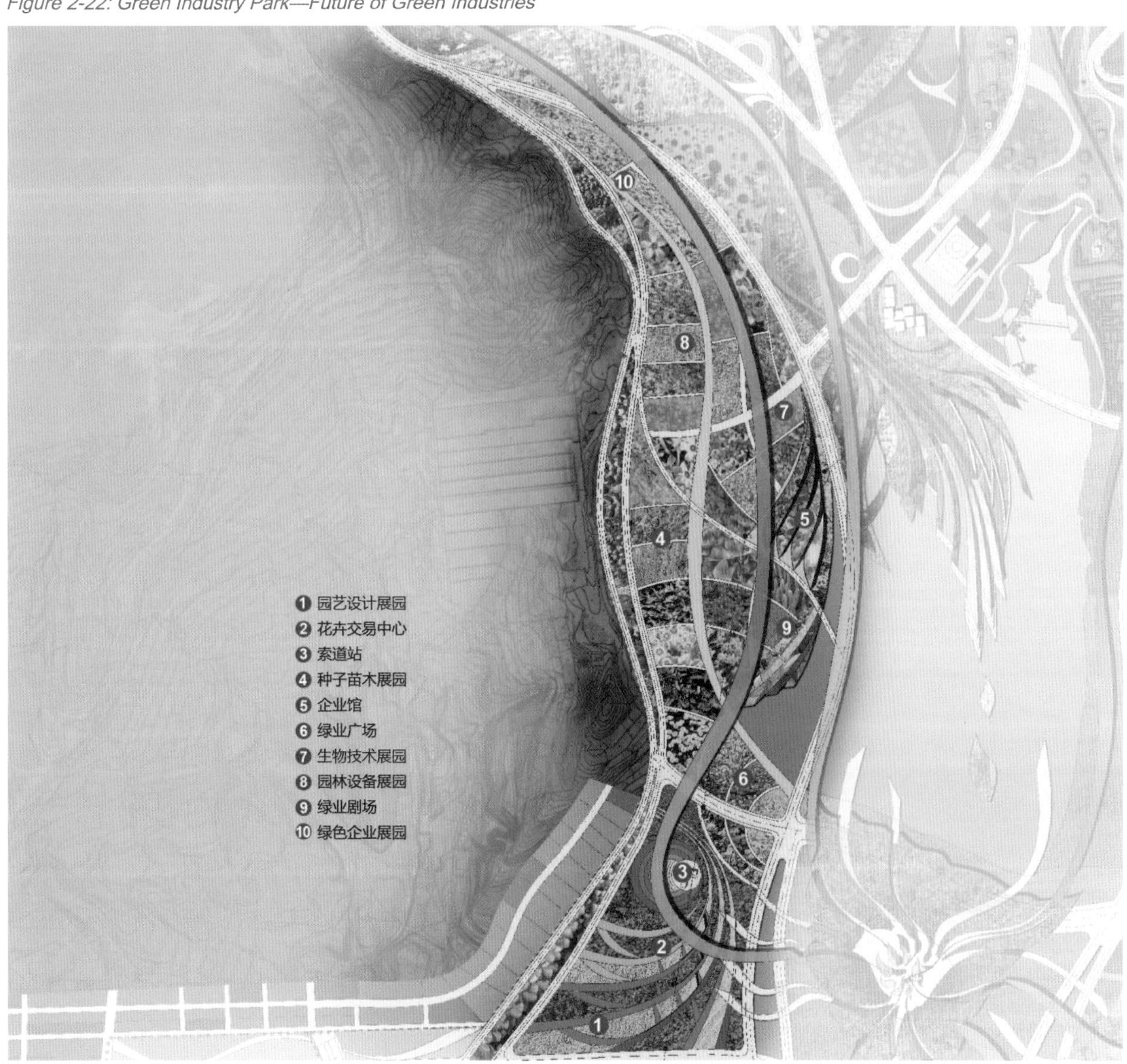

(7) 国际园:“自然和平・多彩世界”

世园会国际园位于园区西片，规划设置国家展园、国际城市展园、国际组织展园等国际性国家、地区及国际组织展园。

国际园围绕世园会“绿色世界的精彩”的总主题,按照“自然和平、多彩世界”的片区主题定位,以“绿橄榄”为布局肌理进行规划设计和展示策划,倡导和平、和谐，展示园艺引导世界人类建设更美好的人居环境。

扫一扫

世园会官网国际园园区介绍

图 2-23：国际园：“自然和平・多彩世界”
Figure 2-23: International Park—Nature and Peace Makes a Colorful World

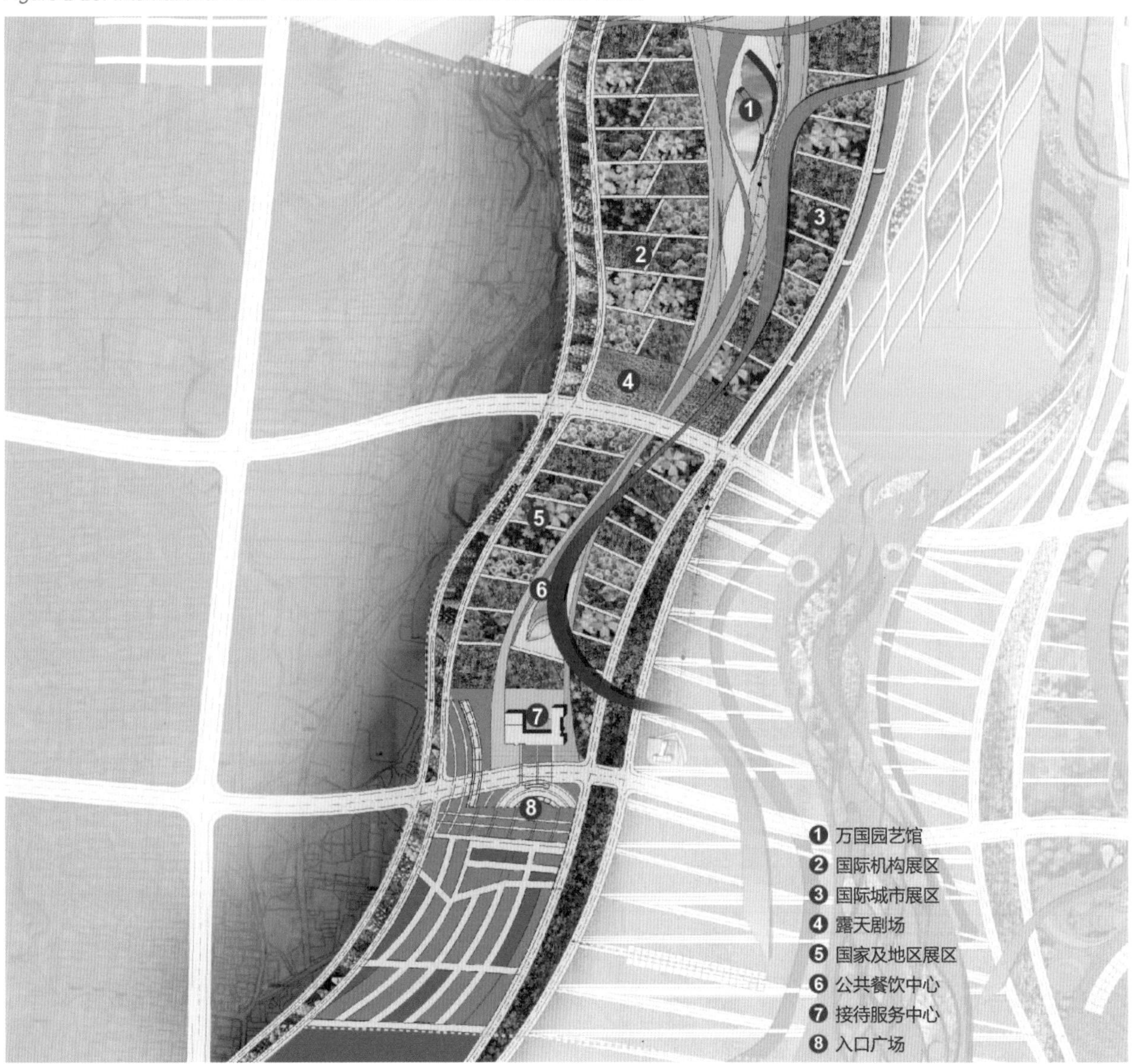

第三章　低碳实践

——运用可持续技术，塑造低碳园区

Chapter III　Low Carbon Practice

Creating Low Carbon Parks with Sustainable Technologies

1　全生命周期的低碳实践

Low Carbon Practice for the Full Life Cycle

为了实现“绿色发展、低碳发展、循环发展”的办会宗旨，将低碳理念向全球推广，青岛世园会总体规划设计之初就确立了“绿色世界精彩”的主题词和基调定位，并针对园区生态环境保护与建设以及未来可持续发展，制定了专门的生态系统规划。该规划不仅划定了生态分区和生态资源保护对象，提出了园区生态原则与对策、容量与标准控制、生态建设内容、生态修复计划，还结合历次国际大型展览会的经验，从青岛世界园艺博览会的实际出发，给出绿色节能环保技术的运用要点。

在此基础上，执委会组织相关单位深入编制了《2014 青岛世园会自然资源保护与生态建设规划》，并在园区总体规划和修建性详细规划修编过程中继续贯彻完善了生态建设与资源保护规划的内容，从绿化种植、交通组织、水系梳理、建筑设计、公共服务设施配置、综合防灾、市政管网等不同方面增加了低碳控制要求和实施对策。

在工程建设中，执委会邀请青岛市工程咨询院制定实施了国内大型展会首次系统化的《绿色建设导则》，创新性提出 110 项绿色、低碳、环保的新技术、新工艺、新材料、新设备。全面推行绿色施工管理和环境管理，最大限度地节约资源，建筑工程全面达到国家三星级绿色建筑标准。

纵览青岛世园会的可持续规划过程，从最初的规划选址阶段、规划设计阶段，到中期的建设控制阶段，再到后期的运营管理阶段和会后场馆后续利用阶段，低碳的可持续发展观和绿色文明理念贯穿其整个生命周期。

2　可持续技术总表

General Table of Sustainable Technologies

为了将青岛世园会中所有应用展示的可持续技术进行更好地归类、总结和分析，构建可持续技术总表以方便借鉴研究。将空间层次、功能系统和要素系统作为构建低碳技术表的三个维度。针对具体项目进行分析，剥离其中所包含的可持续技术。分别判定可持续技术所属的空间层次、功能系统和要素系统，然后归入表类。

2.1　空间层次结构

将可持续技术纳入空间体系，根据技术适用的空间范围大小对其进行分类，分为城市层面、园区层面、场地地块层面以及展馆建筑层面四个层次。

城市

适用于城市层面的可持续技术指的是城市在开发、建设运营过程中所运用的可持续技术。此类可持续技术在城市建设过程中被采用，这些建设成果不只服务于单体建筑或城市局部地区，更适用于整个城市。

园区

此类可持续技术适用于整个世园会园区，在园区的建设、使用过程中被采用，而这些建设成果为园区本身服务。

场地

此类可持续技术适用于世园会园区内的局部场地。

展馆

此类可持续技术适用于园区中的各个展馆，是建筑单体在建设和使用过程中所采用的可持续技术。

表 3-1：空间层次结构
Table 3-1: Space Hierarchy

	城市	园区	场地	展馆
可持续技术				

2.2　功能系统建构

根据园区的不同功能类型对可持续技术进行划分，分为道路交通、基础设施、绿化、公共设施系统。

表 3-2：功能系统建构
Table 3-2: Function System

		城市	园区	场地	展馆
可持续技术	道路交通				
	基础设施				
	绿地系统				
	公共设施				

2.3　要素系统建构

可持续规划设计解决方案可以分为能源利用类、水资源类、固体废弃物类、大气环境类、土地利用类和生物生境类，简言之为“能、水、物、气、地、生”六大系统。

在“能”这一要素系统中，涉及了太阳能、生物质能、地热、风能及潮汐五大能源类型的利用；在“水”这一要素系统中，涉及了中水处理和等技术的使用；在“物”这一要素系统中，涉及了建筑材料的改革和建筑技术的更新；在“气”这一要素系统中，主要涉及环境的降温、通风改善；在“地”这一要素系统中，主要削减土地资源浪费，提高土地使用效率；在“生”这一要素系统中，尽可能保护和利用乡土物种，实现物种多样性。

表 3-3：要素系统建构
Table 3-3: Elements System

		城市						园区						场地						展馆					
		能	水	物	气	地	生	能	水	物	气	地	生	能	水	物	气	地	生	能	水	物	气	地	生
可持续技术	道路交通																								
	基础设施																								
	绿地系统																								
	公共设施																								

2.4 三维度的可持续技术矩阵

将青岛世园会中所有应用展示的可持续技术按照上述总表进行立体排布，得到三维度可持续技术矩阵。各技术具体内容以“能、水、物、气、地、生”六大系统分类，并在后文中依次详述。

图 3-1：可持续技术矩阵
Figure 3-1: Sustainable Technology Matrix

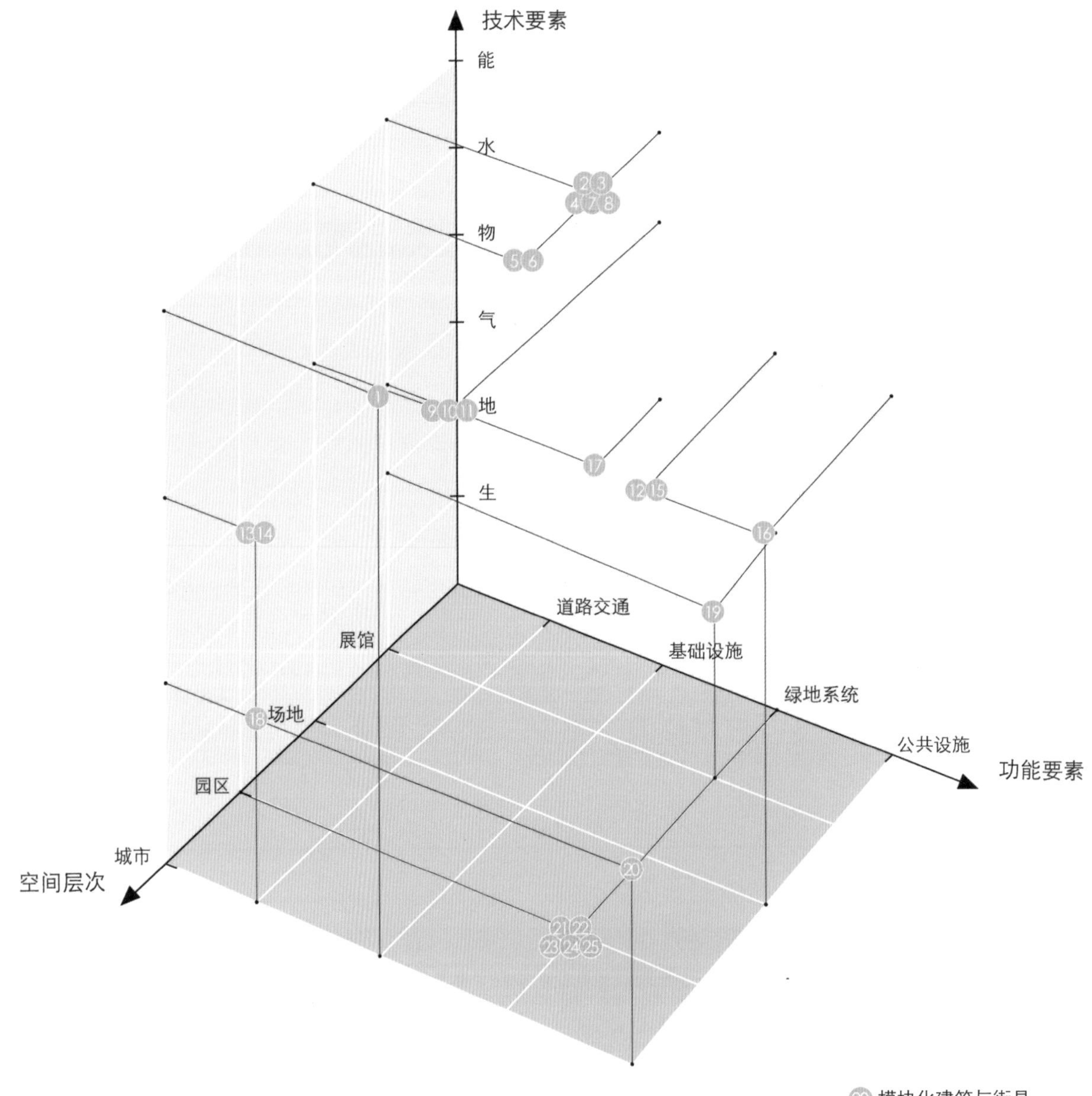

能技术
- ① 天然气冷热电三联供
- ② 地源热泵
- ③ 空气源热泵
- ④ 光导照明系统
- ⑤ 风光互补发电
- ⑥ 森雾系统
- ⑦ 可开启式玻璃幕墙
- ⑧ 双层金属呼吸幕墙

水技术
- ⑨ 雨水回收利用
- ⑩ 半集中式水和废物处理
- ⑪ 空气取水

物技术
- ⑫ GRC 景观山体
- ⑬ 透水路面
- ⑭ 低温搅拌沥青
- ⑮ 无土草皮
- ⑯ 木塑复合材料

气技术
- ⑰ 静电除尘与灭菌

地技术
- ⑱ 架空步行通廊
- ⑲ 立体绿化与栽培
- ⑳ 模块化建筑与街具

生技术
- ㉑ 释放天敌防治病虫害
- ㉒ 背景山体生态修复与绿化营建
- ㉓ 乡土植物保留与利用
- ㉔ 引鸟计划
- ㉕ 生物浒苔化肥

3 能技术

Energy Technologies

3.1 天然气冷热电三联供

空间层次维度：城市
功能系统维度：基础设施

青岛世园会建筑主要分布于两大区域——主园区以及世园村区域，为此，采用天然气分布式能源解决方案：建设 9 个能源中心，主题馆（995kW 燃机发电）、世园村采用燃气冷热电三联供模式，其余场馆采用非电中央空调，实现能源共享，促进能源利用最大化。

夏天是用电高峰期，恰好又是天然气使用低谷，青岛夏季的天然气用量仅为冬季用量的 20%，冬夏峰谷差为 5 倍。分布式能源项目既可以填补燃气低谷，又避免了拉闸限电带来的尴尬，还减少了二氧化碳排放量。与此同时，分布式能源系统既是常规供电设施，又可作为紧急备用电源，当大电网出现大面积停电事故，分布式能源系统仍能保持正常运行，从而弥补大电网安全稳定方面的不足。

世园会能源中心采用 2 台 1160kW 的发电机与 2 台 500 万大卡的 BZHEY500 烟气热水直燃型非电空调组成的三联供系统，不足部分使用两台 500 万大卡 BZY500 非电空调。发电机发电除供给机房使用外，发电产生的烟气、热水，进入烟气热水直燃型非电空调进行制冷制热，实现能源梯级利用。该天然气冷热电三联供项目由青岛泰能天然气公司与远大集团共同承建，于 2014 年 4 月份完成投入运营使用，共为 28 万平方米的区域提供冷热源和部分照明。

世园会运营期间，天然气冷热电三联供项目每天使用天然气 8000 方，为世园村的 12 栋建筑提供集中供冷、供热，通过区域管网把空调冷热水送到每个房间，同时每天供给 100 吨生活热水和 2.3 万度电。世园会闭幕之后提升发电量至 5.5 万度，并与国家电网并网。

在空气污染严重、人类遭受摧残的时代，通过开发能源消耗最低且不用氟利昂的“非电空调”和冷热电联产，不仅能够一定程度地减少环境的污染，同时对于清洁能源的利用和发展也可以起到一定的效果。青岛世园会通过燃气这一清洁能源，取代传统燃煤锅炉形式为园区提供冷热源和部分照明供电，每年节省标煤约 482 吨，减排二氧化碳约 2245 吨，减排氮氧化物约 89.8 吨，减排二氧化硫约 78 吨，其节能减排效果相当于种树 55.6 万棵。

冷热电三联供
CCHP (Combined Cooling, Heating and Power)

冷热电三联供，是一种建立在能量的梯级利用概念基础上，以天然气为一次能源，产生热、电、冷的联产联供系统。它以天然气为燃料，利用小型燃气轮机、燃气内燃机、微燃机等设备将天然气燃烧后获得的高温烟气首先用于发电，然后利用余热在冬季供暖；在夏季通过驱动吸收式制冷机供冷。同时还可提供生活热水，充分利用了排气热量，利用率提高到 80% 左右，大量节省了一次能源。

图 3-2：冷热电三联供设备（来源：世园参考）
Picture 3-2: Combined Cooling, Heating and Power Devices (Source: EXPO Park Reference)

图 3-3：冷热电三联供设备（来源：凤凰网青岛责任编辑 - 周雨京）
Picture 3-3: Combined Cooling, Heating and Power Devices (Source: ZHOU Yujing, Editor of Phoenix Net, Qingdao)

扫一扫

中国智能建筑信息网
青岛世园会天然气冷热电三联供项目

亚洲流体网
青岛建首个冷热电三联供项目

3.2 空气源热泵

空间层次维度：展馆
功能系统维度：基础设施

观景台是园区最重要的标志性景观，同时具有观赏性和功能性，其利用空气源热泵空调系统为观景平台展厅部分提供宜人的室内小环境。

主题园区及体验区为仅在夏季运行的临时建筑如滨水餐厅、鲜花大道区综合服务中心及花艺园综合服务中心等，亦规划采用空气源泵，为区内提供制冷服务。

空气源热泵
Air Source Heat Pump, ASHP

空气源热泵是从低温空气中采集热量，利用所耗能量驱使其将吸收的热能输送给高温热源的装置。这一产品利用全封闭式压缩机驱动环保工作介质，使其在独立密封的工作回路里循环，利用热平衡式膨胀阀根据热负荷的不同自动进行动态的流量调节；利用电磁四通换向阀进行获取冷能和热能的工作模式转换①。

图 3-4：世园观景平台利用空气源热泵为展厅提供宜人的室内小环境（来源：凤凰网青岛责任编辑 - 周雨京）

Figure 3-4: Air Source Heat Pump used in the Expo Viewing Platform for creating pleasant indoor environment (Source: ZHOU Yujing, Editor of Phoenix Net, Qingdao)

扫一扫
青岛新闻网
世园会标志物似含苞待放的花朵，内部设施先进零能耗

3.3 光导照明系统

空间层次维度：展馆
功能系统维度：基础设施

世园会的主题馆、梦幻科技馆、天水服务中心、地池服务中心、时尚花艺馆等建筑均安装使用了光导照明装置，利用折射和漫射原理，以日光替代室内常规电力照明，提高了可再生能源利用率。经统计，园区应用的光导照明装置总面积达 5 万平方米，占总建筑面积近一半，节约电量占总用电量的 30% 以上②。

光导照明系统的引进不仅是场馆节能、环保的方式，更是青岛世园会将自然元素融入园区建设和运营的一次生动的绿色实践。光导照明不仅做到了建筑低能耗，更为游客提供了一个舒适、健康的游览环境。光导照明的灯光柔和、均匀，光强可以根据需要实时调节，全频谱、无闪烁、无眩光，并可滤除有害辐射，最大限度地保护人们的身心健康，让人们在游览世园的同时体验绿色健康的生活③。

光导照明系统
Optical Lighting System

光导照明系统是一种新型照明装置，其系统原理是通过采光罩高效采集自然光线导入系统内重新分配，再经过特殊制作的导光管传输和强化后由系统底部的漫射装置把自然光均匀高效的照射到任何需要光线的地方，得到由自然光带来的特殊照明效果。

该套装置主要分为三部分：采光区、传输区、输出区。其特点为：1. 可完全取代白天的电力照明，至少可提供十小时的自然光照明，无能耗，一次性投资，无需维护，节约能源，创造效益；2. 系统照明光源取自自然光线，光线柔和、均匀，全频谱、无闪烁、无眩光、无污染，并通过采光罩表面的防紫外线涂层，滤除有害辐射，能最大限度保护身心健康。

图 3-5：梦幻科技馆的光导管和天窗（来源：傅筱、施琳、李辉）

Picture 3-5: Photoconductive Tube and Skylight in the Pavilion of Visional Technology (Source: FU Xiao, SHI Lin, LI Hui)

图 3-6：光导管节点（来源：傅筱、施琳、李辉）

Figure 3-6: Details of Photoconductive Tube (Source: FU Xiao, SHI Lin, LI Hui)

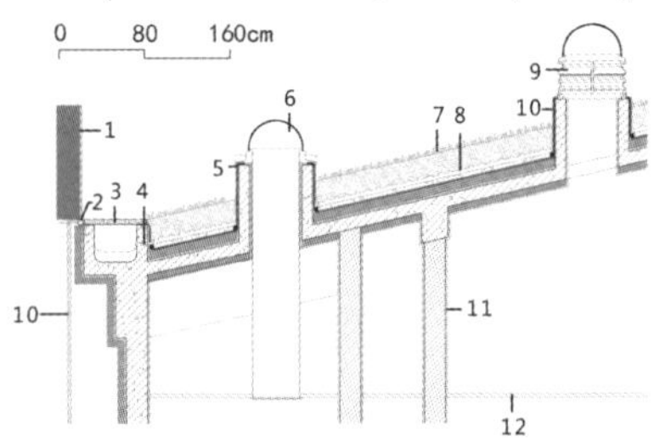

1 12+1.52PVB+12双层钢化夹胶玻璃栏板
2 50mm×50mm镀锌钢方通
3 50厚灰麻花岗岩盖板
4 Φ20不锈钢排水管
5 2厚铝单板批水板
6 光导筒系统
7 沙培土草皮卷
8 塑料夹层排水管
9 防风雨百叶侧窗，顶部光罩同光导筒
10 30厚干挂花岗岩外墙
11 室内粉刷
12 轻钢龙骨纸面石膏板吊顶

3.4　地源热泵

空间层次维度：场地
功能系统维度：基础设施

世园会园艺文化中心设置地源热泵机组，服务总建筑面积 7784 平方米，从源头上减少石化煤炭能源的利用。其博拉贝尔螺杆式冷热水型水源热泵机组，以 R134a 环保制冷剂为冷媒，能效比高达 6.5 以上，并具有远程智能控制装置，可实现与楼宇自控系统联网，便于自我保护、自动故障诊断以及监控管理。

地源热泵
Ground Source Heat Pump, GSHP

地源热泵是利用水与地能（地下水、土壤或地表水）进行冷热交换的冷热源，冬季把地能中的热量"取"出来，供给室内采暖，此时地能为"热源"；夏季把室内热量取出来，释放到地下水、土壤或地表水中，此时地能为"冷源"。地源热泵技术具有清洁无污染、可再生、经济有效、一机多用、维护费用低等特点。通常地源热泵消耗 1kWh 的能量，用户可以得到 4.4kWh 以上的热量或冷量。

图 3-7：采用地源热泵的园艺文化中心（来源：凤凰网青岛责任编辑 - 周雨京）
Figure 3-7: The Horticulture Center using GSHP (Source: ZHOU Yujing, Editor of Phoenix Net, Qingdao)

扫一扫

地源热泵网
博拉贝尔助力 2014 年青岛世园会

青岛世园会官网
园艺文化中心五标段地源热泵地埋管换热系统测试

3.5　风光互补发电

空间层次维度：场地
功能系统维度：基础设施

青岛世园会采用风光互补发电系统作为园区部分照明、供水装置的能量来源。该系统利用太阳能电池方阵、风力发电机（将交流电转化为直流电）将发出的电能存储到蓄电池组中，当用户需要用电时，逆变器将蓄电池组中储存的直流电转变为交流电，通过输电线路送到用户负载处。

风光互补发电
Wind Solar hybrid Power System

走在青岛世园会的道路上，高挑的路灯整齐地排列在两旁，路灯顶上的粉色"玉兰花"花瓣随风旋转。这朵"玉兰花"并不是单纯为了美观，而是风力发电的风扇叶。"玉兰花"上面倾斜的板是太阳能板。风能和太阳能均是风光互补路灯的电力来源。

园区灯具全部采用节能灯具，共设置了 156 盏风光互补路灯和 1240 盏高效 LED 灯，节能与景观兼顾[4]。园区亮化采用远程控制技术，设置了照明模式、平日模式和节庆模式三种方式，可随时随意开启、关闭和切换。

图 3-8：风光互补路灯（来源：孙江正）
Picture 3-8: The Wind-Solar Hybrid Light (Source: SUN Jiangzheng)

图 3-9：路灯细节（来源：万钢祝）
Picture 3-9: Details of the Street Lights (Source: WAN Gangzhu)

扫一扫

新华网
青岛世园会点滴处彰显"绿色实践"

2013 年 3 月 13 日

3.6 森雾系统

空间层次维度：场地
功能系统维度：基础设施

森雾系统是一种人工造雾技术，在世园会的室内外植物景观营造中发挥着巨大的效用。喷雾点喷出水雾，使空气中的灰尘被雾粒覆盖，无法再扬起，还能保证植物所需水分，增加了空气中负氧离子的含量，既有利于花卉植物的成活，又起到降温的作用，营造浪漫清凉的室外环境。

世园会梦幻影院用其辅助多媒体幻影成像，在视觉、听觉、嗅觉、触觉上营造多维立体感受，青岛园主建筑外立面、植物馆内部以及童梦园的奇幻森林景区均布设了该系统。

图 3-10：森雾系统（万钢祝摄）
Picture 3-10: The Forest Fog System (Source: WAN Gangzhu)

森雾系统
Forest Fog System

与自然雾的成雾原理不同，森雾采用的是高压撞击的雾化方式，净化过的水以微孔高压撞击的方式从喷头喷出，瞬间分裂成亿万个 1-10 微米的雾分子，其中 70% 的雾分子小于 4 微米级，达到气雾状，呈悬浮状态，人行其间感觉到的是清新湿润细腻的空气，完全不会打湿衣服和眼镜。雾化过程中会带走空气中大量的热量，达到降温的效果，雾化同时还能产生大量被称为"空中维生素"的负氧离子，是普通城市环境的 2000~5000 倍，类似原始森林的空气状态，有益身心健康。雾效的规模、浓淡和施放时间均可人工控制，最短 5 秒、最长 30 秒内就可以成雾。

扫一扫

青岛新闻网
世园会打造科技盛宴
空气取水墙能呼吸

3.7 可开启式玻璃幕墙

空间层次维度：展馆
功能系统维度：基础设施

世园会广泛使用玻璃幕墙作为建筑表皮，产生靓丽视觉效果的同时，更突显绿色节能理念。

例如，青岛馆建筑外侧墙体由 3 个曲面拼合而成，每个曲面由 7 片玻璃百叶构成。利用空气热循环技术，百叶可根据室内外的光线、温度、风、季节等参数，按程序模式鱼鳞状自动开启或闭合，以保证整个建筑立面的恒温或者恒湿，既能让游客在馆内游览时感觉舒适，还能给馆内的植物提供一个较为适中的生长环境。

又如，因植物生长对光线有严格要求，植物馆幕墙工程设计时采用了钢结构框架结合超白玻（低铁玻璃）的幕墙系统，并配备了电动开启装置。超白玻璃颜色一致，造型美观，可见光透过率高，通透性好，自爆率低，且具有优秀的拦截紫外线效果，可以降低建筑物内部的照明能源消耗和空调制冷消耗。电动开启设备可以使部分玻璃幕墙自动翻转，通过自然通风来调节植物馆室内的温湿状态，比单纯使用空调和散热器等传统设备更加节能环保。

该工程设计复杂，施工难度大，传统的测量方式无法满足幕墙施工的开展，因此特地引入三维激光扫描仪，大大降低了幕墙的施工难度[⑤]。

图 3-11：植物馆可开启式玻璃幕墙（来源：青岛世园会官网）
Picture 3-11: The Openable Glass Curtain Wall of Botanic Pavilion (Source: The Official Website of Qingdao Horticultural EXPO)

扫一扫

建筑时报
2014 青岛世界园艺博览会主要场馆建设一瞥

青岛世园会官网
植物馆幕墙采用电动开启设备

2013 年 3 月 14 日

3.8 双层金属呼吸幕墙

空间层次维度：展馆
功能系统维度：基础设施

主题馆作为 2014 年青岛世界园艺博览会重要标志性建筑之一，是展示青岛世园会“让生活走进自然”的主题和举办大型活动的展览场所。为了减少运营过程中的能源消耗，主题馆建筑采用了集光伏发电、透气遮阳表皮以及捕风装置一体化的双层金属呼吸幕墙系统，一方面充分利用可再生能源，另一方面形成一道减少能源消耗的“双层屏障”。

图 3-12：主题馆设计方案（来源：荷兰建筑设计事务所 UN Studio）
Figure 3-12: The Design of the Theme Pavilion (Source: UN Studio)

呼吸式幕墙
Breathing Curtain Wall

呼吸式幕墙，又称双层幕墙、双层通风幕墙、热通道幕墙等，1990 年代在欧洲出现，它由内、外两道幕墙组成，内外幕墙之间形成一个相对封闭的空间，空气可以从下部进风口进入，又从上部排风口离开这一空间，热量在这一空间流动[⑥]。有了空气夹层的缓冲作用，夏季可以有效地减少太阳对建筑表面的直射，冬季可以减缓建筑屋面的热量散失，降低室内外的温差。同时还使建筑的隔声效果明显优于传统的单层幕墙。另外，这种设计可以阻止水进入屋面内，潮气可以逸出，使屋面板底的空气能够流动，屋面系统就如同可以呼吸换气一样，不会将湿汽闷在板内。

图 3-13：表皮制板方略（来源：荷兰建筑设计事务所 UN Studio）
Figure 3-13: Penalization Strategy for Ruled Surface (Source: UN Studio)

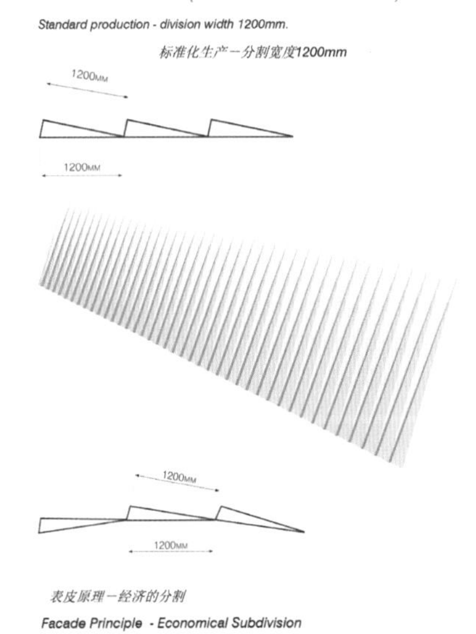

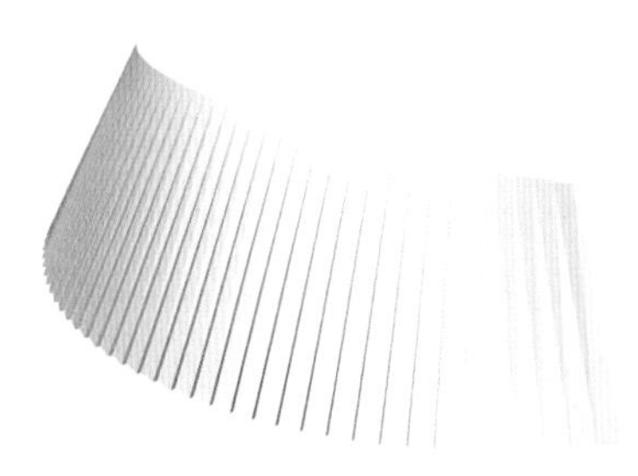

图 3-14：主题馆采用的多功能双层呼吸幕墙（来源：荷兰建筑设计事务所 UN Studio）
Figure 3-14: The multifunctional respiratory double curtain wall of the Theme Pavilion (Source: UN Studio)

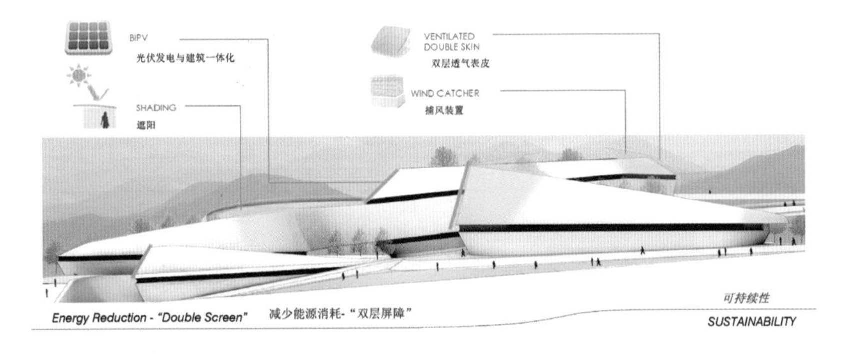

图 3-15：主题馆建成实景（来源：韩婧摄）
Figure 3-15: The Scene of Theme Pavilion (Source: UN Studio)

扫一扫

半岛网 - 半岛都市报
50 多项新科技汇聚世园会

4 水技术
Water Technologies

4.1 半集中式水和废物处理

空间层次维度：园区
功能系统维度：基础设施

青岛世园会引进了国家科学技术部与德国联邦教研部签订的半集中式资源再生利用示范中心项目，设置了中德合作分质水处理及资源化利用系统，这个系统能够节约区域内新鲜用水达到 40% 以上，大大减少整个系统的用电量，并在一定程度上实现能源自给自足。该项目于 2012 年正式引进，2013 年 10 月 10 日开工建设，2013 年 12 月 25 日完成主体封顶，2014 年 4 月投入使用，总建筑面积 4614.66 平方米。

示范中心采用模块化设计，分为灰水处理模块、黑水处理模块、餐厨垃圾处理模块、污泥处理及沼气利用模块。模块化设计每天可处理 700 立方米灰水、800 立方米黑水和 50 立方米污泥和餐厨垃圾，也就是 1500 吨污水。其中，灰水指的是洗涤和洗浴后的水，而黑水则指的是冲厕所的水和厨房污水。净化后的再生水无色无味、安全卫生，可用于冲厕、绿化和农业灌溉等，而且在这种工艺下，污水的处理实现了零排放。该项目建成后运营的示范作用，将深刻影响人们的日常生活。污泥和餐厨垃圾联合发酵产生的沼气可用于发电，可产生 2100 立方米的沼气，可发电 200 千瓦，全部用于本中心的电力供应。淤积下来的沉淀物，可用做改良土壤的肥料，包括世园村、毕家安置工程 A、C 片区在内的近 70 万平方米的区域，以及 2014 年后周边部分新建的住宅区，都从中受益。

示范中心使用了国际知名品牌的设备，如水泵、搅拌机、曝气系统等均为德国威乐、OTT 等知名厂商捐赠，其余设备是国内自主研发的，设备水平也达到了国际先进水平。示范中心位于世园会区域内，不仅服务青岛世界园艺博览会世园村（建筑面积约 40 万平方米），还用于毕家安置工程 A、C 片区（建筑面积约 27.2 万平方米）及 2014 年后部分新建住宅区的污水、生物垃圾和污泥处理。多数设备都被设置在地下空间和专用车间中，噪声很小，不会影响周边人的正常生活和工作。

“半集中式水和废物处理系统”是为快速发展的城市量身打造的创新模式，具有高度的灵活性，是一个适应城市快速发展的可成长系统，可以因地制宜进行建设，避免了大投资和资金的浪费，为人与自然的和谐相处提供了解决之道，具有极大的推广应用前景。

参建团队
Construction Teams

技术支持：德国达姆斯塔特工业大学、同济大学、青岛理工大学
建设单位：青岛世园（集团）有限公司
设计单位：同济大学建筑设计研究院（集团）有限公司、青岛市政工程设计研究院
监理单位：青岛华鹏工程咨询集团有限公司
施工单位：青岛建安建设集团有限公司

图 3-16：工作模块示意图（来源：青岛世园（集团）有限公司）
Figure 3-16: Process Modules (Source: Qingdao Shiyuan (Group) Co., Ltd)

图 3-17：建设安装过程（来源：青岛世园（集团）有限公司）
Figure 3-17: The Process of Construction and Installation (Source: Qingdao Shiyuan (Group) Co., Ltd)

扫一扫

搜狐青岛
青岛世园会水处理系统藏玄机节能环保走近自然

泔水能发电污水可浇花！

2013 年 3 月 25 日

4.2　雨水回收利用

空间层次维度：园区
功能系统维度：基础设施

世园会针对园区雨水利用体系进行了专门的方案设计，将传统的“雨水排放”转变为“雨水生态循环和再利用”，实现区域内雨水自然生态化的综合利用。雨水利用以绿地自然渗透为主，涵养李村河上游水源地；不能及时入渗的雨水以建筑集雨、雨水边沟、植草生态边沟等方式收集，一部分进入地下室雨水收集池，用于花草树木的灌溉，以缓解市政供水压力和节约用水，另一部分经生态湿地自然净化后，汇入园区 3 个天然水库进行调蓄⑦。

收集雨水的喇叭花
Trumpet Flowers for Collecting Rainwater

在青岛世界园艺博览会的入口处，足有四五层楼高的七八个巨型白色喇叭花，格外引人注目。这些花朵最大直径约二三十米，除了遮阳和美观效果外，最重要的作用就是收集雨水，用自然的水养育园区的花草树木。

图 3-18：园区入口集雨设施（来源：徐云庆）
Picture 3-18: Rainwater Collecting Facilities at Expo Entrances (Source: XU Yunqing)

图 3-19：景观集雨设施（来源：徐云庆）
Picture 3-19: Landscape Rainwater Collecting Facilities (Source: XU Yunqing)

4.3　空气取水

空间层次维度：园区
功能系统维度：基础设施

世园会根据青岛所处地区夏天湿度较大的特点，在礼宾接待中心、观景平台、青岛园等处，设置了空气自动收水装置，对利用空气中的水分进行了有益的尝试。

该装置的整套专利来自于以色列，它通过拦截空气中的水汽，凝结成水，并通过空气滤网过滤、静电过滤、活性炭过滤、RO 滤芯过滤、远红外矿物过滤五层过滤，最后通过紫外线杀菌后取得完全符合饮用水标准的健康水，可供游客直接饮用。每台空气取水器每天能流出 50 升左右水量，约合日常饮用水桶的 2 桶半。空气取水装置已广泛应用于军事领域，但在全国民用领域尚属首次使用，整套系统通过风光互补发电系统来驱动。

空气取水技术
Water Collection From Air

空气作为自然界水循环过程中水蒸气存在的一种介质，携带水蒸气完成循环。采取一定方法收集空气中的水资源并加以利用，即为空气取水技术。

常见 3 种收集空气中水资源的方法为：①制冷结露法，将湿空气温度降到露点以下，使其中的水蒸气结露而获得液态水；②吸附法，含湿空气流过吸附剂，其中的水蒸气被吸附，然后加热吸附剂使水分脱附，从而得到淡水；③聚雾取水法，将雾中小水滴分离出来的取水方法。

图 3-20：空气取水装置（来源：青岛早报 - 王建亮）
Picture 3-20: Water Collector from Air (Source: WANG Jianliang, Qingdao News Morning Edition)

图 3-21：空气取水装置（来源：宋琦）
Picture 3-21: Water Collector from Air (Source: Song Qi)

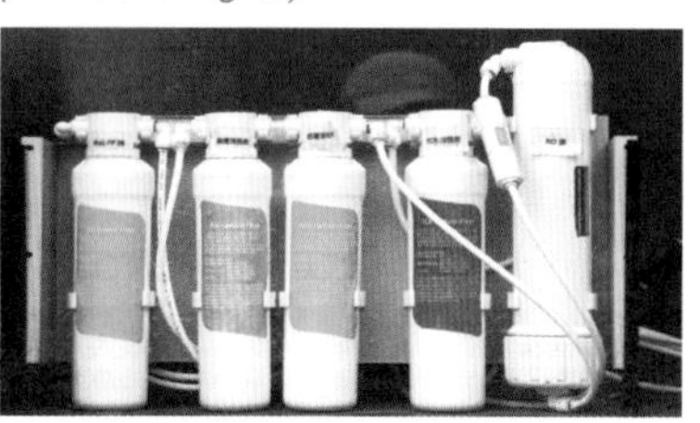

扫一扫
齐鲁网
盘点青岛世园会上的奇事：游客可直接从空气取水喝

5 物技术

Recycling Technologies

5.1 GRC 景观山体

空间层次维度：场地
功能系统维度：绿地系统

世园会中有许多逼真的假山，其真实程度常使人产生以假乱真之感，也为园艺盛会融入了巍峨之山的深沉感。这些景观材料多采用 GRC 技术制成，GRC 塑假山具有重量轻、可塑性强、劳动强度低、减少对天然矿产的开采等特点，非常适合于园林景观工程。

GRC 假山
GRC Rockery (Glass Fiber Reinforced Cement)

GRC 是玻璃纤维增强水泥的缩写。GRC 塑石假山是将抗玻璃纤维加入到低碱水泥砂浆中硬化后脱模产生的高强度复合“石块”。GRC 石块的造型、皱纹逼真，比 FRP 石块更具有“石”的质感。利用机械化生产制造的 GRC 假山造山石元件，使假山具有重量轻、强度高、抗老化、耐水湿，易于工厂化生产，施工方法简便、快捷，成本低等特点，是目前理想的人造山石材料。

图 3-22：GRC 假山（来源：青岛世园会官方微博）
Picture 3-22: GRC Rockery (Source: official Microblog of Qingdao Horticultural EXPO)

扫一扫
半岛网 - 半岛都市报
揭秘世园会：六场战役 七个秘密 八大奇迹

5.2 低温搅拌沥青

空间层次维度：城市
功能系统维度：道路交通

2012 年 6 月，世园会园区内沥青路面开始铺设。为保护园区内植物生长，施工选用的是目前最环保的温拌沥青。一般的摊铺沥青温度高达 180℃，很容易伤到植物新发嫩芽，而温拌沥青混合料的拌合、摊铺和压实温度一般比传统的热拌沥青混合料低很多，只有 20℃～30℃，因此可以明显降低有害气体和粉尘的排放，进而减少对周围环境的二次污染，改善施工现场环境，对植物的影响也小很多。与此同时，这种新沥青的伸缩性和稳定性都更高，冬天不会开裂，夏天不会变软塌陷。温拌沥青道路的使用寿命在 15 年左右，而普通沥青道路为 8～10 年。

温拌沥青减碳效果
Carbon Reduction Effect of Warm Mix Asphalt

经过实际比较，采用温拌技术沥青，CO_2 排放将会减少 20% 以上，其他烟尘的排放也将减少 40% 以上，同时将节约 30% 的能耗。

图 3-23：世园会沥青路面（来源：乐可柯）
Picture 3-23: Asphalt Pavement in Qingdao Horticultural EXPO (Source: LE Keke)

扫一扫
世园会刊第 01 期
园区道路铺特殊沥青，防烫伤树木花草

2013 年 4 月 6 日

5.3 透水路面

空间层次维度：城市
功能系统维度：道路交通

世园会道路施工广泛采用环保型路基路面材料，如温拌沥青、改性沥青、彩色沥青、再生沥青等，并进行硬质沥青、透水沥青的试点研究应用。具体地，道路面层采用透水人行道板与透水混凝土材料铺筑（透水混凝土调整了石头、沙子和水泥的配比，在提高石头和水泥比例的情况下降低了沙子比例，对解决现在城市普遍面临的内涝问题很有帮助），垫层与土基采取土壤固结剂稳定建筑废弃物填充。经统计，青岛世园会园区共铺设了 5 万平方米的透水地平，显著改善了行道树生长环境、减轻市政排水系统压力，同时提升了雨天游客行走的舒适性和安全性。

在此基础上，世园会秉持自然创造的理念，恢复了山中水系、冲沟的生态环境，借助地势将雨水引入周边绿化带中，将大自然本身的疏水功效最大化。让科技携手自然，共同在青岛世园会中打造出雨过地面不湿鞋的神奇现象（图 3-27）。

图 3-24：园区入口透水面砖（来源：万钢祝）
Picture 3-24: Porous Pavement Bricks at Expo Entrance 4 (Source: WAN Gangzhu)

图 3-25：芬兰园木屑铺路（来源：吕倩）
Picture 3-25: Wood Paving in Finland Park (Source: LV Qian)

益于自然的木屑铺路
Sawdust Paving: Gifts from Nature

木屑铺路是通过把本该废弃焚烧的木材粉碎成 5 厘米以下的木屑，将其放入模型，用 180℃的高温水蒸气压缩约 30 分钟制成铺路用的木板。其特点如下：

a) 安全分解，返还自然，对环境无负荷；
b) 保水性好，汽化热的效果易持久；
c) 适度柔软的弹性路面，适于行走，其硬度即使跌倒也比较安全；
d) 有利于轮椅行驶。

图 3-26：世园会铺地（来源：韩婧、林嘉颖）
Picture 3-26: Paving in Qingdao Horticultural EXPO (Source: HAN Jing, LIN Jiaying)

图 3-27：科学园保留改造冲沟（来源：韩婧）
Picture 3-27: The Reserved and Improved Gully in Science Park (Source: HAN Jing)

扫一扫

国家林业局政府网
2014 青岛世园会筹办过程中的亮点集锦

中国绿色时报
洋溢在自然野趣间的生态文明活力

青岛世园会官网
芬兰展园：来自圣诞老人故乡的问候

2013 年 4 月 12 日

5.4 无土草皮

空间层次维度：场地
功能系统维度：绿地系统

在营造鲜花大道的美景时，世园会采用了新的园林景观打造技术——无土草皮[8]。该植被材料通过使用植物纤维固土毯生产，植物纤维固土毯由合成纤维和植物纤维加工而成，主要用于提高植物成活率，可有效控制水土流失，实现秸秆、稻壳等农作物、废弃物的再生利用。

无土草皮由工厂规模化生产，不需占用有限的可耕地种植草坪，运输过程也不带土，不会产生弃土弃渣，是一种农林固体废弃物再生利用的低碳技术。

图 3-28：鲜花大道（来源：韩婧）
Picture 3-28: The Flower Avenue (Source: HAN Jing)

与传统的有土草坪相比，无土草坪具有以下几方面突出的优点：
Outstanding Advantages of Soilless Lawn

（1）全天候性：完全不受气候影响，大大提高场地的使用效率。
（2）常绿性：天然草进入休眠期后，人造草依然能带给您春天的感受。
（3）环保性：材料均符合环保要求，人工草坪面层可回收再利用。
（4）仿真性：无方向性、硬度与天然草无大差异，弹性良好，脚感舒适。
（5）耐用性：经久耐用、不易褪色，特别适合用于使用频率较高的场地
（6）经济性：一般可保证五年以上的使用寿命。
（7）免维护性：基本上没有维护费用发生。
（8）施工简便：可在沥青、水泥、硬沙等场地基础上进行铺装。

扫一扫
青岛新闻网
世园会打造科技盛宴
空气取水墙能呼吸

5.5 木塑复合材料

空间层次维度：场地
功能系统维度：公共设施

世园会园区地形多样、水系众多，引入木塑复合材料进行景观工程建设，是迄今为止国内外最大规模的木塑复合材料集成应用工程。该材料主要运用在天水服务区和云林观礼等处。整个建筑体系依山而行依水而居，错落有致层次鲜明，以木塑栈道为主题，间以楼台、亭阁和装饰性立柱，在几千平方米的范围内，既达到了实际的应用要求，又具有很强的欣赏意味。

图 3-29：滨水构筑物（来源：世园参考）
Picture 3-29: The Waterfront Structures (Source: Qingdao EXPO Reference)

图 3-30：滨水构筑物（来源：世园参考）
Picture 3-30: The Waterfront Structures (Source: Qingdao EXPO Reference)

木塑复合材料
Wood-Plastic Composites (WPC)

木塑复合材料起源于北美地区，商业化推广应用已逾 40 年。该材料是以木竹屑、农作物秸秆等各类初级生物质纤维材料为主原料，配混一定比例的高分子聚合物和无机填料，利用高分子界面化学原理和塑料填充改性的特点，经特殊工艺处理后加工成型的一种可逆性循环利用的基础材料。它同时具备了天然木材和树脂材料两种不同材质的基础材料的双重优点：具有与木材相似的质感和性能，可锯、可刨、可钉、能弯曲和粘接，但克服了木材尺寸稳定性差、易燃、易潮、易腐、易蛀、易滋生霉菌等特点，还能避免单纯树脂材料高温蠕变、低温易脆等性能弱点[9]。

6 气技术

Air Technologies

静电除尘与灭菌

空间层次维度：展馆
功能系统维度：基础设施

世园会主题馆、植物馆、梦幻科技馆应用静电除尘与灭菌技术以消解“雾霾”的危害和影响。静电除尘技术使随空气进来的灰尘和细菌都带上正电荷，然后被负电极板吸附，以此过滤比细胞还小的粉尘、烟雾；静电灭菌技术以静电钨丝释放的6000伏高压静电，瞬间杀灭细菌、病毒和花粉，有助于消除感冒病菌，杜绝多种传染病。

图3-31：植物馆中的静电除尘设备（来源：青岛世园会官网新闻部胡彦鹏）

Picture 3-31: Machine in the Botanical Pavilion (Source: HU Yanpeng, News Department, Website of Qingdao Horticultural EXPO)

图3-32：设备维护（来源：青岛世园会官网新闻部胡彦鹏）

Picture 3-32: The Maintenance of Equipment s (Source: HU Yanpeng, News Department, Website of Qingdao Horticultural EXPO)

图3-33：静电除尘设备（来源：青岛世园会官网新闻部胡彦鹏）

Picture 3-33: Electrostatic Dedusting Equipment (Source: HU Yanpeng, News Department, Website of Qingdao Horticultural EXPO)

静电除尘原理

The Principle of Removing Dust by Electrostatic

静电除尘是一种电泳现象，设备通电后，设备产生电势差，用强电场使灰尘颗粒带电，在其通过除尘电极时，带正电荷的微粒被负电极板吸附，带负电荷的微粒被正电极板吸附，从而将灰尘吸引到除尘的设备上，尘埃积累到一定程度时，断开电源，尘埃会脱落，即达到除尘目的。

以往常用于以煤为燃料的工厂、电站，收集烟气中的煤灰和粉尘；冶金中用于收集锡、锌、铅、铝等的氧化物，现在也有可以用于家居的除尘灭菌产品。

扫一扫

2014青岛世园会官网
探秘世园空气净化机：
静电技术消灭PM2.5

7 地技术

Land Technology

7.1 架空步行通廊

空间层次维度：城市
功能系统维度：道路交通

世园会总体规划以“叠合城市”为理念，巧妙结合地形，充分利用土地资源，将无人活动的空间、人短时活动的空间、园区基础设施等建设在地下，将人长时活动的空间设在地面和空中，最大限度地扩大园区绿化面积，构筑多层次生态型园林化园区。

以“天女飞花轴”的鲜花大道为例，由于该区域内地势落差较大故设计了五条宽 7.2 米、坡度为 2.5% 的高架桥，通过流线型种植设计，营造出花流趋势引导参观者前行。高架桥一共分为 2 层，最高处距离地面 11.14 米，最大长度 210 米，最大宽度 70 米，建筑面积约 11173 平方米，在人行步道两侧设置垂直电梯和楼梯[10]。高架桥上宽绰平坦的道路，既可以扬长避短，解决人流量大、高差大的问题，而且还构成了一种层次丰富的崭新空间体验。鲜花大道区域总共有两千多米长，贯穿整个园区至 2 号门主入口，寓意天与地的通道，是历届世园会上最长的花带。

此外，草纲园和花艺园也因地就势设计了步行通廊，通廊底层进行绿化种植。架空廊道的线条随山势起伏形成流动的波浪，与错落、交织的花田花径一起，营造出跌落的空中绿道效果。架空廊道既保证了底层空间的种植连续性和生物廊道畅通性，又实现了不同区域的步行联系，提高了土地的集约利用效率。

图 3-34：穿过草纲园的架空通廊（来源：胥星静）
Picture 3-34: The pedestrian bridge across Caogang (Herbal) Park (Source: XU Xingjing)

图 3-35：鲜花大道全景图（来源：韩婧）
Picture 3-35: Panorama of the Flowers Avenue (Source: HAN Jing)

图 3-36：鲜花大道剖面图（来源：世园会总体规划方案）
Figure 3-36: The Cross Section Plan of Flowers Avenue (Source: The Master Plan of Qingdao Horticultural EXPO)

7.2 立体绿化与栽培

空间层次维度：展馆
功能系统维度：绿地系统

青岛世园会高度重视立体绿化，屋顶绿化率达到了 48%。按照总体规划要求，除个别建筑因结构、功能等条件限制外，园区主要建筑如主题馆、梦幻科技馆、天水综合服务中心、地池综合服务中心、滨水餐厅等均进行了屋顶绿化设计，通过采用种植盒、草皮、攀爬植物、自然式种植等形式实施屋顶覆绿，使建筑物掩映在绿色之中，与周边自然环境融为一体，尽最大可能发挥其生态效益及多层次、多角度复合式绿化美观效果，充分展现了“让生活走进自然”的主题。

蔬艺馆高科技栽培展区展示各种蔬菜无土栽培模式，不用土壤，直接用营养液或基质来栽培植物。包括：平管式栽培、A 型三角支架栽培、多层式管道栽培、袋培、管槽式基质栽培、墙体栽培、立柱式栽培、滚动式种植等。立体栽培技术使单位面积产量进一步提高，有效利用了空间，节约了土地。

立体绿化
Vertical Planting

屋顶绿化是在建筑物、构筑物的平屋顶、露台、天台上进行绿化和造园，它与绿地造园和植物种植的最大区别在于屋顶绿化是把露地造园和种植等园林工程搬到建筑物或构筑物之上，它的种植土是人工合成堆筑，并不与自然界中大的土壤相连。垂直绿化是应用攀缘植物沿墙面或其他设施攀附上升形成垂直面的绿化。这两种绿化形式不仅可以提高城市绿化量、丰富城市绿貌、改善生活环境，还可以创造经济效益。结合我国地少人多的实际情况，立体绿化有着不可忽略的现实意义。

图 3-37：梦幻科技餐厅 - 西南方向（来源：梁艳）
Picture 3-37: South-west of the Dream Tech Restaurant (Source: LIANG Yan)

图 3-38：多层式管道栽培（来源：仲伟华）
Picture 3-38: Multi-layer Pipe Cultivation (Source: ZHONG Weihua)

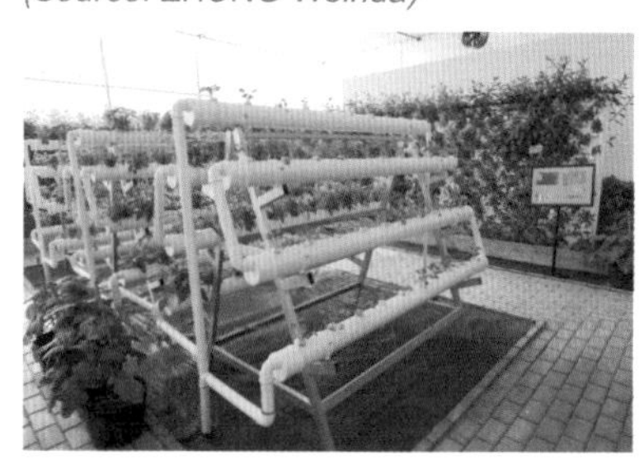

7.3 模块化建筑与街具

空间层次维度：城市
功能系统维度：公共设施

为节约用地、满足使用功能，结合后续利用，世园会按照相关功能空间尽量集中布局、兼容设置的原则，规划建设了部分模块化建筑，主要配合承担综合服务、公共服务、商业服务、文化活动、安保、市政环卫、物流仓储等功能。建筑形式包括集装箱、装配式木屋、装配式公厕、帐篷及生态材料房屋。结合游客分布与公共服务设施配置情况，世园会统一规划设计了园区座椅、果皮箱（垃圾箱）、遮阳棚、公交候车亭、直饮水点、志愿者服务点等街具设施，确定了园区、道路及出入口各项公共服务设施总量及各园区各项目的具体数量、种类等。

图 3-39：科学园中的活动座椅（来源：韩婧）
Picture 3-39: Moveable Seat in the Science Garden (Source: HAN Jing)

图 3-40：飞花区直饮水（来源：田丹丹）
Picture 3-40: Drinkable Water Fountain in Flower Zone(Source: TIAN Dandan)

图 3-41：茶香园厕所（来源：曹凯智）
Picture 3-41: Rest room in Tea Garden (Source: Cao Kaizhi)

扫一扫

搜狐青岛
青岛世园会及园区规划曝光：三区十二园各具特色

8 生技术

Biological Technology

8.1 释放天敌防治病虫害

空间层次维度：园区
功能系统维度：绿地系统

由青岛自主繁育的生物天敌赤眼蜂，能通过“借腹生子”方式寄生在害虫虫卵或成虫身上，从源头消灭危害芦苇、杨树和马尾松等的害虫。2013 年 8 月，执委会在园区释放 3000 万头赤眼蜂，之后又释放周氏啮小蜂和管氏肿腿蜂，共计 5550 万头，通过释放生物天敌，达到“以虫治虫”的生物防治目的，进一步促进生态平衡。

生物防治是 2014 青岛世界园艺博览会园区及周边区域病虫害防治工作的重要手段，可使绿化质量得到明显提高，不断改善区域生态环境，可有效地控制害虫。生物防治不产生抗性，不污染环境，保护有益生物，降低防治成本，节省人力物力，提高森林病虫害防治技术的科技含量。引进先进生物防治技术，结合山区生物天敌自行繁衍优势，实现科学可持续应用的目标，也突出了本届世园会绿色环保的办会宗旨。

图 3-42：生物防治病虫害（来源：中国新闻网）
Picture 3-42: Plant Diseases and Pest Prevention and Control (Source: www.Chinanews.com)

扫一扫

中国新闻网
2014 青岛世园会释放生物天敌科学防治虫害

8.2 引鸟计划

空间层次维度：园区
功能系统维度：绿地系统

园区规划建设体现生态保护原则，同时为体现生物多样性特征，通过配置招鸟植物、营造适宜鸟类居住的生活环境、开展悬挂鸟屋等“引鸟计划”、“挽留候鸟”活动，增加鸟类种群，并与野生动物保护组织合作，引进驻留青岛的野鸭等野生鸟类。

图 3-43：挽留白鹭在行动（来源：孙江正）
Picture 3-43: Action of Retaining Egrets (Source: SUN Jiangzheng)

图 3-44：花艺园中的鸟屋（来源：韩婧）
Picture 3-44: The birds' houses in the Floriculture Garden (Source: HAN Jing)

青岛市世园会园区陆生、野生动物资源
Terrestrial Wild Life Resources

为全面了解掌握世园会及周边动植物资源现状，园艺部邀请市林业局野生动物保护站专家和技术人员对园区现有野生动物情况进行普查，完成了《青岛市世园会园区陆生、野生动物资源调查报告》。据 2011 年普查，世园会园区及周边现有两栖类动物 6 种，爬行类动物 8 种，鸟类 170 种，兽类 12 种。

扫一扫

青岛新闻网 - 青岛早报
世园会将实施“引鸟计划”悬挂鸟屋提供“住所”

2013 年 5 月 16 日

8.3　背景山体生态修复与绿化营建

空间层次维度：园区
功能系统维度：绿地系统

百果山山体作为青岛世园会的背景和载体，起着衬托主题、展示风采的窗口作用，但由于现状林地分布极不均衡，且树木生长不佳，甚至个别地段由于道路开挖建设或采石等其他人为破坏，存在坡体裸露的严重问题，所以需要对山体进行全面、有步骤的生态修复和绿化营建工作。

对于山体护坡，如果采用传统方式的草坪种植，要耗费大量的人力物力，而且草坪不一定全能成活。为此，世园会在现场勘查与苗木统计定位的基础上，通过细致分析，将背景山体划分为 A、B 两个地块（A 地块位于园区西侧，占地面积 19398 平方米，B 地块位于园区的东北部，占地面积 74353 平方米），分不同区域制订修复方案[11]：坡度不陡的使用生物堆袋技术，较陡的且有风化裂隙的就用高次团粒技术进行岩面喷播，几乎接近 90 度的风化岩壁则采用植生混凝土技术。岩面喷播要求工作人员先在岩面上凿出固定眼，然后悬挂铁丝状的喷播网，将整个岩面覆盖，以利于营养土固定在岩面上。随后，工作人员再将含有草种的营养土喷播到岩面上，草种将会将根系扎到岩石缝中顽强生长。喷播的草坪，因为是自然生长的，所以生命力特别强，对护坡起到很好的装饰和保护作用。

图 3-45：山体生态修复（来源：世园参考第 57 期）
Picture 3-45: Ecological Restoration of the Massits (Source: Qingdao EXPO Reference, Vol. 57)

图 3-46：山体植被修复（来源：世园参考第 57 期）
Picture 3-46: Vegetation Restoration of the Massits (Source: Qingdao EXPO Reference, Vol. 57)

图 3-47：地块分区和地块种植平面图（来源：王立华、杨莹、程莹“2014 年青岛世园会”背景山体生态修复与绿化营建研究）
Figure 3-47: The Floor Plan of Plot Partition and Plot Planting (Source: WANG Lihua, YANG Ying, CHENG Ying, Research on the Ecological Restoration and Greening for the Landscape Massifs in International Horticulture Exposition Qingdao 2014)

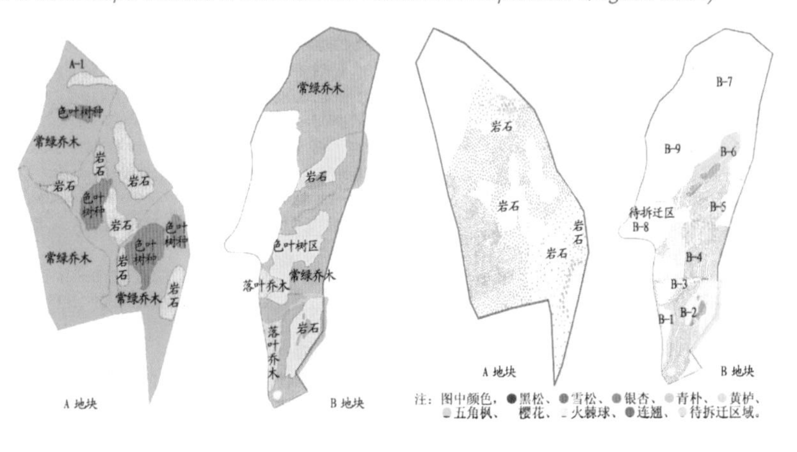

扫一扫

青岛财经日报
团粒喷播技术亮相青岛世园会

工人日报
青岛世园会生态新技术恢复裸露山体

青岛晚报
世园会周边山体绿衣裹身

青岛晚报
青岛世园会全面开建立体喷播护坡技术大量使用

8.4 乡土植物保留与利用

空间层次维度：园区
功能系统维度：绿地系统

为了保护提升原有生态，整合“现有的”和“新建的”景观，营造自然和谐的园区，世园会确定了“以乡土树种为主、适当引进外来树种，以乔木为主，乔、灌、花、草、藤结合，以木本花卉为主、草本花卉结合”的植物材料选用原则，制订形成了《2014 年青岛世界园艺博览会绿化工作方案》。

园区绿化工程首要保护和利用园区现有树木资源，接着按照先市内、再省内、最后再国内的顺序，在青岛及周边省市选择一些适宜青岛生长的其他树木品种。同时，还与国内各植物科研院所和专业院校加强联系，选购一些新、优、奇、特的树木品种，要求是能够适合青岛气候，冠形完整、形态饱满、树姿优美。

在对园区植物资源进行全面普查和苗木花卉品种专项研究[12]的基础上，规划设计对园区道路进行了优化调整，减少迁移树木约 3000 棵，新配置各类植物 1500 余种，新栽植乔灌木 10.9 万株，建设绿地系统 172.3 公顷，绿地覆盖率从 52% 提高到 71%，丰富和完善了“山清水秀、鸟语花香”的生态系统。

图 3-48：草纲园（来源：世园参考第 64 期）
Picture 3-48: Caogang (Herbal) Park (Source: Qingdao EXPO Reference, Vol. 64)

园区植被
Vegetation in the Park

据 2011 年调查统计[13]，世园会规划区内现有木本植物 38 科 135 种，其中果树 9 科，27 种，林木绿化面积 228476 平方米，森林覆盖率 28.6%，95% 以上林木生长状况优良。现状山林及居住区骨干树种为白蜡、柿树、法桐、雪松，占树木总数 6.5%；基调树种为黑松、柳树、水杉、樱桃，占树木总数 26.9%；果园以樱桃、柿树、桃树、枣树为主；胸径 30 厘米以上树木中杏树、梧桐、白杨、柳树、苦楝占总数 83.9%。

扫一扫

半岛网 - 半岛都市报
世园会绿化乡土树种唱主角今冬明春移植苗木

青岛世园会官网
园艺部进行世园会动植物资源普查及保护工作

8.5 生物浒苔化肥

空间层次维度：园区
功能系统维度：绿地系统

世园会中展示最多的是花草树木，花草树木需要养分就要施肥，而传统化肥有一些是有违环保理念的。为在园艺绿化中推广使用无污染、无公害、无残留的绿色环保肥料，世园会引入由中国海洋大学生物工程开发有限公司研发的海藻生物肥料，将海洋科技用于园林绿化建设。生物浒苔是从每年夏天肆虐青岛的浒苔中提取的，可以明显改善土壤环境，为树木提供均衡营养、增强树木机体的免疫力，对树木和花卉的生长促进效果显著，快速生根，提高移栽成活率。

图 3-49：生物浒苔化肥种植植物（来源：中国化肥网）
Picture 3-49: Plants Cultivated by Enteromorpha Fertilizer (Source: www.fert.cn)

扫一扫

光明网
“浒苔”生物肥为世园会增绿

2013 年 5 月 28 日

注释
Notes

① 引自 2007 年第 6 期《建设科技》付百林、吴昊所撰《空气源热泵应用原理及发展趋势》一文，详见第 107 页。

② 数据引自 2014 年 6 月 24 日《经济日报》中刘成所撰《青岛世园会 让生活走进自然》一文。

③《世园参考》第 73 期中《世园八怪之七怪 太阳点灯真厉害》对光导照明系统做了生动的介绍。

④ 数据引自 2014 年 6 月 16 日“半岛网 - 半岛都市报”中张伟所撰《世园会夜场周五亮相 票价 60 元下午 4 点入园》一文。

⑤ 引自《世园参考》第 34 期第 23 页“植物馆幕墙施工快速扎实推进”一文。

⑥ 引自张忠杰于 2014 年第 35 期第 3 卷《青年科学（教师版）》中发表的《浅析呼吸式幕墙》一文。

⑦ 详见《世园参考》第 47 期第 12-15 页蒋琛所撰“青岛世园会：‘水文化’的体验区”一文。

⑧ 引自执委会提供的导游解说词。

⑨ 更多关于木塑复合材料的介绍，详见《世园参考》第 57 期第 10-13 页刘嘉所撰《用新型材料建设环保低碳的世园会生态节能的木塑复合材料》一文。

⑩ 数据来源于执委会提供的导游解说词。

⑪ 引自 2013 年第 41 期第 3 卷《安徽农业科学》中王立华、杨莹、程莹所撰写的《“2014 年青岛世园会”背景山体生态修复与绿化营建研究》一文。

⑫ 世园会联合青岛农业大学，对园区及周边区域的动植物资源现状进行普查，编制了《青岛世园会园区树种（花卉）选择和植物配置研究技术报告》。

第四章　本草纲目 2.0

——运用中华传统智慧，应对城市环境问题

Chapter IV　E-Compendium of Materia Medica

Traditional Chinese Wisdom as the Therapy of Urban Environment Issues

2013年6月12日

1 学：思想传承

Learnings—Ideological Heritage

1.1 现代城市生态化面临的挑战

在人类城市化发展过程中，大多数的城市都出现了较为严重的生态环境问题。特别是目前处在快速城镇化过程中的中国，城市盲目扩展、房地产过热、超强度开发，使得生态环境质量下降，水体污染、大气污染、垃圾威胁、城市噪声、三废加重等使城市环境问题日益突出(如近期一致被诟病的PM2.5问题)，解决城市可持续发展的需求日益迫切。

要创造良好的城市生态环境，首先需要对环境污染问题有明确清晰的认识，才能有针对性的对其进行系统、彻底的治理。否则即使附加任何的高科技与新理念，人类理想中的生态城市宜居环境都得不到真正意义上的实现。

因此，需要对污染物类型及污染程度进行实时监测，并据此提出分阶段合理的目标体系，不断的检验并制定合理的措施。

1.2 生态智慧：人类对生态思想的探索

人类对于城市生态的探索可以追溯到从十九世纪六十年代。二十世纪中叶起，涌现了一大批有关生态城市的研究，并在二十世纪末成喷涌式的增长。“绿色”、“可持续”、“生态”已经成为城市规划领域的关键词，并成为城市规划者坚持不懈不断探索和实践的方向。

尽管目前国内外生态理论与生态城市建设框架已有许多研究基础，但在人能体验到的城市空间尺度上，在低投资低能耗的可实施性层面上，在用自然界材料为自然界及人类服务的理念上，还十分欠缺便于操作与推广的生态理论技术，而这正是现代人需要努力的方向。

图 4-1：现代城市生态化面临的问题

Figure 4-1: Ecological Problems Facing Modern Cities

图 4-2：1850 年起人类生态思想探索大事记

Figure 4-2: Events of Human's Exploration in Ecological Thoughts Since 1850

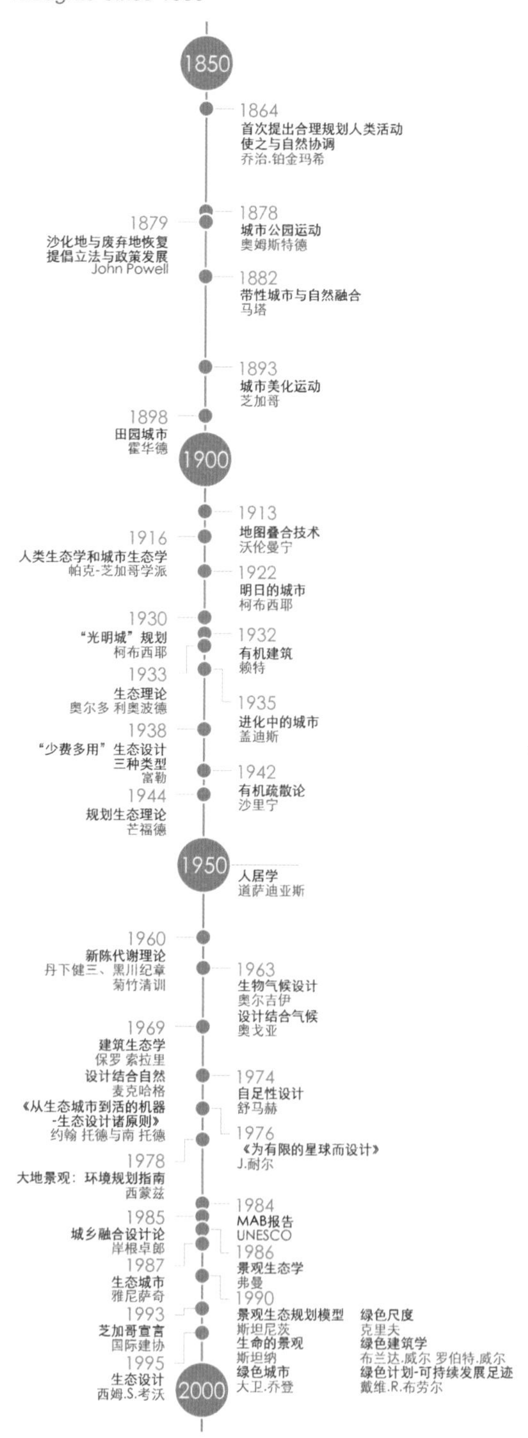

1.3　古为今用：本草纲目 2.0

【时珍说】

『疾病并非人身固有之物，它们或从体外侵入，或自体内滋生，皆为邪气。若在去邪之前施以补剂，就如盗贼还未出门就修葺房屋，这样，真气还未充盈，而邪气早已横行肆虐。他病惟有先用『三法』，攻去邪气，则元气自然恢复。方可讨论滋补的话题。』

【启示】

在建设优美的生态环境之前，必须先除去环境中的顽疾，还其一个清净的本体。

传统智慧，理性实践，应对全球问题

没有对中华文化发自内心的敬佩，就不会如此看重“本草纲目”这四个字。中华药学认为，人和自然的关系，是一种朴素的关系，人取自自然，自然保护人。在这样的一层关系中，人以“摘取”的方式获得自然的精华——药草，并用以改善自己的身体。“摘取”这种方式，不是一点都不取，也不是全盘收割，而是以一种挑选的方式，选取对人类有益的部分，并保留原有的自然生态。

一个能够长期生存的文明，都有一个朴素的存在。《本草纲目》在中国就是这样一种朴素的存在，她利用中华上千年的医药文明系统化，形成一种系统性的药学文明。我们应该尊重这种系统性的文明，并领悟和汲取其中的智慧，借助现代科学理性，思考并创造新的智慧方法和手段，来处理当今世界面临的巨大生态环境挑战。

“本草纲目 2.0”的本质是中华文明的智慧。在本届世园会的实践中，我们汲取和运用这种智慧，创造出用植物本身特性，来治理城市环境、大气、水、污染的方法。把中华对待自然、对待城市、对待人的方式，借助世园会的平台，再次贡献给全世界。

原著精华汲取：用自然治疗城市，用自然恢复自然

从哲学思想层面上，《本草纲目》将人类比作自然的生命有机体，“五行”、“五脏”、“五味”相对应连结；主张自然界中的万物皆有用，以自然万物调理人体内部的阴阳平衡；药物应顺应四季时节的变化，选择适宜的药材和治疗的时机；有主次、有重点，却又相互融合与协调，配药方式反映人与自然和谐的相处模式。

从方法论层面上，《本草纲日》运用“析族区类，振纲分目”的分类法，将植物系统分类；对千余种药物进行详尽解读。

《本草纲目 2.0》将城市类比自然的生命有机体，以植物调理城市内部的环境问题，主张人与城市与自然相互融合协调，构建人与自然和谐相处的模式。

对城市环境顽疾的治理同样需要从两个方面展开：一是病症确诊，要对城市环境污染的主要类型进行摸底，建立完善城市污染监测系统。二是污染治理植物摸底调查，建立完善污染治理植物数据库。每一种植物的治理能力的分析，可以参照药物药理解析的方式来解读。

新一代生态园林城市发展方向

新一代生态园林城市应当面向中华文明未来的发展方向，以系统论完善城市功能的运行，从而促进生物多样性的内在互动与稳衡，创造孕育新生力、生态新美学感受下的城市景观。

中华文明未来的发展方向，需要将传统文化和现代高科技结合起来，共同应对城市问题。对于高科技的应用必须是理性的，摘取适合当地城市情况和解决方式的高科技技术，结合传统文化，对古代智慧进行传承和再创造，应对人类未来的共同问题，促进中华文明的发展。

图 4-3：中华文明未来发展方向三要素

Figure 4-3: Three Directions for the Future Development of Traditional Chinese Culture

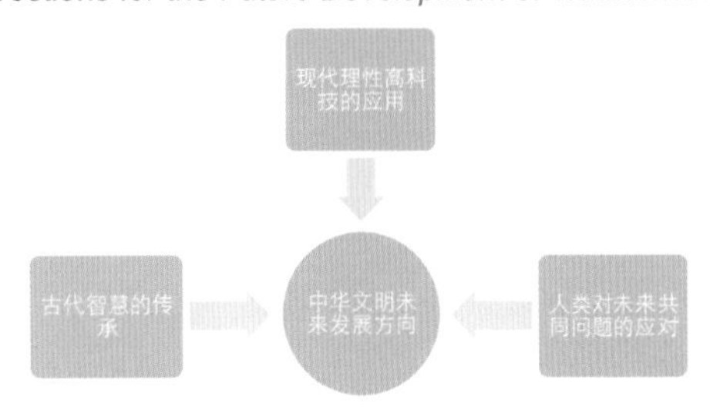

2 理：本草新说

Principles—The New Interpretation to Herb Medica

2.1 疗程步骤

病症确诊：城市环境污染监测分析

我们知道“望闻问切”是中医诊断病情的四个基本方法，通过这四个诊法对整个疾病进行综合的精确的判断，我们今天治理城市环境问题同样必须首先对所有污染进行精准的分析。

为此，要对城市环境污染的主要类型如水污染、大气污染、噪声污染、土壤污染、固废污染、化学污染、辐射污染等进行摸底，建立完善城市污染监测系统，根据城市各区域定时定点监测数据，判定不同区域的环境所遭受的污染的主要类型、主要污染物、受污染程度、扩散速度、波及范围等指标数据，为下一步选择合适的治理方法奠定坚实可靠的科学数据支撑。

对症下药：污染治理植物数据库

同时，需要对污染治理植物摸底调查，如净水植物、吸收毒气植物、吸收土壤污染的植物、滞尘植物、杀菌植物、减噪植物、抗辐射植物等主要治污植物类型，建立完善污染治理植物数据库。

人们就可以根据监测数据结果，在污染治理植物数据库中甄选适合在该污染环境中生存，并能吸收人为活动释放到环境中的有毒、有害物质的植物品种，即所谓的对症下药。

药物配伍：植物景观的搭配与疗效

当然，仅仅选择还不够，治理环境污染就像为人治病一样，也要讲求药物配伍，即植物景观群落配置。每种植物依据其解毒、吸毒、抗毒、耐毒的特性评定品性和等级，不同的级别之间具有配置和用量上的主次和一定的比例关系。

需要依托景观学、生态学、植物学等相关学科知识，依照适当的品种与比例合理配植，达到景观美感度与生态和谐度的高度统一。并于后期针对生物治理效果与反馈，实施长期的跟踪监测与管理，保证其对环境的生态修复及景观恢复的长期有效性。

2.2 原则方法

因地制宜：

与炮制好的草药可以运输至各处的方式不同，治理环境问题的植物必须在当地成活并生长良好，才能发挥应有的效果。因此，植物生长的地域性是必须要考虑的因素。

因材制宜：

相生相克：“相须相使”及“相畏相杀”植物。应针对不同材料的药性，选择搭配能促进或增强药效的方式，或根据需要选择能彼此制约或抵消毒性的配置方式。

因病制宜：

七方十剂——缓急相济。

七方：病症有表里，药量有轻重。应根据病情程度和治疗缓急，选择合适的药方和剂量。对主要病症进行正面治疗，对附加病症进行相反治疗，以权衡利弊，取得平衡。

十剂：用药可分为排毒和补益两种，生物治理可以分为清除污染与改善环境两类。

2.3 标本兼治 —— 植物群落配置

植物对环境的治理需要群落的搭配才能起到标本兼治的效果。群落搭配需要考虑到四个方面的因素：

（1）不同治疗方式的搭配关系。如有些是专门用来解毒的，有些是抗毒的，有些是耐毒的。

（2）数量上的搭配关系。不同的级别之间具有配置和用量上的主次和一定的比例关系。

（3）不同季节的搭配关系。需要考虑到不同植物的生长周期和季相变化，使其能在不同的时期和季节均能发挥有效的治理能力，打造四季宜人的植物景观效果。

（4）不同种植方式的搭配关系。主要有：单种或多种孤植、丛植、片植、群植等。

图 4-4：植物药方治疗过程
Figure 4-4: The Treatment Process Of Plant Therapy

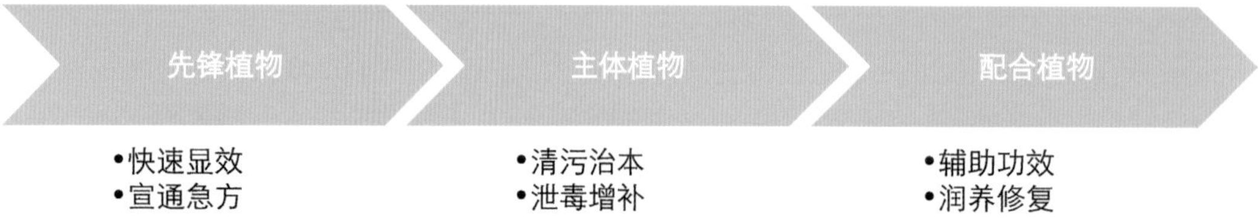

先锋植物	主体植物	配合植物
•快速显效 •宣通急方	•清污治本 •泄毒增补	•辅助功效 •润养修复

2.4 药材炮制 —— 栽培与养护方法

为了保持植物群落长期有效地治理与修复功效与生长状态，在植物配植时，需要考虑植物之间的生态位置，顺从植物的生物特性和生活习性等自然规律，避免植物互相竞争影响。并针对不同植物与群落类型进行栽植与移植、修剪与整枝、土壤与水肥管理、自然灾害与病虫害防治、繁育、害群之物（生物入侵）全过程养护管理。

2.5 施药见效 —— 向生态良性循环转型

通过有目的的人为改造：对环境污染采取措施

以植物为引，激活城市这一生命体在运转、循环发展中的关键功能点。打通城市废物处理（如污水处理厂、垃圾站）流程。并通过城市绿护系统，导入新鲜空气，从而导入活性剂，促进城市新陈代谢。

自然界的良性反馈：改善过程与机制

利用自然界的良性反应，改善生态城市发展过程与机制。通过采取节能减排、生态治理、实时监测等措施，在源头上减少污染，治理已有污染、恢复绿化生态，从而改善生态城市发展过程，构建生态良性循环，让天更蓝、水更绿、气更清。

图 4-5：植物配植样例
Figure 4-5: Samples of Plant Arrangement

水部植物群落配置示意图

水景以用睡莲荷花为主，主治水体氮污染，解 COD①、BOD②毒，配植灯芯草、凤眼莲，治理挥发酚；辅以水烛、水筛等，耐挥发酚、氮、磷等污染。

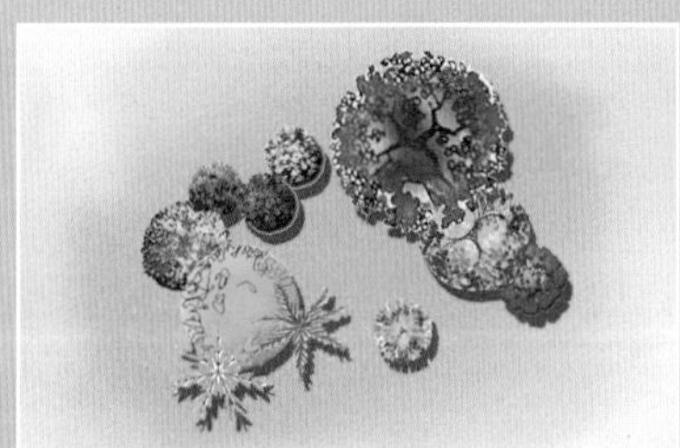

土部植物群落配置示意图

可以七叶树、蜈蚣草为主，主治土壤铅污、砷染，配植蓖麻、小叶黄杨，吸附铅、铜，辅以黑麦草、飞蓬草、紫花地丁等，耐锌、铅、砷、农药残留等污染。

气部植物群落配置示意图

可以卫矛、美青杨主治空气二氧化硫、铅尘污染，配植石榴、玉兰，选种夹竹桃，吸附氮氧化物和可吸入颗粒物，辅以龙柏、夹竹桃、蔷薇等，耐氮氧化物、氟化物、苯等污染。

图 4-6：对环境污染采取措施
Figure 4-6: Counter-measures to Environmental Pollution

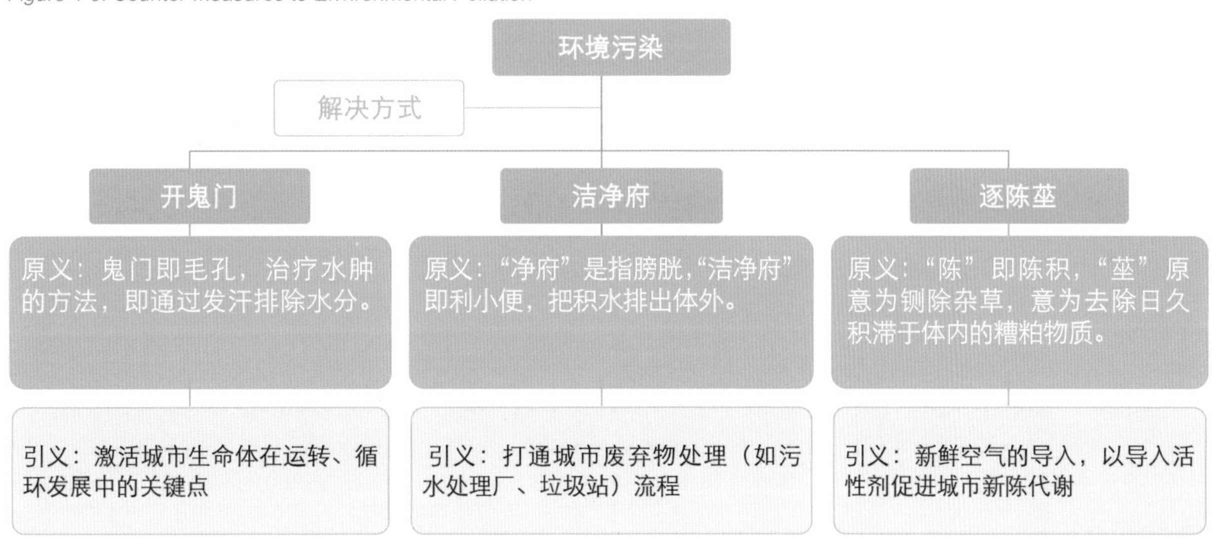

3 病：梳疾理邪

Illness—Disease diagnosis and analysis

犹如在对人体疾病诊断之前，需要知道都有哪些疾病，有哪些症状能够体现出得了哪种疾病，疾病有多严重；在对城市环境污染问题进行检测分析之前，我们需要知道都有哪些污染的类型，需要哪些检测指标进行判断。

在对已有的环境污染问题进行梳理之后，我们初步建构了城市环境污染病症的分类方式，并列出了相应的检测指标。

图 4-7：城市环境污染病症分类图示
Figure 4-7: Urban Diseases Categories

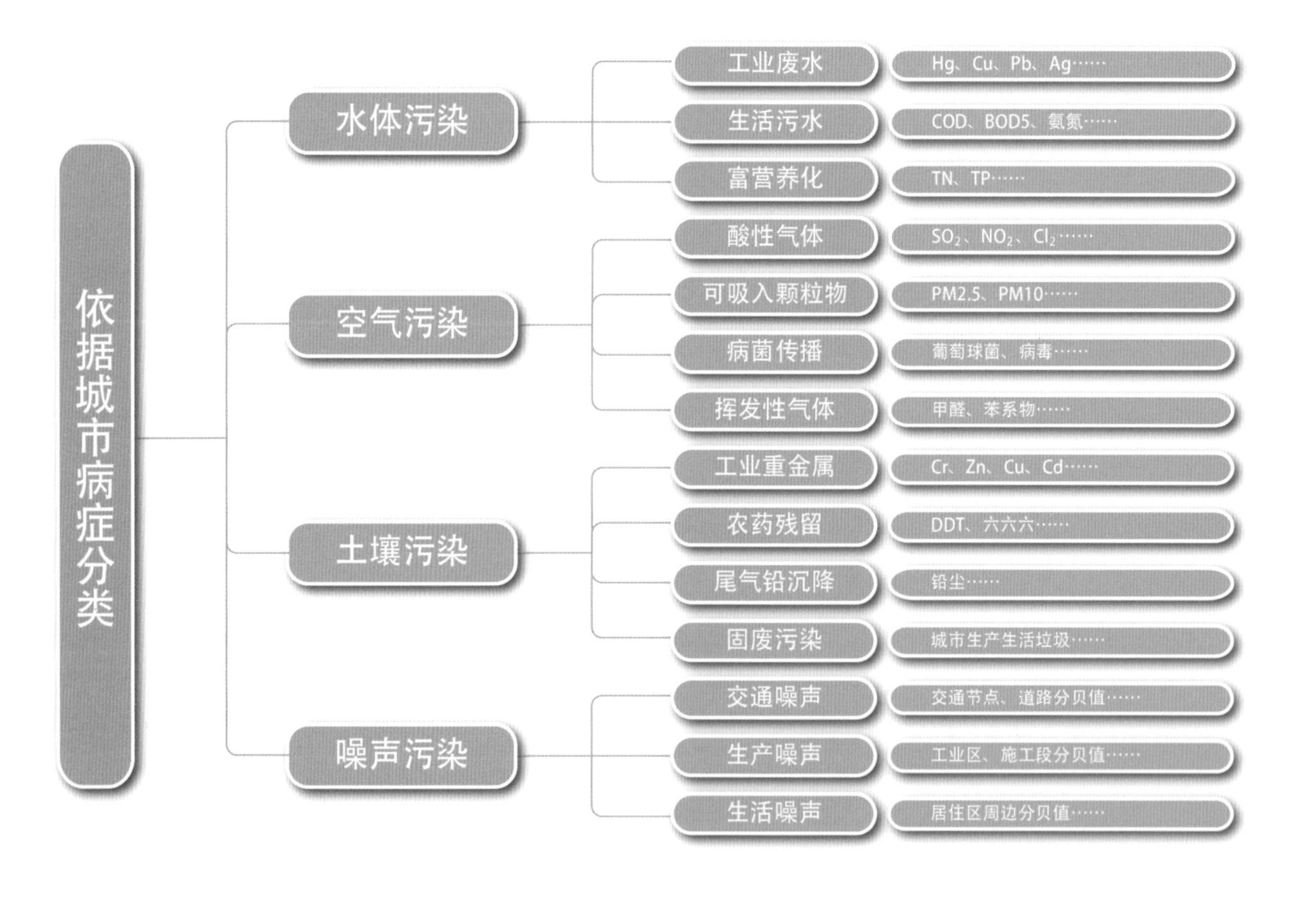

4　药：植物总库

Medica—The General Plant Base

参照《本草纲目》中“析族区类，振纲分目”的分类法，我们尝试建立治理城市环境污染疾病的植物总库。同时，针对每一种植物的治理能力的分析，可以参照《本草纲目》中药物药理解析的方式来解读（此部分在拟后续出版的《本草纲目 2.0》中进行详细解析）。在 2012 年之前，我们梳理出能够治理水体污染、大气环境污染和土壤污染的植物共 16 类 253 种，并在 2014 年青岛世园会中进行了初步的实践。

表 4-1：青岛世园会污染治理植物一览表
Table 4-1: Plants for Pollution Treatment in Qingdao Horticultural EXPO

类别	污染物指标	植物名称
水污染治理植物（水部）	N	凤眼莲、水浮莲、水鳖、浮萍、槐叶萍、紫萍、水筛
	P	花菖蒲、香蒲、荇菜、苦草、水生美人蕉、泽泻、睡莲、香菇草
	VP	水葱、灯芯草
	重金属	荷花、萍蓬草、水竹芋、纸莎草、千屈菜、鸢尾、美人蕉、黄花蔺、泽泻、泽苔草、姜花、水葱、香蒲、芦苇、慈姑、刺芋、海寿花、漏兜、田葱、三白草、茭草、石龙芮、茨藻、黑藻
	CODcr BOD5	睡莲、王莲、芡实、金银莲花、凤眼莲
大气污染治理植物（气部）	二氧化硫	大叶黄杨、海桐、蚊母、棕榈、青冈栎、夹竹桃、小叶黄杨、石栎、绵槠、构树、无花果、凤尾兰、枸橘、枳橙、蟹橙、柑橘、金橘、大叶冬青、山茶、厚皮香、冬青、枸骨、胡颓子、樟叶槭、女贞、臭椿、丁香、忍冬、卫矛、旱柳、臭椿、榆、花曲柳、水蜡、山桃
	氯气	大叶黄杨、青冈栎、龙柏、蚊母、棕榈、枸橘、枳橙、夹竹桃、小叶黄杨、山茶、木槿、海桐、凤尾兰、构树、无花果、丝棉木、胡颓子、柑橘、金橘、枸骨、广玉兰、银柳、旱柳、臭椿、赤杨、水蜡、卫矛、花曲柳、忍冬
	二氧化氮	构树、桑、无花果、泡桐、石榴、海桐，大叶黄杨、夹竹桃、吊兰、苏铁
	氟化氢	大叶黄杨、青冈栎、龙柏、蚊母、棕榈、枸橘、枳橙、夹竹桃、小叶黄杨、山茶、木槿、海桐、石榴、合欢、罗汉松、榆、皂荚、刺槐、栀子、槐、柑橘属
	氯化氢	小叶黄杨、无花果、大叶黄杨、构树、凤尾兰、榆、桑
	铅尘	青杨、桑树、七叶树、紫叶矮樱、红叶臭椿、扶芳藤、北海道黄杨、爬山虎、五叶地锦、爬行卫矛、马褂木、麦冬、长春蔓、金银花、美国红栌、大叶女贞、沙地柏、红叶合欢、八角金盘
	苯并芘	桂香柳、加杨、枫杨、夹竹桃
	一氧化碳	海桐、大叶黄杨、夹竹桃、吊兰、苏铁
	固体颗粒物	榆树、朴树、木槿、广玉兰、重阳木、女贞、大叶黄杨、刺槐、苦楝、构树、臭椿、桑、夹竹桃、紫薇、悬铃木、五角枫、乌桕、樱花、腊梅、加杨、黄金树、桂花、栀子、绣球
	细菌、病原物	侧柏、柏木、圆柏、欧洲松、铅笔桧、杉松、雪松、柳杉、黄栌、盐肤木、锦熟黄杨、尖叶冬青、大叶黄杨、桂香柳、胡桃、黑胡桃、月桂、欧洲七叶树、合欢、树锦鸡儿、金链花、刺槐、国槐、紫薇、广玉兰、木槿、楝树、大叶桉、蓝桉、柠檬桉、茉莉、女贞、日本女贞、洋丁香、悬铃木、石榴、枣、水枸子、枇杷、石楠、狭叶火棘、麻叶绣球、枸橘、银白杨、钻天杨、垂柳、栾树、臭椿、四蕊柽柳、蔷薇属
土壤污染治理植物（土部）	重金属	水杉、法国冬青、刺槐、女贞、香樟、夹竹桃、紫薇、木芙蓉、石楠、蚊母、山茶、桑树、接骨木、加拿大杨、大叶黄杨、构树、板栗、糠椴、五角枫、皂角、悬铃木、榆树、石榴、狗牙根、高羊茅、五叶地锦

5 方：依症配植

Therapy—Vegetation Allocation according to Diagnosis

5.1 青岛世园会环境治理植物处方

处方是整个中医诊疗中非常重要的一环。中药永远不是单方，是复方，方剂的组成不仅仅是几种药物的简单组合，而要考虑不同药和不同症状的对接。《本草纲目》中的配药讲求“君臣佐使”，有主次、有重点，在药中间要进行搭配，却又相互融合与协调，反映的正是人与自然和谐相处的模式。

这个对我们很有启发，因为生态本身就是群落，在治理城市环境问题时也可以用植物群落搭配的思想方法。如前所述，我们在进行植物群落搭配时需要考虑治理不同污染问题的植物在治疗方式、数量、季相和种植方式上的搭配关系，进行组合，形成配方。

青岛世园会规划设计过程中，我们针对水体、土壤、空气等不同场地对象遭受的具体环境病症作出诊断，综合考虑经济、景观等因素，选择具备相应治理能力的植物药材，按照其相互间相助、相畏、相须、相使等作用关系组织配比，形成 6 套实验处理方案。

“君臣佐使”组方

Prescription Methods of Monarch, Minister, Assistant and Guide

上药一百二十种为君，主养命以顺应上天，无毒，多服久服不伤人。

中药一百二十种为臣，主养性以顺应人事，或无毒，或有毒，宜斟酌服用。

下药一百二十五种为佐、使，主治病以顺应土地，多毒，不可久服。

药中君、臣、佐、使互相支持、制约。通常适宜的配置是一君、二臣、三佐、五使，又可一君、三臣、九佐使。

扫一扫

中国花卉报
用“本草纲目 2.0”应对环境顽疾
同济大学副校长吴志强谈城市环境治理

风景园林新青年
2012IFLA 亚太区会议 22 日下午主旨发言
本草纲目 2.0

实验方案一：针对世园会草纲园水体受到农药污染导致氮含量偏高的病症，以 10 株 / 平方米花菖蒲为上品，3 株 / 平方米水浮莲为中品，佐以适量苦草、泽泻、水烛点缀，并配以少许香菇草、慈姑、荷花，使水体得到净化和调理。

实验方案二：针对世园会园区中心的天水岸线硬化问题，以睡莲为上品，组植，萍莲草为中品，佐以适量菱实、金银莲花，成组浅水植，并配以少许花叶芦竹、鸢尾、再力花、槐叶萍，到达去硬质的效果。

实验方案三：针对世园会草纲园原农村机械厂址土壤遭受油渍和金属加工粉末污染的病症，以七叶树为君药解毒，紫叶矮樱、东南景天、构树为臣药吸毒，佐以适量紫荆、紫薇、女贞，并配以少许丁香、八仙花、石楠、五叶地锦，使秽土转生。

实验方案四：针对世园会草纲园原公路两旁农田土壤常年受到农药污染的病症，以地肤草为君药解毒，牧地雀麦草为臣药吸毒，佐以适量红三叶草、白杨、黑麦草点缀，并配以少许飞蓬草、须芒草、杜蒿，保持不断跟踪与检测。

实验方案五：针对世园会南门主入口旁停车场一带颗粒物 PM10 浓度偏高的病症，以榆树为君药，木槿、朴树为臣药，佐以适量女贞、重阳木、广玉兰点缀，并配以少许刺槐、苦楝、紫薇，完成预防性处理。

实验方案六：世园会草纲园内，以卫矛、桂香留为双君，花曲柳、桑树、无花果、雪松为四连辅方，佐以适量山梅花、石榴、皂荚、扶芳藤点缀，并配以少许苏铁、吊兰、枳橙、麦冬、沙地柏，以明牌向游客展示植物吸收工业化城市所产生毒害气体的功效。

图 4-8：青岛世园会环境治理植物药方实验方案一
Figure 4-8: Vegetation Therapy 1 for Environment Improvement in International Horticulture Exposition Qingdao

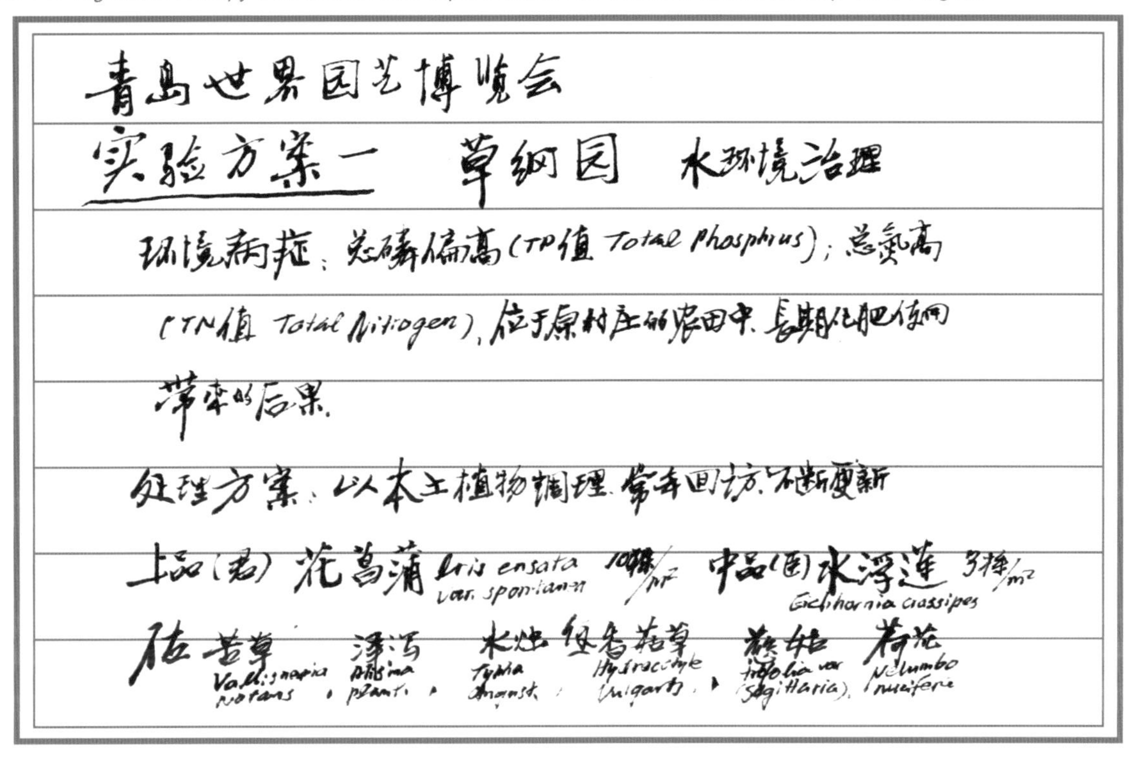
青岛世界园艺博览会

实验方案一　本草纲园　水环境治理

环境病症：总磷偏高（TP值 Total Phosphus）；总氮高（TN值 Total Nitrogen），位于原村庄的农田中，长期化肥使用带来的后果。

处理方案：以本土植物调理，常年回访，不断更新

上品（君）花菖蒲 Iris ensata var. spontanea 10株/m²　中品（臣）水浮莲 Eichhornia crassipes 3株/m²

佐　苦草 Vallisneria natans，泽泻 Alisma planta.，水烛 Typha angust.，铜香菇草 Hydrocotyle vulgaris，慈姑 (Sagittaria) trifolia var. sagittaria，荷花 Nelumbo nucifera

图 4-9：青岛世园会环境治理植物药方实验方案二
Figure 4-9: Vegetation Therapy 2 for Environment Improvement in International Horticulture Exposition Qingdao

青岛世界园艺博览会

实验方案二　中心天池　水体治理

环境病症：水体岸线多为硬化，需生态化养护，形成自我清除水体中COD、BOD_5的自净能力。

处理方案：山东及北方植物（水生）调理，去硬质，植入岸线。

上品（君）睡莲 Nymphaea tetragona 组植　中品（臣）萍蓬草 Nuphar pumilum

佐：芡实 Euryale ferox　金银莲花 Nymphoides indica　成组浅水植

使：花叶芦竹 Arundo donax var. versicolor　黄菖蒲 Iris pseudacorus　再力花 Thalia dealbata　槐叶萍 Salvinia natans

图 4-10：青岛世园会环境治理植物药方实验方案三
Figure 4-10: Vegetation Therapy 3 for Environment Improvement in International Horticulture Exposition Qingdao

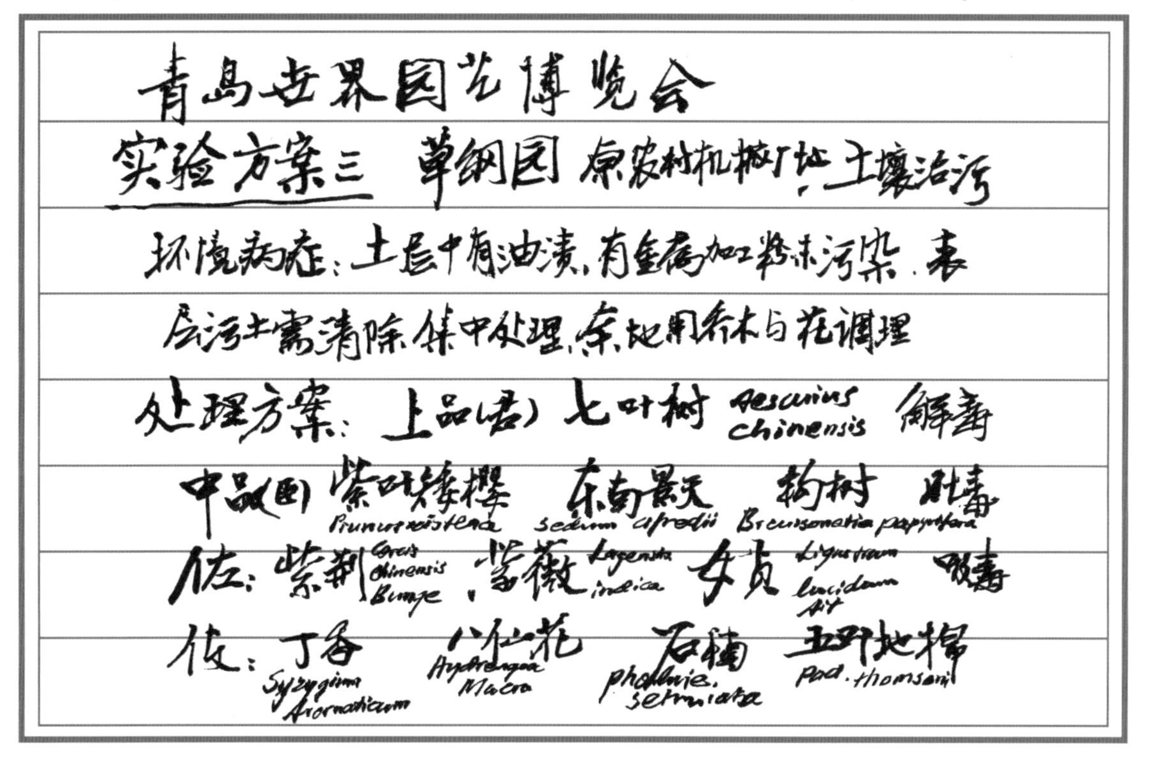
青岛世界园艺博览会
实验方案三 草纲园 原农村机械厂址 土壤治污
环境病症：土层中有油渍，有金属加工粉末污染，表层污土需清除集中处理，余地用乔木与花调理
处理方案：上品(君) 七叶树 Aesculus chinensis 解毒
中品(臣) 紫叶矮樱 Prunus cistena 东南景天 Sedum alfredii 构树 Broussonetia papyrifera 排毒
佐：紫荆 Cercis chinensis Bunge 紫薇 Lagerstroemia indica 女贞 Ligustrum lucidum Ait 吸毒
使：丁香 Syzygium aromaticum 八仙花 Hydrangea macro 石楠 Photinia serrulata 五叶地锦 Pad. thomsonii

图 4-11：青岛世园会环境治理植物药方实验方案四
Figure 4-11: Vegetation Therapy 4 for Environment Improvement in International Horticulture Exposition Qingdao

青岛世界园艺博览会
实验方案四 草纲园 原农田公路旁 农药残留
环境病症：常年在公路旁的农田使用农药残留
处理方案：常年清土和检测，不断跟踪达标后植入
上品(君)：地肤草 Kochia scoparia 解毒 Detoxification
中品(臣)：牧地雀麦草 Bromus inermis - Leyss 吸毒 Toxic Uptake
佐：红三叶草 T. pratense 白杨 Populus Alba 黑麦草 Lolium perenne L
使：飞蓬草 Conyza canadensis 须芒草 Andropogon virginicus 牡蒿 Artemisia japonica

图 4-12：青岛世园会环境治理植物药方实验方案五
Figure 4-12: Vegetation Therapy 5 for Environment Improvement in International Horticulture Exposition Qingdao

青岛世界园艺博览会
实验方案五 南门主入口汽车停车场旁
环境病症：颗粒物PM10可能会高，作预防性护理
处理方案：在主入口（及其它入口内外可以参考此案）植入
上品（君）：榆树 Ulmus pumila
中品（臣）：木槿 Hibiscus syriacus 朴树 Celtis sinensis
佐：女贞 Ligustrum 重阳木 Bischofia javanica 广玉兰 Magnolia grandiflora Linn
使：刺槐 Robinia pseudoacacia L. 苦楝 Melia azedarach L. 紫薇 Lagerstroemia indica

图 4-13：青岛世园会环境治理植物药方实验方案六
Figure 4-13: Vegetation Therapy 6 for Environment Improvement in International Horticulture Exposition Qingdao

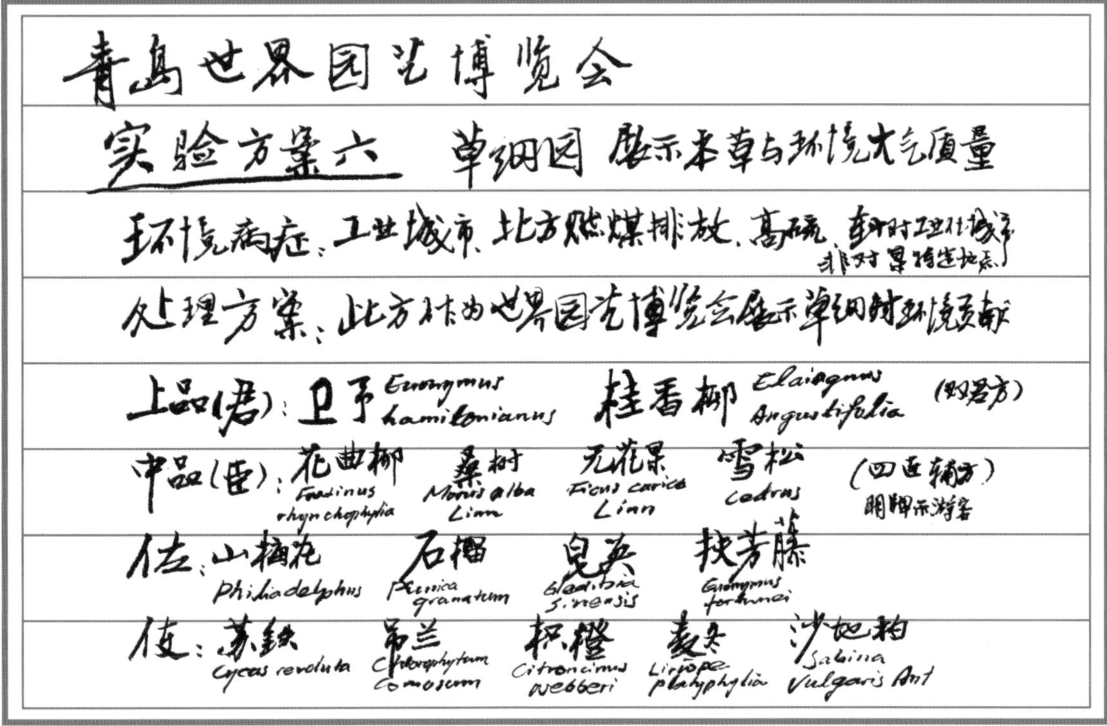
青岛世界园艺博览会
实验方案六 草纲园 展示本草与环境大气质量
环境病症：工业城市、北方燃煤排放、高硫（针对工业城市 非针对某特定地点）
处理方案：北方城市世界园艺博览会展示草纲对环境贡献
上品（君）：卫矛 Euonymus hamiltonianus 桂香柳 Elaeagnus angustifolia （双君方）
中品（臣）：花曲柳 Fraxinus rhynchophylla 桑树 Morus alba Linn 无花果 Ficus carica Linn 雪松 Cedrus （四臣辅方）明晰示游客
佐：山梅花 Philadelphus 石榴 Punica granatum 皂荚 Gleditsia sinensis 扶芳藤 Euonymus fortunei
使：苏铁 Cycas revoluta 吊兰 Chlorophytum comosum 枳橙 Citroncirus webberi 麦冬 Liriope platyphylla 沙地柏 Sabina vulgaris Ant

5.2 青岛世园会环境污染病症及治理植物处方总库

在 6 套方案之外，我们梳理了青岛世园会中可能遇到的所有环境污染问题，并列出了治理相应污染的本土植物处方，建立了环境污染病症及治理植物处方总库，为其他各个具体园区以及后续的深化设计提供了总体的指导方案。

表 4-2：青岛世园会环境污染病症及治理植物处方总库

Table 4-2: Pool of Vegetation Therapy for Environment Improvement in International Horticulture Exposition Qingdao

病理诊断		植物配伍										
机体	病源	上品药（解毒）	中品药（吸毒）		下品药（耐毒）							
		君	臣		佐			使				
土部	镉	印度芥菜	苎麻	蒲公英	龙葵	小白酒花	法国冬青	夹竹桃	海桐	香樟	板栗	天蓝遏蓝菜
	锌	遏蓝菜	东南景天	夹竹桃	法国冬青	紫薇	皂角	宝山堇菜	棕榈	野艾高	黑麦草	海石竹
	铜	木芙蓉	蓖麻	鸭跖草	密毛蕨	小叶黄杨	紫薇	女贞	龙柏	石楠	水杉	滨蒿
	铅	七叶树	紫叶矮樱	小叶黄杨	红叶臭椿	紫荆	构树	爬行卫矛	扶芳藤	五叶地锦	紫花地丁	北海道黄杨
	锰	商陆	构树	女贞	茶	夹竹桃	水蓼	水杉	羽衣甘蓝	乌桕	板栗	豇豆
	铬	拟南芥	小叶黄杨	构树	龙柏	女贞	接骨木	棕榈	李氏禾	白二叶	蕹菜	白菜
	汞	马齿苋	纸皮桦	转基因烟草	柳树	榆树	槐树	丁香	八仙花	大叶醉鱼草	加拿大杨	红树
	砷	蜈蚣草	大叶井口边草	肾蕨	滨藜	稗草	鬼针草	狗尾草	三棱草	苍耳	辽东蒿	玉米
	残留农药	地肤草	牧地雀麦草	野葛	早熟禾	黑麦草	红三叶草	飞蓬草	白杨	须芒草	柳枝稗	牡蒿
水部	COD_{CR} BOD_5	睡莲	王莲	萍草莲	芡实	金银莲花	茭白	花叶芦竹	鸢尾	再力花	水禾	槐叶萍

续表

病理诊断		植物配伍										
机体	病源	上品药（解毒）	中品药（吸毒）		下品药（耐毒）							
		君	臣		佐			使				
水部	总氮（TN）	凤眼莲	水浮莲	水鳖	旱伞草	泽泻	姜华	水烛	细叶莎草	苦草	水生美人蕉	荷花
	汞(Hg)重金属	菖蒲	水葱	荷花	黄菖蒲	溪荪	玉蝉花	千屈菜	水竹芋	纸莎草	黄花蔺	芦苇
	挥发酚（VP）	水葱	灯芯草	水浮莲	凤眼莲	紫萍	浮萍	水筛	槐叶萍	砖子苗	梭鱼草	海寿花
	总磷（TP）	花菖蒲	香蒲	荇菜	苦草	水生美人蕉	睡莲	泽泻	香菇草	千屈菜	金鱼藻	慈姑
气部	二氧化硫（SO_2）	卫矛	花曲柳	蚊母	青冈栎	山梅花	构树	柑橘	水蜡	臭椿	忍冬	山桃
	氮氧化物（NO_x）	泡桐	桑	无花果	构树	石榴	海桐	苏铁	吊兰	加杨	大叶黄杨	夹竹桃
	可吸入颗粒物（PM_{10}）	榆树	朴树	木槿	广玉兰	重阳木	女贞	刺槐	苦楝	紫薇	悬铃木	樱花
	氟化物（F）	赤杨	罗汉松	合欢	榆	皂荚	栀子	金橘	榉树	梧桐	龙柏	枳橙
	铅尘（Pb）	美青杨	七叶树	紫叶矮樱	扶芳藤	爬山虎	五叶地锦	爬行卫矛	马褂木	麦冬	美国红栌	沙地柏
	苯	桂香柳	加杨	枫杨	夹竹桃	兰草	常春藤	吊兰	金心兰	芦荟	月季	蔷薇
	一氧化碳（CO）	海桐	大叶黄杨	夹竹桃	吊兰	苏铁	丁香	万年青	虎尾兰	龟背竹	一叶兰	白掌
	病毒	侧柏	雪松	柳杉	黄栌	盐肤木	枣	银白杨	三棱栾树	苦楝	女贞	蔷薇
	氯气（Cl_2）	大叶黄杨	银柳	枸橘	连翘	山茶	凤尾兰	无花果	丝棉木	胡颓子	枸骨	旱柳

6 治：世园实践

Treatment—Practice in International Horticulture Expo Qingdao

6.1 草纲之用

草纲区内精心配植的各种花草树木，从表面上看是意在制造错落有致的植物景观，实际上，他们更像是城市的“肺”。如同中药治疗疾病调理身体一样，这些植被运用植物本身的城市药用价值，吸附空气、污水、土壤中的城市“病源”（污染物、可吸入颗粒），为城市环境排毒净化，实现自然与人的和谐统一。

草纲园坐落于自然山谷，地势复杂，最低点是一条自然形成的冲沟。规划设计对原有冲沟进行了巧妙的保留、改造和利用，在原有冲沟的基础上砌筑生态驳岸，配植水体净化植物，既充分保证了河岸与河流水体之间的水分交换和调节，同时又具有一定的抗洪强度。除了具有护堤、防洪的基本功能外，对河流水文过程、生物过程，还有补枯、调节水位、增强水体的自净修复作用，使河流生物、滨水区植被与堤内植被连成一体、构成一个完整的河流生态系统。

草纲园植被

Vegetation in the Caogang Park

草纲园分为草药园和水景园，共栽植药用乔木 11 种（银杏、杜仲等）、灌木 11 种（连翘、接骨木等）、地被 29 种（金银花、半枝莲等），其中，药草园占地 4000 平方米，栽植 12 种中草药（射干、决明子等）。水景水池面积 1.2 万平方米，栽植睡莲 400 个品种、荷花 610 个品种和梭鱼草等其他水生植物 40 个品种，共计 8 万株[③]。

扫一扫

中国绿色时报
洋溢在自然野趣间的生态文明活力

图 4-14：草纲园实景（来源：王思成）

Picture 4-14: The Scene of the Caogang (Herbal) Park (Source: Wang Sicheng)

2013 年 8 月 10 日

图 4-15：草纲园景观规划设计—解读本草纲目 2.0—概念构架体系（来源：美国 VC 设计公司）

Figure 4-15: Landscape Planning and Design for the Caogang (Herbal) Park-Analysis on Compendium of Materia Medica 2.0 – Concept Framework (Source: Valley Crest Design Group)

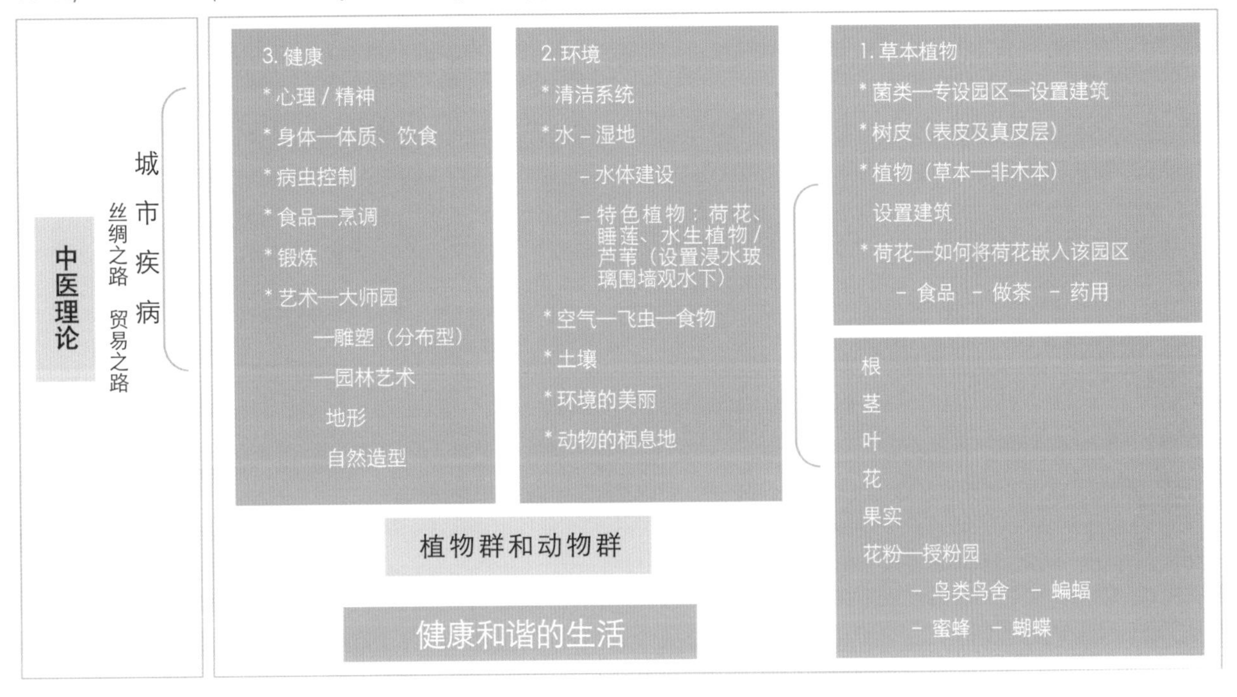

图 4-16：草纲园景观规划设计总平面图（来源：美国 VC 设计公司）

Figure 4-16: Landscape Planning and Design for the Caogang (Herbal) Park – Master Plan(Source: Valley Crest Design Group)

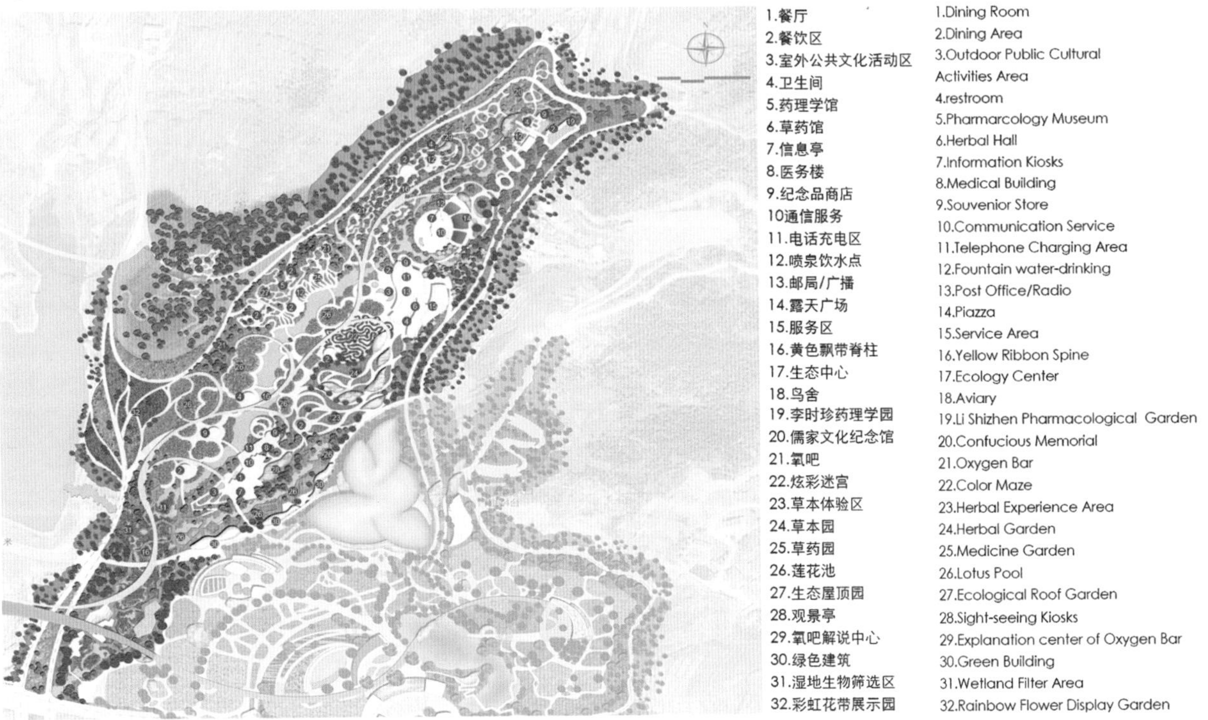

美国 VC 设计公司在草纲园景观规划设计中，提出以景观手法分割若干个小空间，结合科学手段，展现大气中不同有害气体对植物生存的影响。

对症下药——植物吸收有毒气体：

A. 二氧化硫（SO_2）：美人蕉、杜鹃、木槿、石竹

B. 氯气（Cl_2）：水蜡、卫矛、月季、紫藤、忍冬

C. 氟化氢（HF）：月季、大叶黄杨、山茶、石榴、海桐、枸橘、皂荚

D. 二氧化氮（NO_2）：构树、桑、无花果、泡桐、石榴、海桐

E. 氯化氢（HCl）：小叶黄杨、构树、凤尾兰、榆树、桑

图 4-17：草纲园景观规划设计—植物吸收有毒气体展示方式（来源：美国 VC 设计公司）

Figure 4-17: Landscape Planning and Design for the Caogang (Herbal) Park–Exhibition Methods of Plants Absorbing Poisonous Gas (Source: Valley Crest Design Group)

针对水污染，景观规划设计提出两种展示方式：

一，以运用具有造型感的兼具景观效果的水池，展现植物净化水质的成果。

二，选取小范围水生植物池，模拟植物净化水质的过程。

对症下药——植物净化水质：

A. 氮气（N_2）：凤眼莲、水鳖、浮萍、紫萍

B. 磷（P）：花菖蒲、香蒲、苦草、水生美人蕉、泽泻、睡莲、香菇草

C. 重金属：荷花、萍逢草、水竹芋、千屈菜、鸢尾、美人蕉、黄花蔺、泽泻、香蒲、芦苇、慈姑

图 4-18：草纲园景观规划设计—植物净化水质展示方式（来源：美国 VC 设计公司）

Figure 4-18: Landscape Planning and Design for the Caogang (Herbal) Park – Exhibition Methods of Plants Purifying Water Quality (Source: Valley Crest Design Group)

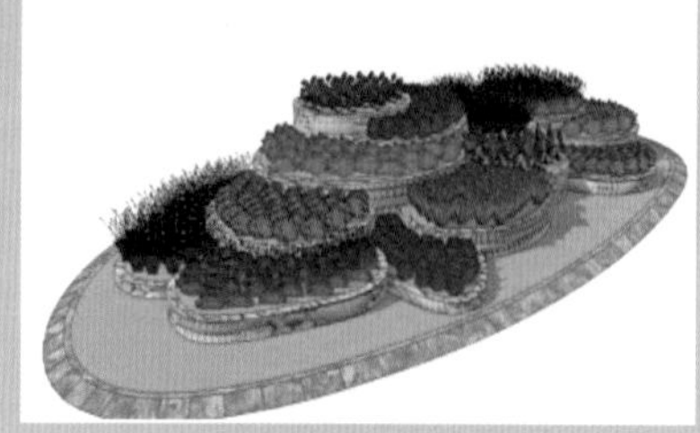
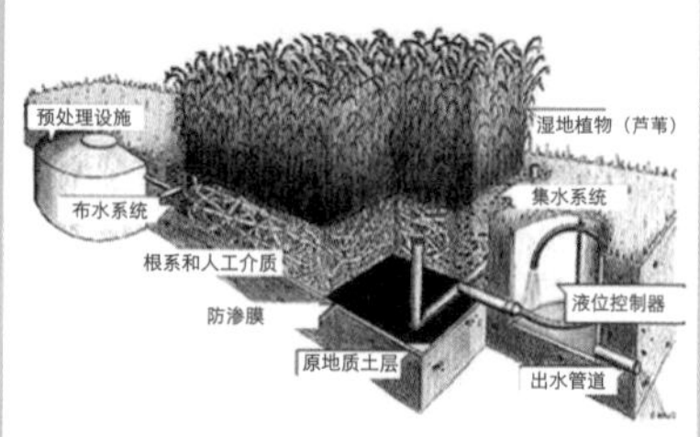

针对噪声污染，景观规划设计提出用植物幕墙展示其降低噪声污染的效果。

对症下药——植物降低噪声：

A.30 米宽的杂树林（枫香为主）与同距离空旷地相比，可减弱噪声 8 -10 分贝。

B.18 米宽的圆柏、雪松林带，与同距离空旷地相比，可减弱 9 分贝。

C.4 米宽的枝叶浓密的绿篱墙可减少 6 分贝。

图 4-19：草纲园景观规划设计—植物降低噪声展示方式（来源：美国 VC 设计公司）

Figure 4-19: Landscape Planning and Design for the Caogang (Herbal) Park – Exhibition Methods of Plant Curtain Walls Reducing Noise Pollution (Source: Valley Crest Design Group)

针对土壤污染，景观规划设计提出两种展示方式：

一，展现同种植物在土壤被不同的物质污染的情况下的生存状态。

二，展现不同植物在土壤被相同的物质污染的情况下的生存状态。

对症下药——植物改良土壤：

A. 马莲草有超强的抗旱涝和抗盐碱能力，根系发达，保持水土效果良好。

B. 芦苇、海桐对重金属镉有很强的抵抗能力。

图 4-20：草纲园景观规划设计—植物改良土壤展示方式（来源：美国 VC 设计公司）

Figure 4-20: Landscape Planning and Design for the Caogang (Herbal) Park – Exhibition Methods of Plants Sanitizing Soil (Source: Valley Crest Design Group)

(1) **樱桃沟**

草纲园北部区域有一片原住民留下的樱桃林，树龄至少 40 年以上，果实丰硕，并间有杏树、梨树、石榴、枣树、猕猴桃等其他多种果树，被当地人称为樱桃沟。规划设计将沟里的果树尽数保留了下来，同时又添置苗木[6]，扩大面积，形成了杏树林与樱花冲沟。

樱花除了具有很高的观赏价值外，也可作为“下品药”，在一定程度上吸附空气中的可吸入微粒。

樱桃沟对园区生态环境保护起到重要作用，可有效地防治水土流失，减少流入水库的泥沙，起到涵养水源、防风固沙、调节气候、美化环境、净化空气等多方面作用。

图 4-21：樱桃沟（来源：微博凤鸣岐山 2011）
Picture 4-21: Cherry Valley (Source: Micro Blog of Fenming Qi Mountain 2011)

扫一扫

秋天，百果山在听

(2) **莲花盛开，步步清新**

莲花具有极高的药用价值，制成食品可清凉解火，制成化妆品可美容养颜。作为城市环境治理的一味良药，睡莲、王莲等可作为“上品药”、“中品药”，解 CODCR[4]，BOD5[5]毒素，凤眼莲、水浮莲、荷花等可分别作为“上品药”、“中品药”，“下品药”，用以解氮污染。

草纲园展区的前身为“中华睡莲世界”，曾举办过 2005 年第十九届中国荷花展、第一届国际睡莲荷花品种展览会等极具影响力的专业会展，每到睡莲、荷花盛开季节，许多摄影家、莲花爱好者都会慕名而来[4]。

规划设计在保留改造原有“中华睡莲世界”的基础上，还增建了专门的莲花馆，以集中展现多姿多彩的睡莲、荷花，成为目前我国睡莲、荷花品种最多的莲荷景区。

图 4-22：莲花池鸟瞰（来源：林嘉颖）
Picture 4-22: Aerial View of Lotus Pond (Source: LIN Jiaying)

(3) **再力花**

再力花喜温暖水湿、阳光充足的气候环境，不耐寒，入冬后地上部分逐渐枯死。以根茎在泥中越冬。在微碱性的土壤中生长良好。

除了草纲园，在江苏园和童梦园中也都能看到这种植物的身影，除去观赏作用，再力花还可净化水质，使所在水域的水更加清澈。

图 4-23：再力花（来源：青岛世园会官方网站）
Picture 4-23: Thalia Dealbata (Source: Qingdao Horticultural EXPO)

扫一扫

网上世园植物百科，再力花

（4）水生美人蕉

园区的水边岸边，多处都种植了美人蕉。美人蕉生性强健，适应性强，喜光，怕强风，适宜于潮湿及浅水处生长，肥沃的土壤或沙质土壤都可生长良好。

可以作为“下品药”耐水体氮污染，起到净化空气和水质的作用。

扫一扫

网上世园植物百科，水生美人蕉

（5）梭鱼草

草纲园、童梦园的多处冲沟、河道边，都种有梭鱼草。这种植物喜温、喜阳、喜肥、喜湿、怕风、不耐寒，在静水及水流缓慢的水域中均可生长，适宜在 20 厘米以下的浅水中生长，广泛用于园林美化。

可作为“下品药”吸附水中挥发酚类物质，兼有净化黑臭水体的功能。

扫一扫

网上世园植物百科，梭鱼草

（6）狼尾草

狼尾草广泛种植在草纲园、花艺园和童梦园中，这种植物喜寒冷湿气候。耐旱、耐砂土贫瘠土壤，宜选择肥沃、稍湿润的砂地栽培。

狼尾草根系发达，种植在冲沟与河道两岸，有助于守护水土，增添野趣。

扫一扫

网上世园植物百科，狼尾草

（7）蒲苇

蒲苇也是草纲园中的一员。矮蒲苇性强健，耐寒，喜温暖、阳光充足及湿润气候。

蒲苇生于水中，可吸附水体中的重金属元素，净化水域。

扫一扫

网上世园植物百科，蒲苇

图 4-24：水生美人蕉（来源：青岛世园会官方网站）
Picture 4-24: Canna Glauca (Source: Qingdao Horticultural EXPO)

图 4-25：梭鱼草（来源：青岛世园会官方网站）
Picture 4-25: Pontederia Cordata (Source: Qingdao Horticultural EXPO)

图 4-26：狼尾草（来源：青岛世园会官方网站）
Picture 4-26: Pennisetum Alopecuroides(L.) Spreng (Source: Qingdao Horticultural EXPO)

图 4-27：蒲苇（来源：青岛世园会官方网站）
Picture 4-27: Cortaderia Selloana (Source: Qingdao Horticultural EXPO)

6.2 它园拾珠

(1) 科学园的老泡桐

泡桐是一种喜光的速生树种，原产于中国，春季先叶开花，花大，是不明显的唇形，略有香味，盛花时满树花非常壮观，花落后长出大叶，叶密而大，树荫非常隔光。泡桐有较强的净化空气和抗大气污染的能力，是城市和工矿区绿化的好树种，常作为行道树种。但泡桐不太耐寒，一般分布在海河流域南部和黄河流域以南，是黄河故道上防风固沙的最好树种⑦。

泡桐作为药材，可祛风解毒，消肿止痛，化痰止咳。在治理城市空气污染过程中，可作为“上品药”解氮氧化物毒素，改善空气质量。

扫一扫

网上世园植物百科，泡桐

图 4-28：老泡桐（来源：万钢祝）
Picture 4-28: Paulownia Sieb. et Zucc (Source: Qingdao Horticultural EXPO)

(2) 醉蝶花

醉蝶花喜欢阳光充足、干燥、温暖的环境，也可生长在庭院墙边、树下等半阴环境中。不耐寒，对土壤要求不严，沙壤土或带粘重的土壤或碱性土生长不良，其他土壤皆可生长，喜湿润土壤，较能耐干旱，忌积水。

醉蝶花对二氧化硫、氯气均有良好的抗性，是优良的抗污花卉，在污染较重的工厂矿山也能很好地生长。

扫一扫

网上世园植物百科，醉蝶花

图 4-29：醉蝶花（来源：青岛世园会官方网站）
Picture 4-29: Cleome spinosa Jacq (Source: Qingdao Horticultural EXPO)

(3) 石竹

石竹耐寒、耐干旱，不耐酷暑，喜阳光充足、干燥，通风及凉爽湿润气候。要求肥沃、疏松、排水良好及含石灰质壤土或沙质壤土，忌水涝，好肥。耐碱性土较好。

石竹有吸收二氧化硫和氯气的本领，凡有毒气的地方可以多种。此花观赏亦佳。

扫一扫

网上世园植物百科，石竹

图 4-30：石竹（来源：青岛世园会官方网站）
Picture 4-30: Dianthus Chinensis L. (Source: Qingdao Horticultural EXPO)

(4) 朴树

朴树多生于平原耐荫处，散生于平原及低山区，村落附近习见。

朴树对二氧化硫、氯气均有良好的抗性，是非常优良的抗污花卉，在污染较重的工厂矿山也能很好地生长。朴树树冠圆满宽广，树荫浓郁，也是河网区防风固堤树种。

扫一扫

网上世园植物百科，朴树

图 4-31：朴树（来源：青岛世园会官方网站）
Picture 4-31: Celtis Sinensis Pers. (Source: Qingdao Horticultural EXPO)

(5) 国槐

国槐为落叶乔木，树冠球形庞大，枝多叶密，花期较长，性耐寒，喜阳光，稍耐阴，不耐阴湿而抗旱，在低洼积水处生长不良，深根，对土壤要求不严，较耐瘠薄。

国槐耐烟尘，能适应城市街道环境。寿命长，耐毒能力强。

扫一扫

网上世园植物百科，国槐

图 4-32：国槐（来源：青岛世园会官方网站）
Picture 4-32: Sophora Japonica Linn. (Source: Qingdao Horticultural EXPO)

(6) 紫薇

紫薇又称百日红，耐旱、怕涝，喜温暖潮润，喜光，喜肥，喜好中性土或偏酸性土壤。常见的有：矮紫薇、蔓生紫薇、银薇、赤薇、翠薇等品种。

紫薇对二氧化硫、氟化氢及氯气的抗性强。据测定，每千克叶能吸硫 10 克而生长良好。紫薇又能吸滞粉尘，是城市、工厂绿化最理想的树种。

扫一扫

网上世园植物百科，紫薇

图 4-33：紫薇（来源：青岛世园会官方网站）
Picture 4-33: Lagerstroemia Indica L. (Source: Qingdao Horticultural EXPO)

(7) 白蜡

白蜡喜光，稍耐荫，喜温暖湿润气候，颇耐寒，喜湿耐涝，也耐干旱。对土壤要求不严，碱性、中性、酸性土壤上均能生长。

白蜡抗烟尘，对二氧化硫、氯气、氟化氢有较强抗性。萌芽、萌蘖力均强，耐修剪，生长较快，寿命较长。

扫一扫

网上世园植物百科，白蜡

图 4-34：白蜡（来源：青岛世园会官方网站）
Picture 4-34: Fraxinus Chinensis Roxb. (Source: Qingdao Horticultural EXPO)

注释
Notes

① 化学需氧量 COD（Chemical Oxygen Demand）是以化学方法测量水样中需要被氧化的还原性物质的量。水样在一定条件下，以氧化 1 升水样中还原性物质所消耗的氧化剂的量为指标，折算成每升水样全部被氧化后，需要的氧的毫克数，以 mg/L 表示。它反映了水中受还原性物质污染的程度。该指标也作为有机物相对含量的综合指标之一。

② BOD，生化需氧量（BOD）是一种环境监测指标，主要用于监测水体中有机物的污染状况。一般有机物都可以被微生物所分解，但微生物分解水中的有机化合物时需要消耗氧，如果水中的溶解氧不足以供给微生物的需要，水体就处于污染状态。

③ 参考自《青岛世界园艺博览会官方导览手册》第 163 页“自然的力量——草纲园”一文。

④ CODcr 是采用重铬酸钾 (K2Cr2O7) 作为氧化剂测定出的化学耗氧量，即重铬酸盐指数。可用于分析污染严重的工业废水，用以说明废水受有机物污染的情况。

⑤ BOD5，五日生化学需氧量，通常情况下是指水样充满完全密闭的溶解氧瓶中，在 20℃的暗处培养 5 天，分别测定培养前后水样中溶解氧的质量浓度，由培养前后溶解氧的质量浓度之差，计算每升样品消耗的溶解氧量，单位以 ppm 或毫克 / 升表示。其值越高说明水中有机污染物质越多，污染也就越严重。

⑥ 详见《世园参考》第 51 期 30-33 页“以自然为师——访草纲园植物配置师王全平”一文。

⑦ 参考自《世园 100》第 3 期第 20 页“科学园的老泡桐又开花了”一文。

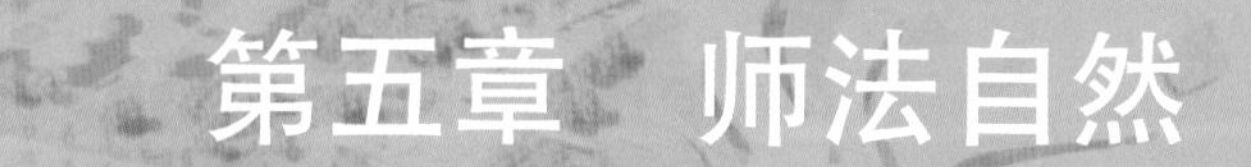

第五章　师法自然

——尊重自然地形地貌，塑造山地型特色园区

Chapter V　Learning From The Philosophy Of Nature

Preserved Natural Landscape and a Park with Mountain Region Features

2013年9月25日

1 敬畏与热爱：园区场地解读

Awe and Passion: Interpretation of the Site of Qingdao Horticultural EXPO Park

1.1 山地型园区的挑战：青岛世园会场地特点

与历史上世界园艺博览会多选址在平坦的用地中不同，青岛世园会园区位于崂山风景区，崂山余脉延伸到园区内，园内有连绵的山脉，起伏的山丘，浑厚的岩石，清澈的水库，潺潺的溪流，茂密的树林，场地空间开合有度，独有的山地型地貌特征是青岛世园会园区选址的最显著的特点。

地形总体北高南低，最高海拔近 180 米，最低海拔约为 64 米，落差达 110 米。用地内分布着山岭、沟壑、溪流、水库、缓坡、山岩、树林等多种复杂多变地貌，山地居多，由于流水切割、风化等外力作用和河谷发育，形成了多条山谷。

这种特殊的地形对规划设计本身和展会展览来说都具有极大的挑战：

挑战一：展区内水面、山地占地面积大；
挑战二：展区面积小，参观人次多，人均面积小；
挑战三：展区北面为山，南面世园大道成主要出入口，需要闸机多，入口区长度大。

世园会场址规划总用地面积约为 164.00 公顷（2011 年 10 月之后增加了拓展区，扩大到了 241 公顷），停车场面积和入口广场约 14.05 公顷，围栏区面积约 149.95 公顷。场地内水域面积约 15.55 公顷，不适宜驻留场地（坡度超过 25%）约 16.76 公顷，实际可规划建设用地面积约 117.27 公顷。按照预测高峰客流量 25 万人次计算，同时在场系数 0.8 计算，展区的人均面积约 5.5 平方米 / 人，为历届重要的世界博览会展区最低人均面积。

同时，因基地北部环绕山体，仅南半部可设置出入口，不便于组织入园交通。而内部坡地、山体、河流交错的丘陵地貌，如何在有限的可建设用地上做好精彩、低碳、科技园区的规划设计，在保持地域性的基础上组织好步行、车行、应急逃生等路线，是一个巨大的挑战。

扫一扫

《创新，是“让生活走进自然”的前提——写在青岛世园会倒计时 100 天之际》，杨明清撰稿。该文网址为此文亦刊登在《工人日报》（2014 年 01 月 15 日 04 版）以及中工网。

图 5-1：青岛世园会与参观人次与人均用地面积对比
Figure 5-1: Visitors Flow and Per Capita Land Area in Qingdao EXPO

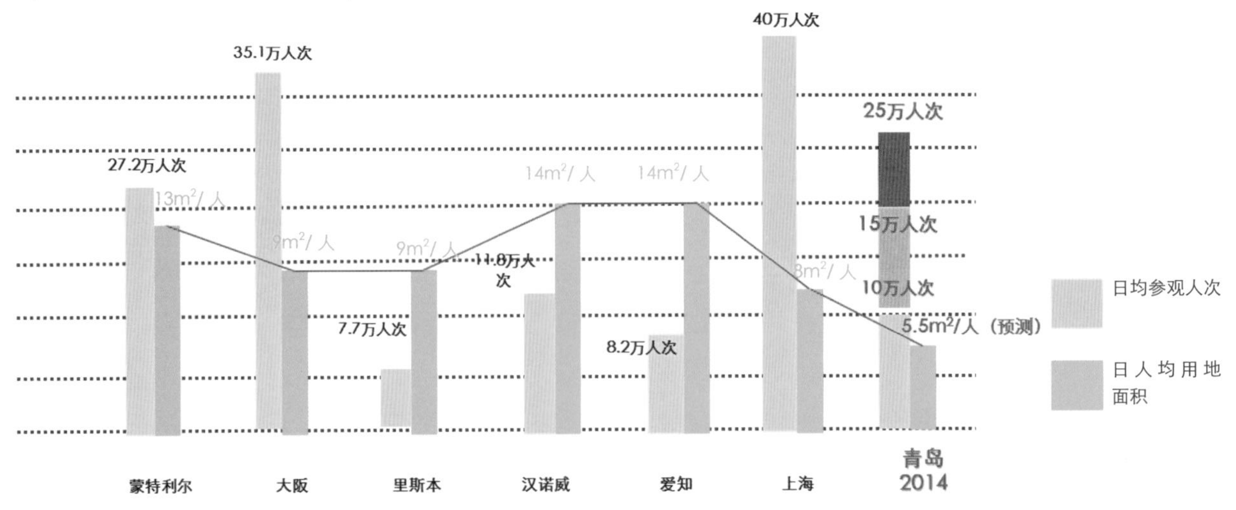

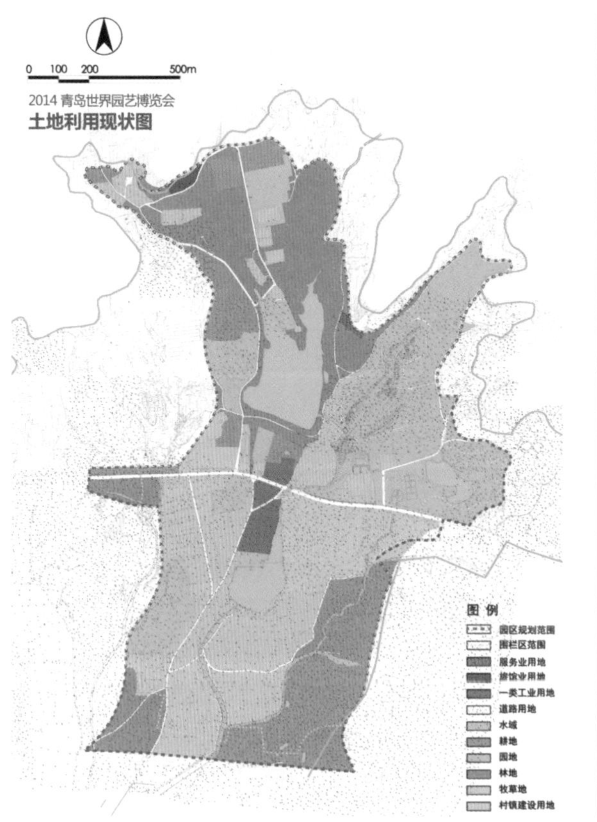

图 5-2：土地利用现状图

Figure 5-2: Land Use Status

图 5-3：园区坡度分析（来源：青岛世园会国际招投标 4 号方案）

Figure 5-3: Slope Analysis of Qingdao EXPO Site (Source: The 4th Bidding Plan in the International Bidding for Qingdao EXPO)

图 5-4：A-A 横剖面图（来源：青岛世园会国际招投标 4 号方案）

Figure 5-4: A-A The Cross Section Plan (Source: The 4th Bidding Plan in the International Bidding for Qingdao EXPO)

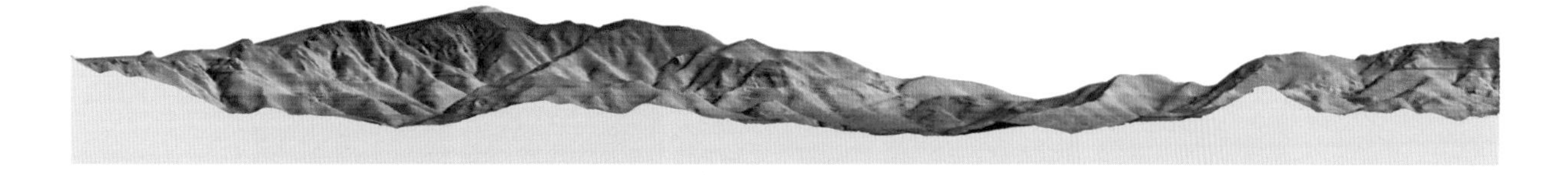

图 5-5：B-B 纵剖面图（来源：青岛世园会国际招投标 4 号方案）

Figure 5-5: B-B The Longitudinal Section Plan (Source: The 4th Bidding Plan in the International Bidding for Qingdao EXPO)

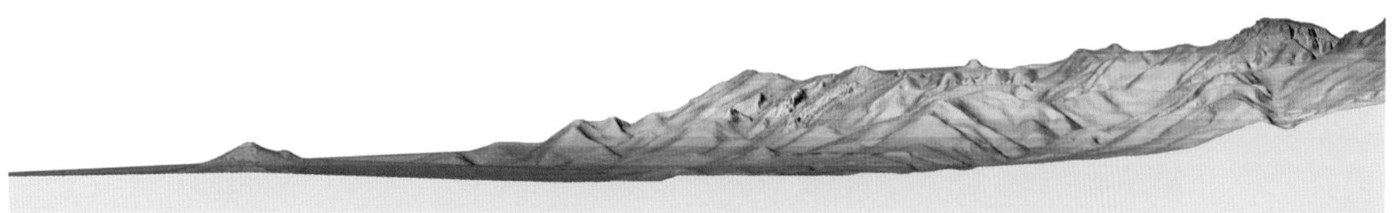

1.2 爱上这片土地：带你回到 2010 年的园区

越挑战，越了解

我们一直认为：做一个好的规划设计，必须对规划场地了如指掌。因此，每一个规划设计我们都首先投入巨大的精力在对现状场地的调查和研究分析上。面对青岛世园会这样一个地形地貌极其复杂的场地，我们对大自然的敬畏从内心油然而生。我们深知这是一个巨大的挑战，但越是挑战，越激发了我们了解这片土地的强烈欲望。

越了解，越热爱

从刚开始接到邀请接触这片场地，到协助执委会组织国际招投标，到后期的整合实施方案过程，我们反复踏勘，对整个园区进行了全方位的调查和研究。每一幢建筑、每一条道路、每一条小溪、每一棵大树、每一个山坡、每一个凹坑，甚至每一块石头我们都做了详细的标记。

在调查分析的过程中，我们渐渐深爱上了这片土地。我们的思路也越来越清晰，确定了在规划设计中要遵循的基本原则——“少破除、多保留，低干预、高顺应”。尊重生态自然，结合园区山地地形与植被特色，最大限度地保护并合理利用现状自然资源，依托原有山地、水库、植被等地形地貌塑造园区特色。

图 5-6：园区现状要素分析（来源：青岛世园会国际招投标 4 号方案）
Figure 5-6: Qingdao EXPO Site Factor Analysis (Source: The 4th Bidding Plan in the International Bidding for Qingdao EXPO)

CONSTRUCTION
建筑

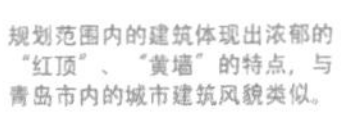
规划范围内的建筑体现出浓郁的“红顶”、“黄墙”的特点，与青岛市内的城市建筑风貌类似。

STREETS & LANES
街巷

规划范围内的街巷顺应地势，因地制宜，体现出曲折而狭窄的特点。

STEPPED FIELDS
梯田

规划范围内的梯田一般分布在山脚地带，主要有台阶和条状特色。

ARABLE LAND
农田

规划范围内的农田一般见缝插针，在有限的平整土地上开辟出块状的田地。

MOUNTANOUS LAND
山地

规划范围内多为丘陵地，地形略有起伏，地势大致自西、北、东三侧呈半包围状向南倾斜，山地主要树种为黑松、刺槐等，间杂其他树种。

WATER FEATURES
水域

规划范围内水域以毕家水库最为重要，整个水域平静舒缓，视野开阔，四周群山缭绕，山水有机结合。

扫一扫

2014 青岛世园会景观营造特色显著

让生活走进自然 具有山地特色的青岛世园会

2014 青岛世园会园艺造景理念与景观亮点探析

图 5-7：园区现状景观要素分析（来源：青岛世园会国际招投标 3 号方案）
Figure 5-7: Qingdao EXPO Site Landscape Factor Analysis
(Source: The 3rd Bidding Plan in the International Bidding for Qingdao EXPO)

2 生长出来的建筑：若隐若现，建筑与自然的完美融合

Architecture in Growth: The Half-hidden Beauty and the Fusion of Artificial and Natural Elements

针对园艺博览会的展示和展览的要求，结合青岛世园会特有的山地型特色，我们在总体规划中明确了主要建筑的位置，并提出了所有的建筑全部屋顶绿化（最终实现 48% 的屋顶绿化覆盖率），并充分利用地形的落差，使建筑的屋顶能与周边的道路广场融为一体，并能满足人流聚集和疏散的功能。

扫一扫

2014 青岛世园会七个主要建筑详解

2.1 相映成趣：主题馆

主题馆最初的选址位于现在主题广场所在位置。此选址主要考虑到几点：

（1）位于园区中间的位置，同时也靠近天水路上最近的两个出入口，便于游客的参观和人流的疏散。

（2）此处是大坝外侧的凹坑，可以充分利用与北侧大坝和南侧天水路的高差做成半地下建筑。一方面可以填平这个凹坑带来的场地的高低变化，提高土地利用率，增加活动空间；另一方面，半地下建筑冬暖夏凉，可以有效地实现建筑的节能减排。

主题馆建筑设计国际招投标设计之时，主题馆的选址还在现在主题广场所在的位置。之后随着建筑设计的深入，越来越多的受到大坝安全性、泄洪等水利要求的限制，最后不得不妥协改到目前主题馆所在的位置。

建成的主题馆位于世园会北部，地势较高，东西长约 257 米，南北长约 230 米，场地地形高差较大，南北高差约 15 米（北高南低），东西高差约 17 米（西高东低）。由荷兰著名的建筑事务所 UNStudio 设计，整体形象仿照青岛市花—“月季花”。

这座复杂的建筑主要由四部分组成——展览厅、表演空间、媒体中心和会议中心。每一个部分都采用流线形的外观设计，灵感是来源于周围的群山；四个部分的整体又组合成青岛市花—“月季花”的形态。

UNStudio 负责人 Ben van Berkel 向我们介绍了该设计方案的构思：“主题馆既突出于周围景观又能和谐地融于其中，与周围的景观形成了极好的互动。主题馆的形式与周边群山相互呼应，精心设计的建筑屋顶可以被看做是山脉中的高原；每一个部分都有着不同的倾斜度和阶地状构造，展示了建筑的不同部分，将建筑自身延伸到周围的大自然中，组合在一起呈现出一幅与周围风景融为一体的全景图。”①

在园区扩大之前的总体规划中对主题馆的构思是希望能够打破传统主题馆建筑巨大的体量，将建筑散落在自然当中，室内与室外空间相互穿插，实现建筑与自然的有效融合。最后实施的主题馆基本落实了总体规划的这一构想，建筑与自然形成了“你中有我，我中有你”的关系。

图 5-8：第一稿总体规划中主题馆位置及构思

Figure 5-8: The Location and Conceptualizing of Theme Pavilions in the 1st Draft Master Plan

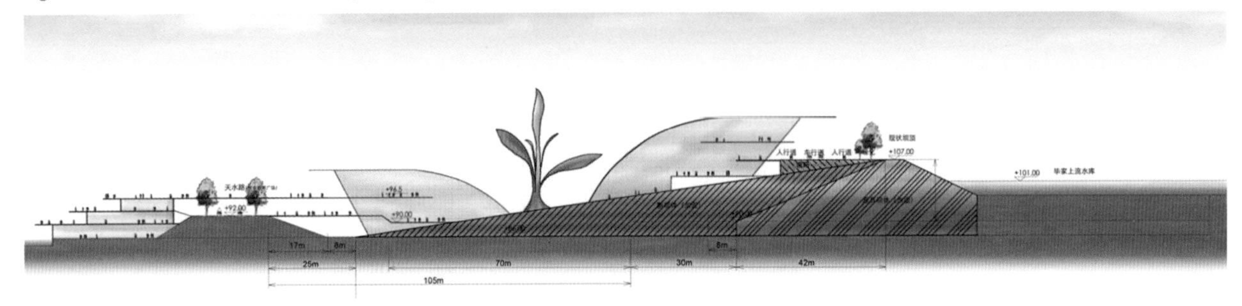

2013 年 10 月 19 日

扫一扫

《青岛世界园艺博览会主题馆》，Jun撰稿

主题馆，青岛世园会微信公众号

青岛世界园艺博览会主题馆（组图）

2014青岛世园会主题馆。三开间编辑：张晓曦

图5-9：自然的启示—绽放的月季花（来源：UNStudio）

Figure 5-9: Enlightenment of Nature: The Blooming Chinese Rose. (Source: UNstudio)

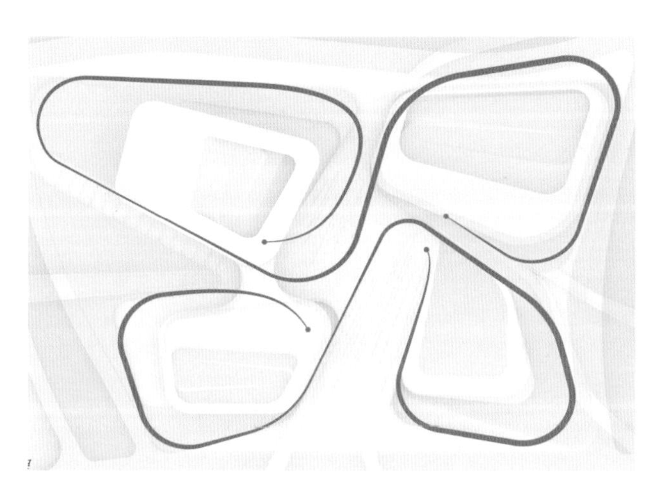

图5-10：结合场地高差与建筑屋顶组织参观游线（来源：UNStudio）

Figure 5-10 Tour Route Plan Based on Vertical Drops in the EXPO Site and Building Roofs. (Source: UNstudio)

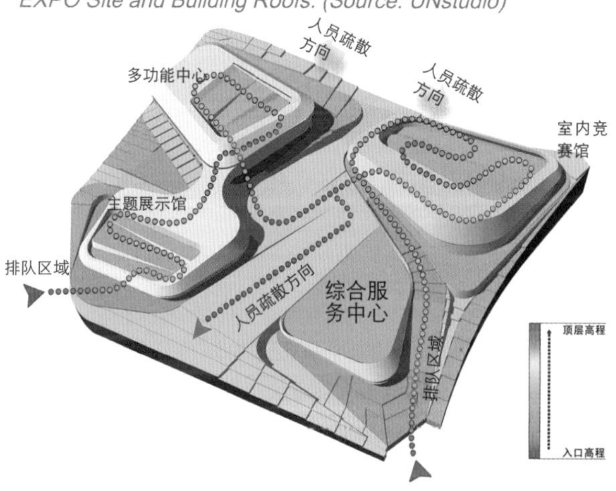

图5-11：主题馆设计效果图（来源：UNstudio）

Figure 5-11: Theme Pavilion Design Effect (Source: UNstudio)

2.2 显隐之间：梦幻科技馆

概念来源

梦幻科技馆所处的位置是全园最高点，原来为一处村民自建的农家乐餐厅。因其处于背景山体环绕的“口袋”状的底端，总体规划中希望打造一处具有较强吸引力的景点，将游客吸引到园区最里面。规划中最初形态的构思来源于山脚下的碎石，希望其形态能卧于上坡之上，与环境融为一体。

“规划希望建筑能够吸引部分游客前往参观，所以建筑似乎应该以‘显’的形态出现。而现场山地的宁静气氛，又让人感觉建筑应该‘隐’下去，那么建筑与自然环境的关系究竟是‘显’还是‘隐’呢？带着疑惑，我们沿着山路蜿蜒上行，峰回路转，几个盘旋之后，基地忽现眼前，俯瞰全园，景色尽收，青山隐隐，延绵数里……瞬间，我们明白了‘显’的真实意义！‘显’不是建筑形态的显，而是提供‘场所’让自然显！于是，‘显’、‘隐’之间的困惑得以释怀，随之而来的是，如何‘显’？又将如何‘隐’？”。[②]

图 5-12：梦幻科技馆实景图：建筑隐于自然（摄影：侯博文）
Picture 5-12: The Dreamlike Science Pavilion: Buildings Veiled in Nature (Photography: HOU Bowen)

设计策略

“仔细分析场地，我们发现道路与基地之间有 2 米的高差，这让覆土很容易成为选择。将建筑半掩于地下，必然会带来种种技术困难和使用不便，如何同时说服自己和业主？”③

“理性唯美”是我们在设计过程中一直秉承的设计精神，既注重理性，又有感性。“设计无理性支撑易落入矫情，过于理性又似乎有所缺失。我们将求助的目光转向了上位规划和功能需求。从规划上看，由于是山地，建筑的屋顶在很多高程都能够看见。所以规划要求全园区屋顶绿化；从功能上看，梦幻科技馆主要功能是展览和一个 4D 厅。均不需要自然采光，建筑半掩地下，只需重点处理好附带餐厅和办公的采光通风即可；从使用年限看，这个馆被确认为永久性建筑。由此，利用高差，半掩地下的覆土做法基本成立。”④

“建筑与自然的关系通常可以分为两个状态：一是视觉上的。就是建筑与自然的关系看起来协调，建筑是图，自然是底；另一种是体验上的，就是在建筑中感受到自然，建筑是框，自然是画。第一种状态我们利用高差将建筑半掩地下，结合从山下的观察，控制建筑突出地面的高度小于 6 米，从而将建筑最大限度地隐退。第二种状态，我们是通过展程组织实现的。我们将展览流程进行了“明一暗一明”的空间转换。参观者先从室外广场上的通道缓步向下进入地下展厅，这是由明至暗的过程，参观完展览之后，地表开口投射的光线将引导人们拾级而上，顿时一个水平展开的室外平台让人豁然开朗。全园尽收，这是由暗至明的空间转换。两次空间转换，欲扬先抑，实现了建筑提供场所让自然‘显’的初衷。”⑤

图 5-13：造型构思：山的启示——源于自然而融于自然（来源：南京大学建筑规划设计研究院有限公司 / 集筑建筑工作室）
Figure 5-13: Conceptualizing: Inspiration from Mountains—From Nature and Into Nature
(Source: Architecture and Design Institute Nanjing University / Integrated Architecture Studio)

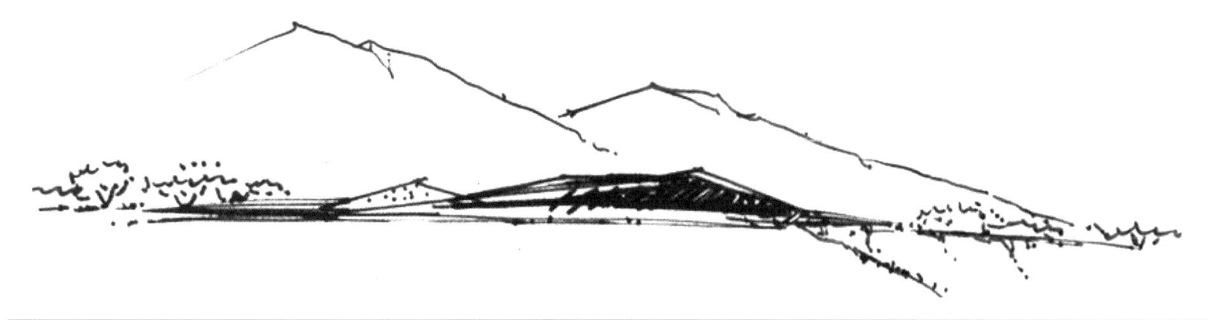

图 5-14：梦幻科技馆总平面图（来源：南京大学建筑规划设计研究院有限公司 / 集筑建筑工作室）
Figure 5-14: General Layout of Dream Science Pavilion
(Source: Architecture and Design Institute Nanjing University / Integrated Architecture Studio)

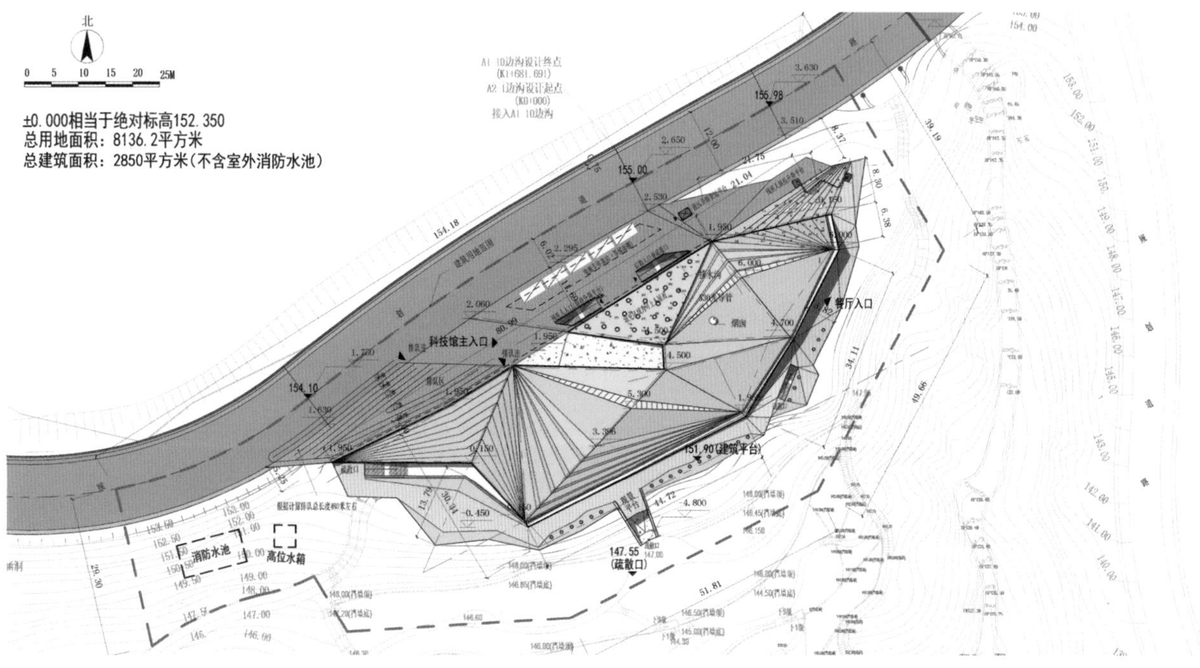

图 5-15：梦幻科技馆设计剖面图（来源：南京大学建筑规划设计研究院有限公司 / 集筑建筑工作室）
Figure 5-15: Cross-Section Design of Dream Science Pavilion
(Source: Architecture and Design Institute Nanjing University / Integrated Architecture Studio)

图 5-16：梦幻科技馆设计效果图（来源：南京大学建筑规划设计研究院有限公司 / 集筑建筑工作室）
Figure 5-16: Dream Science Pavilion Design Effect
(Source: Architecture and Design Institute Nanjing University / Integrated Architecture Studio)

形式策略

“如何将设计概念和策略再进一步转换为具体的形态？这不只是一个造型设计过程。造型是一个见仁见智的美丑之事，如果造型结合具体的问题，造型就将变成形式，造型只解决美，形式将解决除美之外更多的问题。建筑师有先造型后填充内容的，也有完全遵循内容然后再造型的，我们是二者取其中，希望能够让造型包含了问题的解决，或者某些问题就是造型的出发点。”⑥

“我们希望形态依附于山体，呈现游走姿态，通过控制屋顶不同的标高，形成起伏形态，东边高出地面，形成一层高度的空间，正好放下 200 人左右的餐厅，使得部分餐厅有较好景观。建筑的游走姿态是两个相似形构成。东为餐厅，西为展厅，而中部正好处理成参观流线的主入口。两个相似形各自拥有一个采光天窗，东侧天窗有效解决餐厅进深大、采光不足的问题，西侧天窗为地下展厅提供动线的指引。天窗在屋顶上勾勒出建筑起伏的形态，并暗示了覆土之下的内部空间。建筑通过下沉庭院、内天井、光导管等方式，让餐厅、管理办公用房获得较好的采光通风。”⑦

图 5-17：梦幻科技馆北立面图（来源：南京大学建筑规划设计研究院有限公司 / 集筑建筑工作室）
Figure 5-17: North Elevation of Dreamlike Science Pavilion
(Source: Architecture and Design Institute Nanjing University / Integrated Architecture Studio)

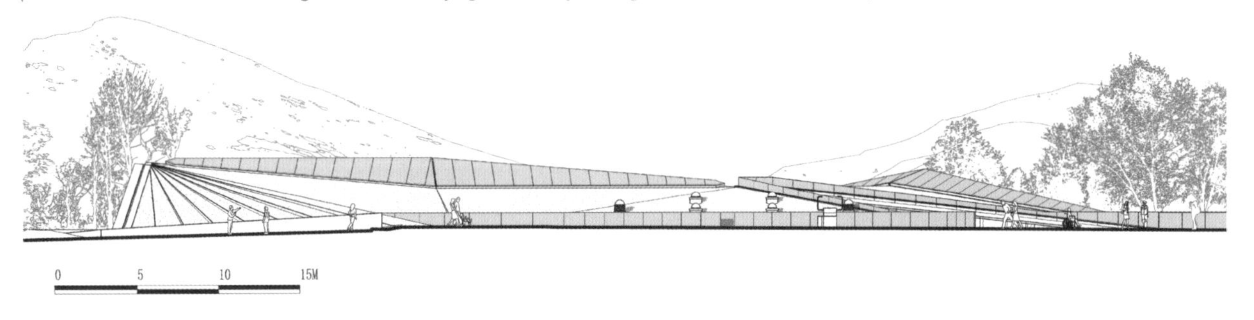

图 5-18：梦幻科技馆北南面图（来源：南京大学建筑规划设计研究院有限公司 / 集筑建筑工作室）
Figure 5-18: South Elevation of Dreamlike Science Pavilion
(Source: Architecture and Design Institute Nanjing University / Integrated Architecture Studio)

图 5-19：建筑与道路和场地标高关系图（来源：南京大学建筑规划设计研究院有限公司 / 集筑建筑工作室）
Figure 5-19 Relationship between Buildings, Roads and Site Elevation
(Source: Architecture and Design Institute Nanjing University / Integrated Architecture Studio)

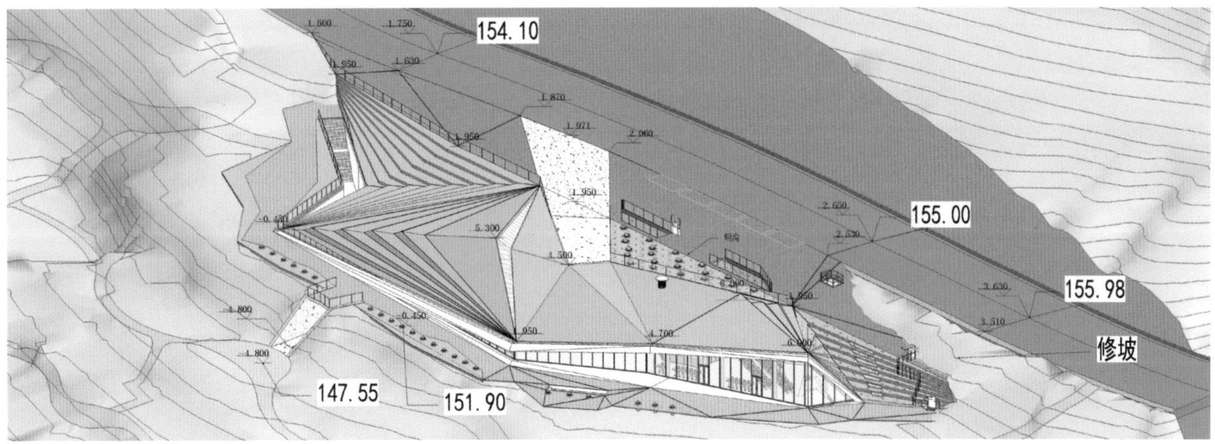

2.3 亦谷亦壁：植物馆

总体规划中对植物馆的选址主要基于以下几点考虑：

（1）植物馆本身是封闭式能源管理，建筑需要具有较好的保温性能。充分利用现状的山谷冲沟作为建筑墙壁，做成半地下式山地建筑，减少建筑材料和能源的损耗。

（2）因栽植高大植物的需要，造成植物馆建筑较高。但较高的建筑与周边的自然环境又是互相冲突的。因此，需要充分利用山谷冲沟的深度，减少建筑的高度，以更好地实现建筑与环境的融合。

（3）从后续利用角度考虑，北部园区将作为未来植物园旅游区。植物馆作为永久性建筑，适合放在天水路以北。

总体规划之初最早将植物馆选址在目前童梦园，因此处的冲沟落差更大。经过几次的论证讨论认为童梦园处冲沟的汇水面较大，担心山洪会对植物馆造成的冲击较大，最终将植物馆改为目前所在的位置。

目前，植物馆所在的位置也是草纲园中地形起伏较大的“冲沟”，高差高达 10 米以上，且汇水面较小。设计之初就提出要有青岛的山地特色，充分利用冲沟的地形高差特色，减少基坑开挖。为体现建筑的标志性，且与群山造型协调，建筑造型为曲面形态。建筑形象取自叶片，构思源于种子和植物生长。柔和线条向四周伸展，叶片般融入环境，玻璃表皮晶莹剔透，“虚无”地不给周边环境造成压迫感，并适应复杂起伏的地形地貌。总建筑面积 19439 平方米，整体为地上 1 层、地下一层，建筑总高度 35 米。

图 5-20：植物馆场地高程分析图（来源：上海建筑设计研究院有限公司）
Figure 5-20: Elevation Analysis of Botany Pavilion Site
(Source: Shanghai Institute of Architectural Design & Research (Co., Ltd))

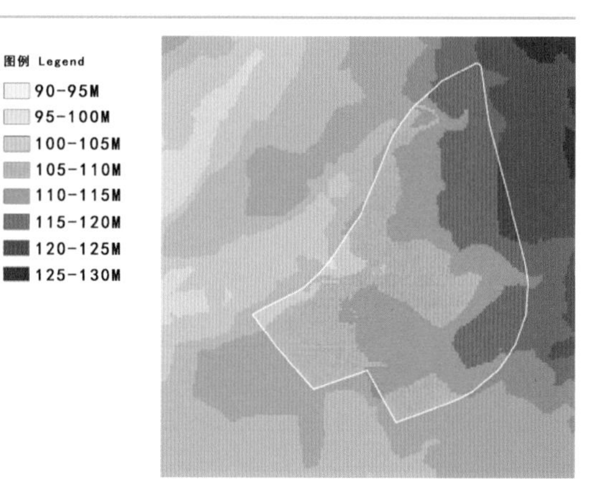

扫一扫

植物馆
青岛世园会微信公众号

让生活走进自然
青岛世园会植物馆半日游

青岛世园会—植物馆

青岛世园会植物馆介绍

图 5-21：现状地形有明显凹地
（来源：上海建筑设计研究院有限公司）
Figure 5-21: Topographic Map of Surface Indentation of the Botany Pavilion Site (Source: Shanghai Institute of Architectural Design & Research (Co., Ltd))

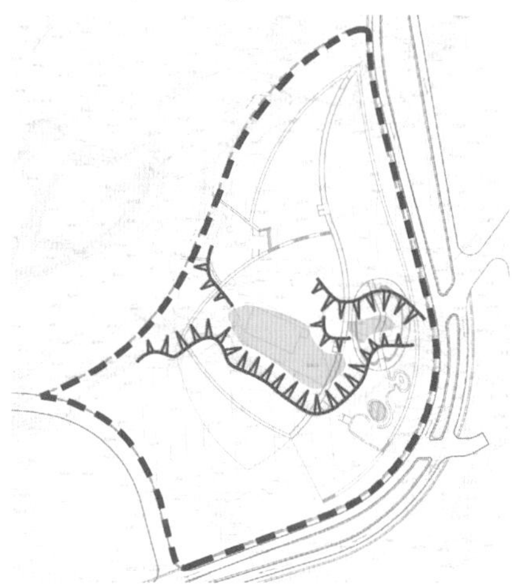

图 5-22：在设计室内地形时充分考虑了凹地，结合到室内景观中去（来源：上海建筑设计研究院有限公司）
Figure 5-22: Indoor Topographic and Landscape Design based on Basin Features (Source: Shanghai Institute of Architectural Design & Research (Co., Ltd))

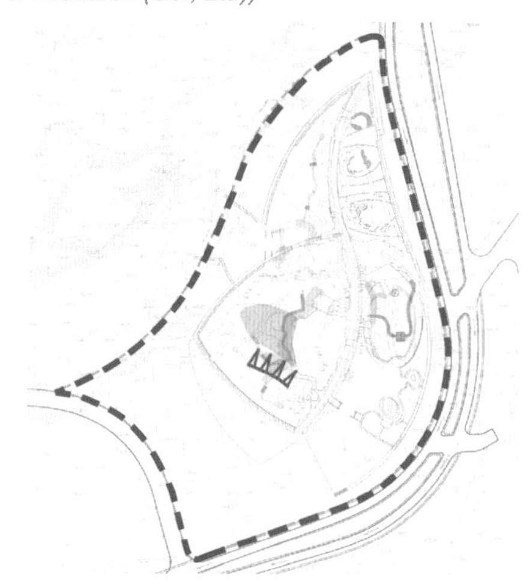

图 5-23：植物馆入口大厅处横剖面示意图（来源：上海建筑设计研究院有限公司）
Figure 5-23: The Cross Section Layout of the Entrance of Botany Pavilion
(Source: Shanghai Institute of Architectural Design & Research (Co., Ltd))

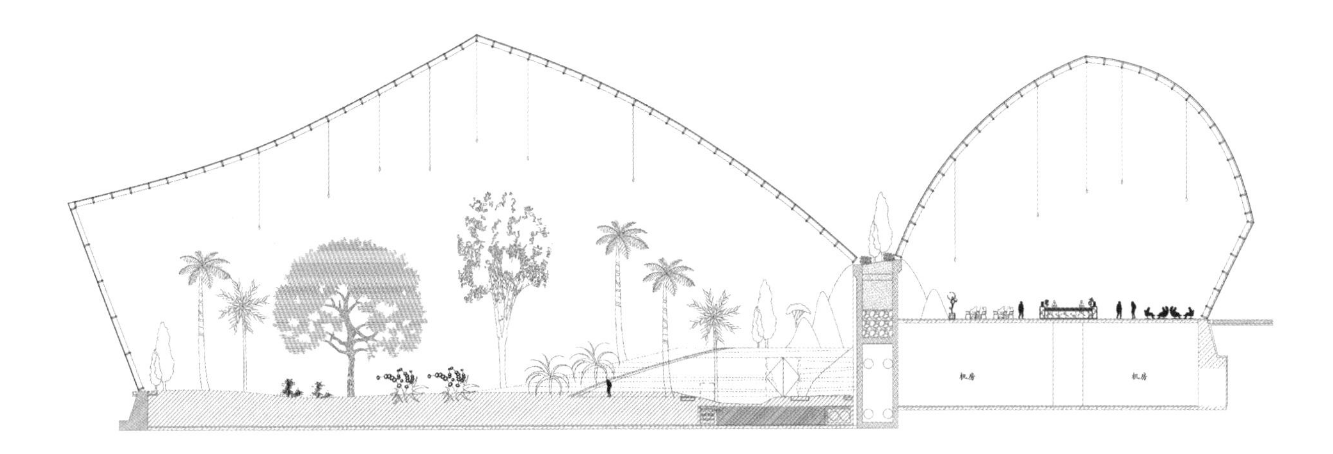

图 5-24：植物馆建成实景照片（摄影：清风晓露）
Picture 5-24: The Scene of Botany Pavilion (Photography: Qingfeng xiaolu)

2.4 灼灼荷花瑞，亭亭出水中：睡莲博物馆

"灼灼荷花瑞，亭亭出水中。""从远处看，这座被青枝绿叶覆盖的建筑，以硬朗的结构和柔美的色调，带来了耳目一新的感受；从高处看，这朵万绿丛中绽放的'莲花'犹如漂浮在水面上，4 个形如睡莲花瓣的分体建筑，由上至下、由深至浅色彩渐变，恰如莲花花瓣的渐变色一样。"⑧

睡莲博物馆位于 2014 世界园艺博览会草纲园区西侧，选址于杜仲路、樱花路以东，泄洪渠以北，场地现状为山地凹陷地貌，建设用地高差较大，周边景观规划格局相对开放。

针对以上特征，设计师提出了"建筑结合地形、与景观环境互动、整体依附地形"的设计策略。睡莲博物馆结合山地原有地貌地形特征，建筑依山就势，尽量减少土石方量。设计在体现建筑明确功能特征的同时尽量降低建筑体量压力，同时控制建筑高度与场地周边道路最高点基本持平，进一步减少建筑对周边自然环境的影响，以便更好地结合现有地形特征并融合景观特征。设计中促使建筑结合睡莲花体形体特征以及睡莲色彩元素，外观表现为 6 种不同饱和度的彩釉玻璃由上至下，由深至浅的渐变形式，刻画出形象的睡莲花瓣形态，强化建筑主题特征。从而整体营造出一系列和谐完整的空间形态，彰显睡莲"出淤泥而不染"的特有气质与魅力。

睡莲博物馆整合实际功能需求分解体量，分划为四个大小不一的基本体量，同时结合睡莲造型、色彩特征进行整体设计。建筑形象、色彩结合睡莲主题特征分解为四个相对独立的睡莲花体，顶部内收，侧墙旋转一定角度，形成色彩明快、个体特征明显、整体形象突出的建筑形态。丰富造型特征的同时便于分散不同功能需求人流，合理降低建筑使用强度，并有效组织参观秩序。其中，建筑主入口结合展后使用特征及人流方向，设置在建筑一层，竖向 99 米，作为正向参观流线的开始，二层结合天水园区从杜仲路分流而来的人流潜在使用诉求，在北侧大体量展陈大厅设置次要出入口，竖向 106.5 米，作为逆向参观流线的开始并承担藏品及设备主要入口功能，并结合二层南侧小体量建筑实际使用频率等功能需求设置独立出入口，为独立建筑提供基础服务功能。

图 5-25：睡莲博物馆设计总平面图（来源：青岛腾远设计事务所有限公司）
Figure 5-25: General Layout of Lotus Museum
(Source: Qingdao Tengyuan Design Studio (Co., Ltd))

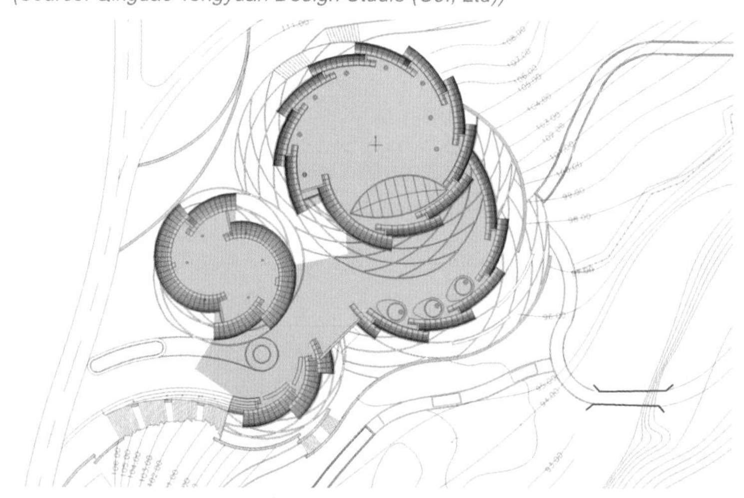

扫一扫

莲花馆，青岛世园会微信公众号

莲花馆，《世园 100》，第 14 期。提示：请复制链接，用电脑打开，右键翻页阅读

室内空间设计原理在青岛世园会中的运用——以莲花馆设计为例

图 5-26：睡莲博物馆剖面设计图（来源：青岛腾远设计事务所有限公司）
Figure 5-26: The Cross Section Plan of Lotus Museum
(Source: Qingdao Tengyuan Design Studio (Co., Ltd))

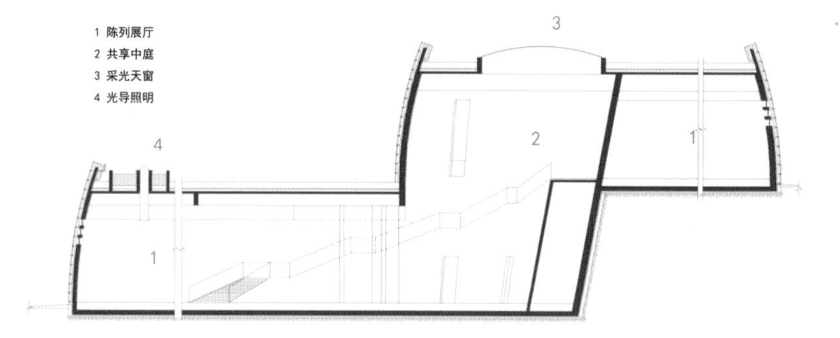

图 5-27：睡莲博物馆一层、二层平面图（来源：青岛腾远设计事务所有限公司）
Figure 5-27: Layouts of the 1st and 2nd Floors of Lotus Museum (Source: Qingdao Tengyuan Design Studio (Co., Ltd))

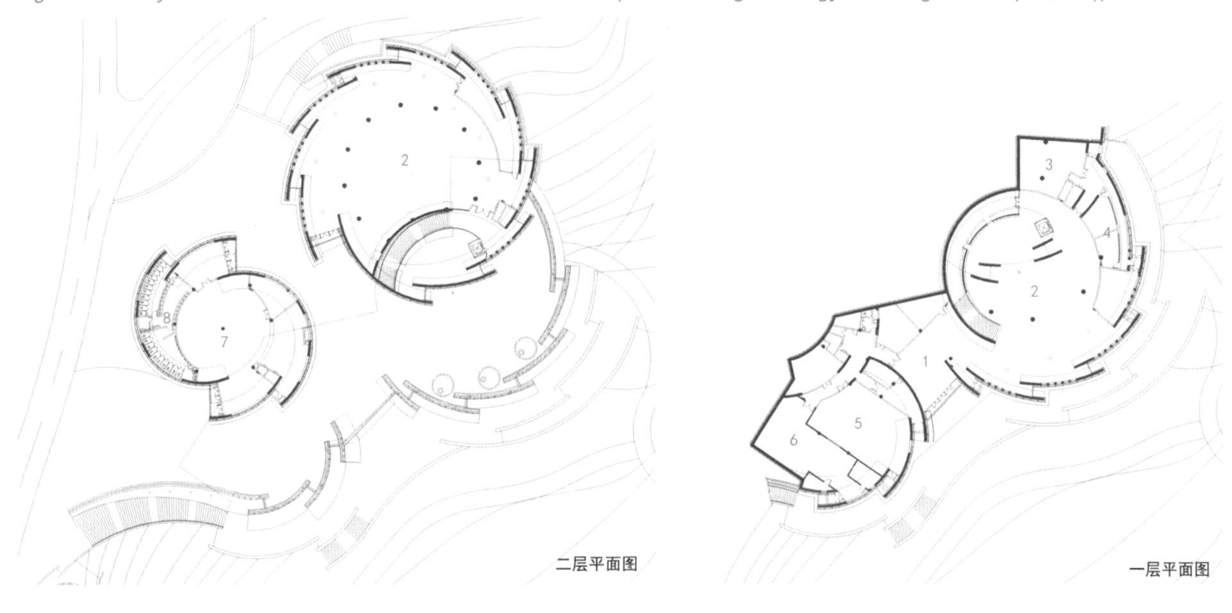

图 5-28：睡莲博物馆设计效果图（来源：青岛腾远设计事务所有限公司）
Figure 5-28: Lotus Museum Design Effect (Source: Qingdao Tengyuan Design Studio (Co., Ltd))

2.5 近水之趣：天水地池服务区

图 5-29：天水服务中心建筑实景图（摄影：济南多彩摄影）
Picture 5-29: The Scene of Buildings in Tianshui Lake Zone Service Center (Photography: Jinan Duocai Photography)

“天水”和“地池”是园区中原有的两个水库，两个服务中心也因为分别坐落在两个水库边而得名。作为园博会园区内的主要公共服务性建筑，承担着人流集散、活动集聚、餐饮、休闲景观等多项功能。由于两个建筑均处在园区南北主轴上，建筑性质及地理位置都比较特殊，且都处于水库边显著的位置。“天水”、“地池”都拥有很好的自然景观，建筑又处在湖边的显著位置，因此如何处理好建筑和自然的关系，使得建筑与自然相融显得尤为重要。总体规划对建筑设计应注意的环境问题提出了要求：

（1）结合地形，利用好南北高差，通过台地错落的形式设计地景建筑，与世园会整体景观相映成趣；

（2）处理好与水面的关系，使室内外空间相映成趣，并考虑灯光秀表演时的布景与观演场地设计；

（3）遵循“建筑屋面全绿化的世园会”的整体建筑设计理念，屋顶采用种植设计；

（4）屋顶需与周边的广场、绿地等公共空间充分结合，特别考虑建筑屋顶与北侧地面的连续性，增加承载游客的空间，并为游客提供观景、休息类的其他功能场所。

针对这些问题，设计师以“地景式建筑”的方式提出解决方案：

（1）通过合理地利用地形高差，将建筑与环境作为一个整体设计，功能按照不同标高分区设置，尽量减少建筑体量的同时获得最佳的景观朝向。

天水建筑顺应地形分为两层，二层屋顶与路面平齐，最大限度减小体量感，不对北侧的主题馆形成压迫，同时可以让游客顺势走上屋顶平台欣赏自然景观。一、二层主要餐厅设置于面上、面湖方向，从而使得游客获得最好的观景体验，超市、服务站等辅助功能则位于屋顶平台下，便于到达。

地池服务中心以中间下沉广场与地池湿地连接，建筑及景观顺应地形设置不同标高，提供多方可达性的同时提供不同高度的观景体验，主要建筑空间低于周边路面标高，面向中央下沉广场，方便游客使用的同时可以获得最佳的亲水景观。

图 5-30: 天水服务中心台阶系统分析（来源：华汇设计（北京））
Figure 5-30: Step Systems of Tianshui Lake Zone Service Center(Source: Hua Hui Design (HHD Beijing))

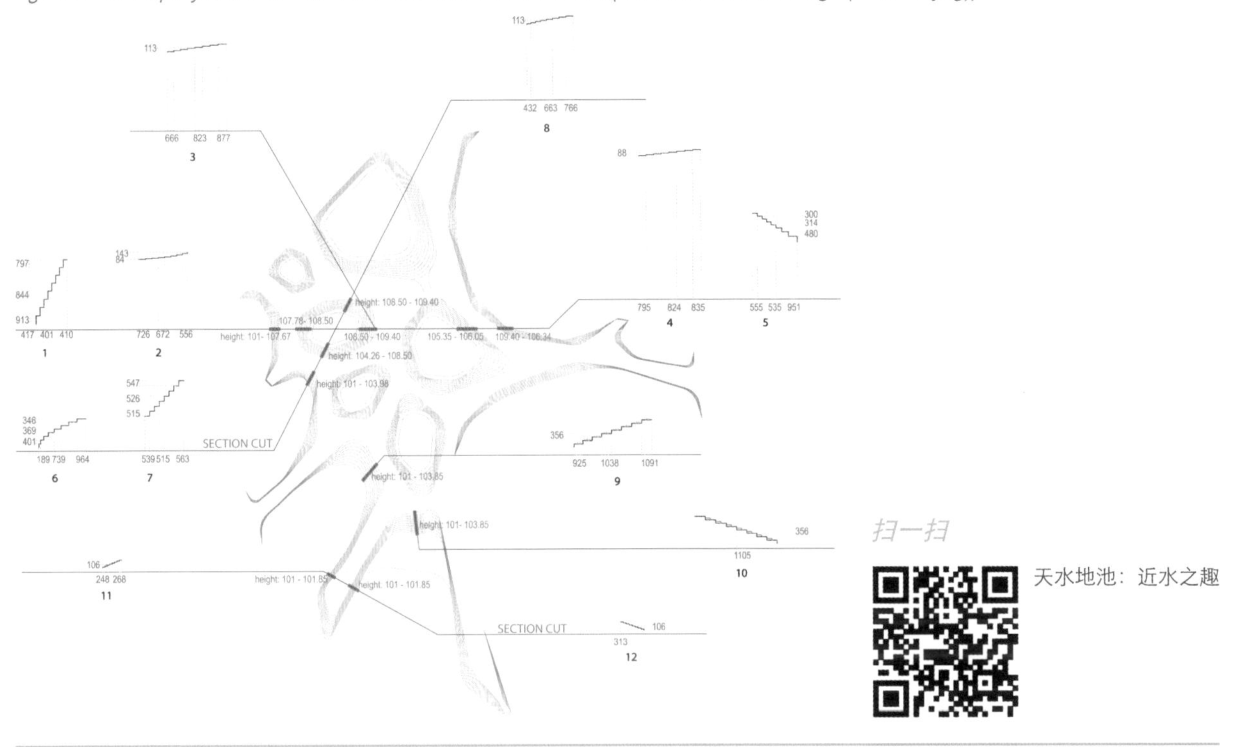

扫一扫

天水地池：近水之趣

图 5-31：天水服务中心总平面及一层、二层平面图（来源：华汇设计（北京））
Figure 5-31: The General Layout of Tianshui Lake Zone Service Center and the Layouts of 1st and 2nd Floors (Source: Hua Hui Design (HHD Beijing))

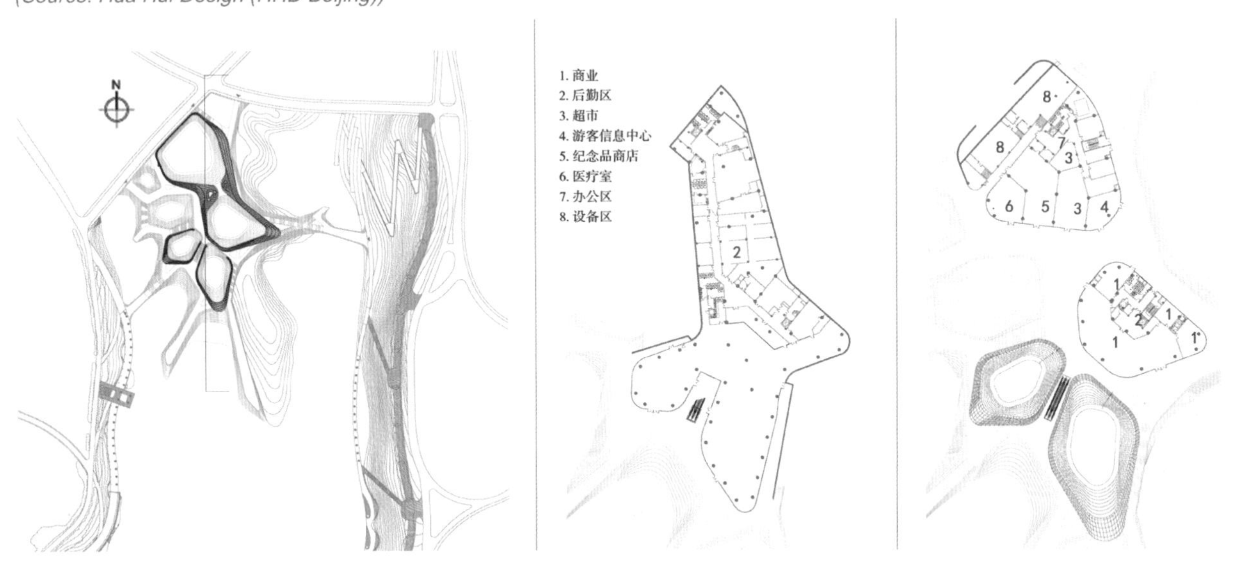

图 5-32：天水服务中心剖面图（来源：华汇设计（北京））
Figure 5-32: The Cross Section Plan of Tianshui Lake Zone Service Center (Source: Hua Hui Design (HHD Beijing))

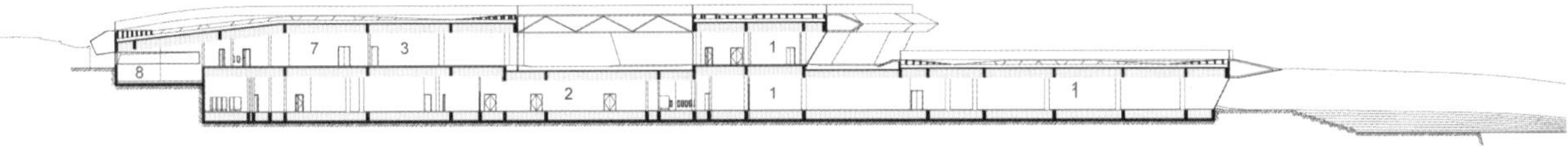

（2）最大限度地保留原有地形地貌，原有植被。

如天水服务中心东侧小岛就是在保留原有地貌的前提下加入杨树林等新的绿化景观。地池服务中心区域百余棵原有树木则完全保留，同时创造屋顶平台及绿化空间，既能节约能源，又使得建筑融于景观之中。

（3）采用多路径游览系统概念。

天水服务中心三个直线灵活的方向性可以在设计发展的过程中很好地适应复杂的地形，并提供多方向的可达性。同时，通过多个节点系统的组合，可以形成开放路径和封闭路径。封闭路径形成环路，中间围合成的多边形区域可形成建筑功能性区域或主要景观广场等，而开放路径则形成交通性节点，如连接周边道路的路径以及目的性节点，如观景平台等。

“地池服务中心将一个三维菱形网格系统应用于设计中，网格根据地形的起伏以及功能的需要进行自适应性调整，在保证调整规则不变的前提下最终得到整体建筑及景观的设计，在这个调整过程中，适应地形及高度的纵向调整非常重要，形成了顺地形趋势的不同高度上的屋顶平台、观景台、广场空间等一系列连续的空间体系，而顺应菱形网格形成的阶梯系统就成为这一系列空间之间的转换元素。此时建筑被看做是一定高度参数控制下的变体，融入整个几何系统之中，最终得到了一个建筑与环境一气呵成的空间体系。”[9]

“同时，考虑到游客行为的多样性，设计师设置了一系列的多用途空间，比如天水舞台空间、地池广场空间、各种不同尺度的台阶空间，以及不同类型的屋顶平台空间、这些场所可以根据不同的需要，提供不同的用途，比如舞台空间可以进行表演，平时又可作为观景、聚集的场所、尺度不同的台阶可以同时提供行走、坐卧等多种功能等，多路径系统及多功能空间体系也将服务中心区域各部分功能环境景观连成一体，形成一个完整的公园系统，这时建筑本身的功能已经不再重要，取而代之的是环境的再造以及和自然的融合。”[10]

图 5-33：天水服务中心三叉节点路网系统应用（来源：华汇设计（北京））
Figure 5-33: Design of 3-way Intersections in the Road Network of Tianshui Lake Zone Service Center (Source: Hua Hui Design (HHD Beijing))

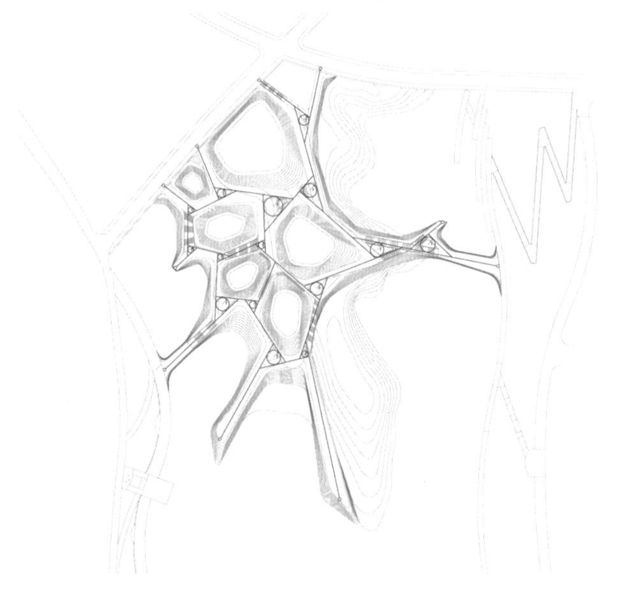

图 5-34：地池服务中心总平面图（来源：华汇设计（北京））
Figure 5-34: General Layout of Dichi Lake Zone Service Center (Source: Hua Hui Design (HHD Beijing))

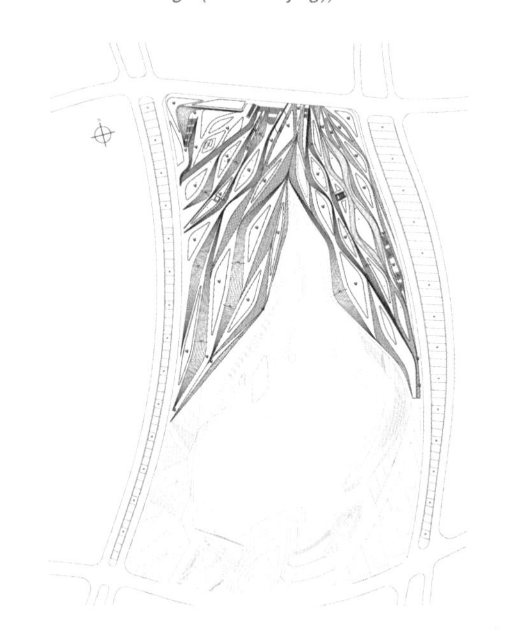

图 5-35：地池服务中心剖面图（来源：华汇设计（北京））
Figure 5-35: The Cross Section Plan of Dichi Lake Zone Service Center (Source: Hua Hui Design (HHD Beijing))

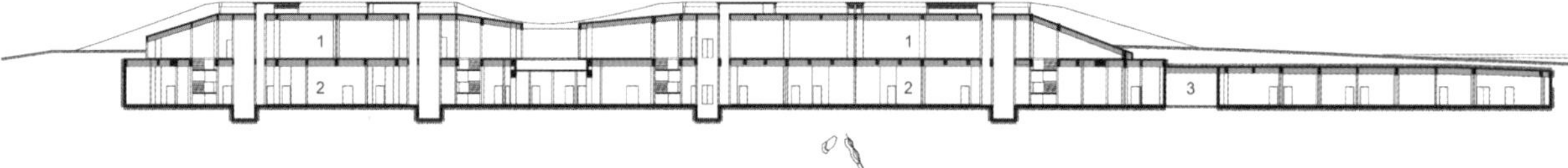

图 5-36：地池服务中心建筑实景图（摄影：济南多彩摄影）
Picture 5-36: The Scene of Buildings in Dichi Lake Zone Service Center (Photography: Jinan Duocai Photography)

3 立体双幅路：因地制宜，道路与环境融为一体

The Three Dimensional Double Roadways: Roadways Harmoniously Integrated into the Environment

3.1 规划设计策略

（1）对现状道路进行详尽的梳理和更新。

现状地形图比较陈旧，但因时间关系来不及重新测绘。我们在对现状地形图进行梳理的基础上，对照地形图将园区内每条现状的道路进行了详细核对与标记。

（2）道路选线尽量利用原有路基，减少土方量。

园区道路多为起伏的山坡，在斜坡上建道路必然会有土方的填挖。规划设计道路特别是机动车行驶道路的选线首先考虑现状已有道路的选线，减少在山坡上重新开路带来的填挖土方量。

（3）充分保护和利用现状植被。

在道路两侧新栽植行道树成本高、成活率低且难以在开园时成型。因此，设计团队对现状道路两侧已有的行道树等植被进行了详细的普查和标记，在道路设计中充分利用其作为道路行道树或者中央分隔绿带。

（4）“自上而下”与“自下而上”的反复校核设计。

因规划设计和建设实施的时间较为紧张，且道路设计需要最先明确实施，我们说服执委会直接引入青岛市市政设计院与总体规划团队合作进行道路设计。总体规划设计团队从总体布局的角度“自上而下”确定道路选线，确定选线之后交给市政院从道路施工设计的角度“自下而上”的进行道路定线，并提出修改建议。这样不断地反复校对修整，保证总体规划的道路设计能够准确定位，保证后期道路施工设计和建设的顺利实施。

图 5-37：园区道路现状图
Figure 5-37: Road Network Status of Qingdao EXPO Site

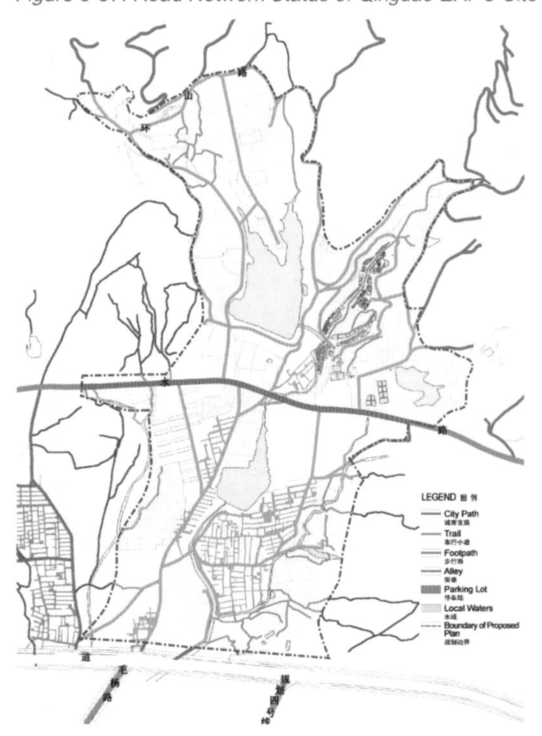

图 5-38：园区道路规划系统图
Figure 5-38: Road Network Plan of Qingdao EXPO Site

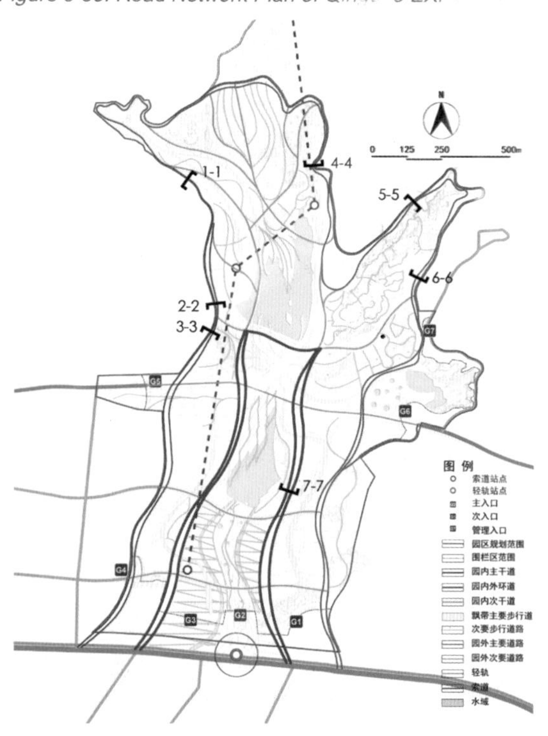

3.2 立体双幅路设计

现状已有的机动车道路均在 4 米左右，根据道路客流量承载力的测算，需要将道路拓宽至 8 米。但因园区均为地形起伏较大的山坡，在山坡上拓宽道路势必造成很大的填挖土方量，也会对已有的山体景观造成破坏。如何处理好道路交通、填挖方和自然环境景观的关系成为道路设计的关键问题。

针对以上问题，我们提出了立体双幅路的设计概念。即将现状已有双向行驶 4 米宽的道路作为单向行驶的道路，在另外的标高上重新开辟一条 4 米宽的对向行驶道路。这样的设计从理论上可以减少 75% 的填挖土方量。最后测算下来，整个园区 8 千米长的机动车道包含地形较为平整的道路和桥梁在内总共减少了 50% 的填挖土方量，既节省投资又使道路与周边环境融为一体，形成了独特的道路景观。走在园区的道路上，仿佛在绿林之间穿行，立体双幅路已成为青岛世园会园区的特色之一。

图 5-39：立体双幅路设计构思图
Figure 5-39: Concept Design of the Three Dimensional Double Roadways

现状道路断面示意图

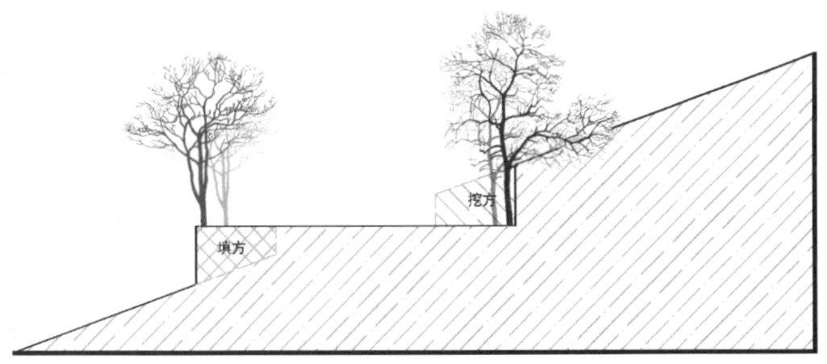

传统原有道路扩宽断面示意图

立体双幅路道路断面构思示意图

图 5-40：道路断面设计
Figure 5-40: The Cross Section Design of Roads

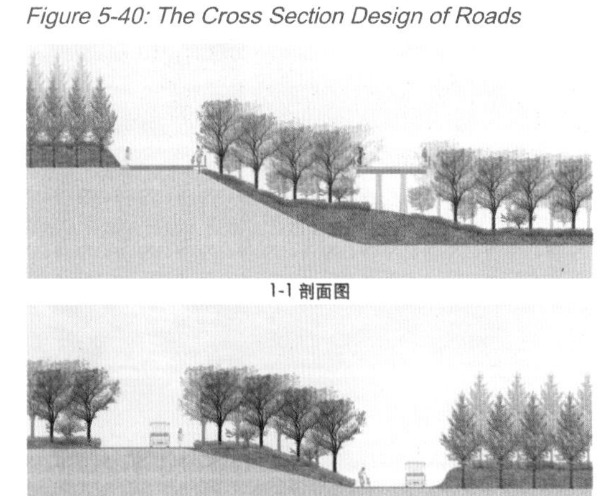

1-1 剖面图

2-2 剖面图

3-3 剖面图

4-4 剖面图

5-5 剖面图

6-6 剖面图

7-7 剖面图

图 5-41：园区原有道路
Picture 5-41: Original Roads in Qingdao EXPO Site

图 5-42：建成道路实景图（摄影：青岛世园会执委会专家办）
Picture 5-42: The Scene of Newly Built Roads
(Photography: Experts' Office of Qingdao World Horticultural Exposition Executive Committee)

4　虽由人作，宛自天开：中华园艺景观设计精髓的现代演绎

Natural Magnificence in Human Crafts: Modern Interpretation of the Essene of Traditional Chinese Landscape Gardening

4.1　飞花落瀑，遥相呼应：鲜花大道与飞花区

现状地形地势特征：

规划中主入口处世园大道标高约为 80 米，世园大道以北即是一个大的凹坑，标高为 69 米，落差 11 米。园区最北侧标高约为 149 米，最高与最低处相差 80 米。北部园区外即是一个陡坡，坡度约为 30 度 -60 度，一直绵延到背景山顶。

规划总体构思：

总体规划给出了一个朗朗上口且令人印象深刻的概念——“天女散花”。世园会南北主轴除了人流集散和餐饮、休闲、公共服务等功能上的安排之外，还提出了“飞花落瀑”的景观设计概念——希望塑造出花海从北侧山顶上一直流淌到南侧主入口的感觉，强化“天女散花”的意向，塑造标志性景观。即从南侧主入口进入园区之后景观建议采用流线型种植设计，并以花瓣作为主要设计元素以广场、绿地、水景、建筑等形式散落于片区各处，营造花流意向引导参观者，同时 2.5 千米之外北侧的飞花区也采用同样的花瓣状流线形花海造型，使得主入口鲜花大道与飞花区景观遥相呼应，同时激发游客往内部一探究竟的好奇心。

鲜花大道区：

世园会园区南部主入口区域整体呈南北两侧高，中间低的趋势，平均坡度 5%。世园大道以北片区东南角局部土丘，最高点近 94.0；世园大道下穿现状山体，设计高程平均低于周边场地约 7-8 米；中部靠近 H1 路位置为盆地，现状标高近 69.0；北侧 H2 路位置标高约 81.0。

地势的落差给设计增加了难度，同时也提供了创造独特景观的载体。为了减少挖方与填方的工程量，这里便设计成了 5 条 7.2 米宽、坡度为 2.5% 的高架桥形式。竖向规划的标高控制上，尽可能做缓坡度，既可以扬长避短，解决高差大的问题，又满足大量客流的疏散通行需求，而且还构成了一种层次丰富的崭新空间体验。

图 5-43：园区南北轴地形纵剖面
Figure 5-43: The Topographic Cross Section Plan of the North and South Axes in Qingdao EXPO Park

图 5-44：从南侧主入口看飞花区设计效果图
Figure 5-44: The Design Effect of The Flower Zone Viewed From the South Major Entrance

结合地形地势的高架桥设计，除了有效减少挖方与填方的工程量，还有以下三个优点：

（1）高效疏解入园人流，增加人流集散空间。

鲜花大道区位于整个园区的主轴位置，南侧的 2 号口是世园会最重要的主入口。通过采用树形结构对“花瓣”进行空间上的组织，将入园人流从主入口引至各个展区，这种“主干 - 次干 - 分支”的交通组织能够高效且有序的疏导客流。高架步道为钢框架形式，高架人行步道最高处距离地面 11.14 米，最大长度 210 米，一共分为两层，特别是舒适的下层空间可以提供额外的人流集散空间，有效避免中央主轴人流过于集中的矛盾。

（2）创造先抑后扬的独特空间景观体验。

通过竖向设计营造先抑后扬的空间序列，上坡段从世园大道北侧起坡，平均上坡 1.5 米。刚进入鲜花大道只能看到远处遥相呼应的飞花区，再往前走到坡顶便会豁然开朗，整个园区尽收眼底。

（3）提高园区主轴环境舒适度。

世园会开园时间为 5 月份 －10 月份，跨越一年中整个夏季。由于世园会参观者室外活动和等待时间大大多于室内参观时间，因此营造舒适的环境，是鲜花大道主轴设计的重点考虑因素。高架步道的设计结合现有地形，通过遮阳系统、自然风场、控温降温材料、绿化降温、水体降温等技术集成，合理设置流线和服务设施，可以让盛夏中的游人更惬意地在此乘凉小憩，提高众多参观人群的热环境舒适度和满意度。

飞花区：

飞花区位于世园会最北侧，最高海拔约 230 米，最低海拔约 140 米，此片区最重要的设计为飞花种植。设计理念为“流动、编制梦想”，希望充分发挥现状山地自然形态，从围栏区北边界观景平台起始向南侧山坡合理配置当地自然野花，似多条彩色飘带自天而降，从山中跌落，汇成花瀑，展现“天女散花”的大地景观，与南侧鲜花大道遥相呼应。花海的线条形成流动的波浪，利用起伏、错落、交织的花田花径和花草不同的色彩，营造跌落花瀑效果。其肌理和色彩结合旁边童梦园、科技园的覆顶设计特点，进行一体化设计。

图 5-45：鲜花大道剖面构思图
Figure 5-45: Concept Design of The Cross Section Plan of Flower Avenue

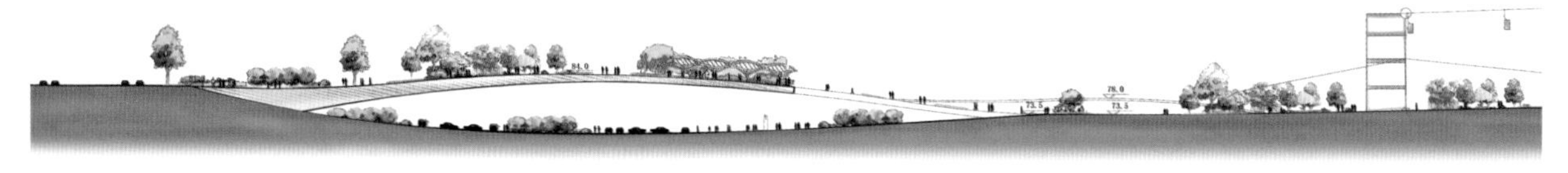

图 5-46：鲜花大道现状高程分析图
（来源：同济大学建筑设计研究院（集团）有限公司）
Figure 5-46: The Elevation Status of Flower Avenue
(Source: Tongji Architectural Design Research Institute (Co., Ltd))

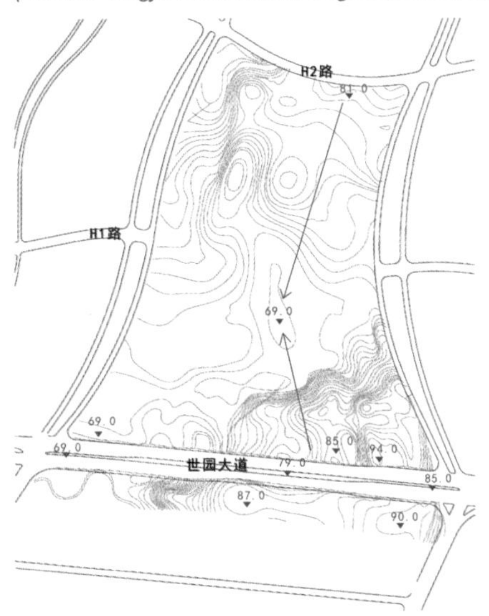

图 5-47：鲜花大道设计总平面图
（来源：同济大学建筑设计研究院（集团）有限公司）
Figure 5-47: The General Layout of Flower Avenue
(Source: Tongji Architectural Design Research Institute (Co., Ltd))

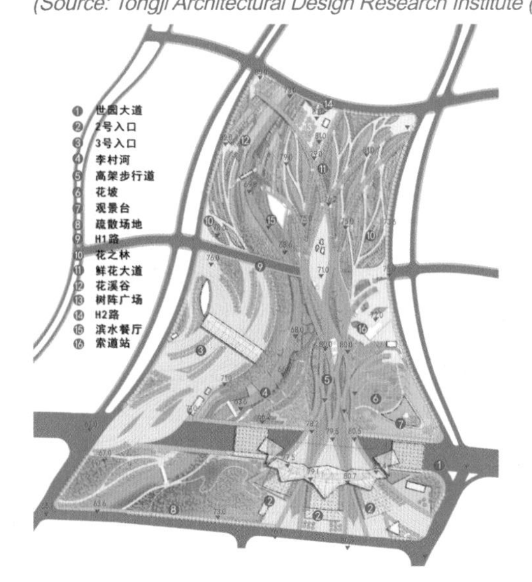

扫一扫

适得返自然，拐弯处是花田 (1)

飞花区，青岛世园会微信公众号

世园鲜花大道背后的故事

图 5-48：鲜花大道概念构思（来源：同济大学建筑设计研究院（集团）有限公司）
Figure 5-48: The Conceptual Design of Flower Avenue (Source: Tongji Architectural Design Research Institute (Co., Ltd))

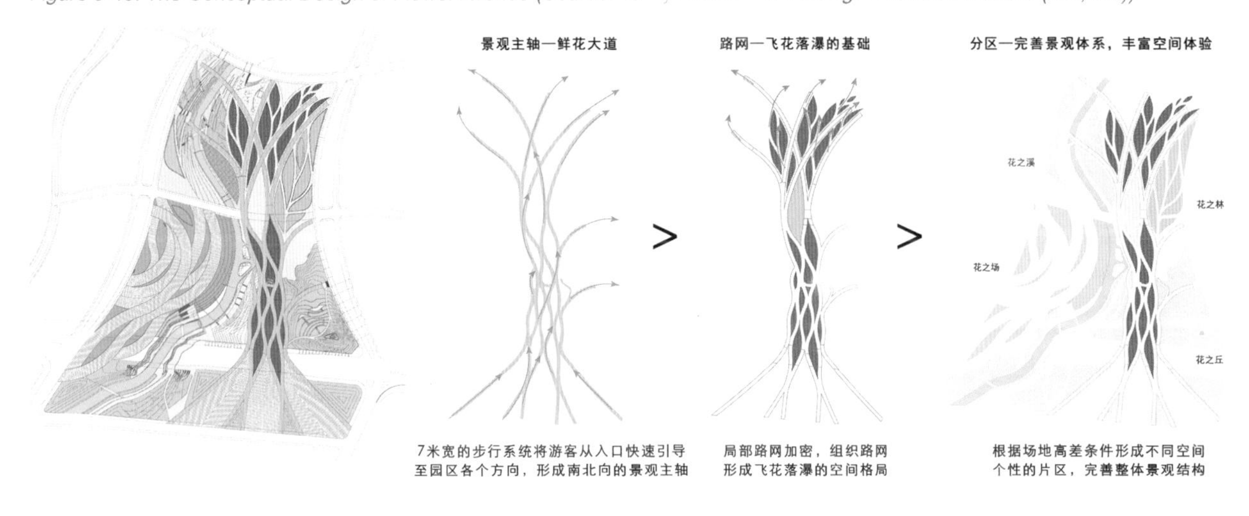

图 5-49：鲜花大道建成实景图（摄影：季祥）
Picture 5-49: The Scene of Flower Avenue (Photography: JI Xiang)

4.2 天地水岸，人花共舞：天水地池及主题广场

天水地池及主题广场位于世园会场址中部，是总体规划天水、地池、七彩飘带等创意的集中载体，也是衔接七彩园区的交通集散中心。现状包括两个水库，相对高差达 36 米，地形复杂，可用景观场地零碎，现状水体为最重要的可利用景观要素。天水区位于整个园区的核心位置，且天水水面的水舞秀是整个园区最吸引人的景观点之一，是人流量最大的区域之一。

景观设计在结合自然环境方面需要重点解决以下几个问题：

（1）湖面与堤岸的高差较大，且堤岸之上即为车行道，缺少游客驻足的空间，特别是天水东侧、西侧与南侧。如何处理观赏广场与连续步行通道的交通组织？

（2）现状植被丰富但良莠不齐。如何充分保护与利用现状的植被？

（3）天水地池水面作为园区最重要的大型水体，如何在保证安全性的前提下考虑亲水性活动空间？

（4）天水地池水面有防洪要求，水位变化大。如何随水位的升降设计亲水性活动空间？

（5）主题广场处位于防洪大坝的下游，落差较大。如何利用这片凹陷的场地并有效组织交通？

天水区设计：

（1）东侧——云林栈道

规划利用天水东侧沿湖陡峭地形设计双层架空步道。一条步道位于现状保留树林之上，采用半架空形式，既保护了现状的树林等植被，遮挡了护坡，又拓展了游客步行和驻足的空间。林上观礼，悬空观湖，结合喷雾设施营造如云端漫步的仙境。贴近开园期间的常水位设置一条亲水步道，沿路设置花岗岩亲水台阶和休憩停留的亲水平台以适用水位的变化。

（2）西侧——风桥览胜

“天水西岸景观用地狭窄，规划道路维持现状四米宽的车行道且已经跨至现状水库岸边，没有增设人行道，难以满足将来大客流来临时的通行需求。规划保留天水西侧现状沿路的水杉林，在临天水一侧新设一条六米宽的凌水步行栈道，同时可有效减少填水土方。临水一侧设置轻盈而通透的玻璃栏杆，保证安全性的同时能够使坐下的游客在休憩时也能欣赏到湖面的水舞表演。”[11]

主题广场设计：

“主题广场为全园的标志，中心设七彩主题雕塑形成空间的中心及视觉焦点。设计以青岛市花月季为原型，以‘花飞缤纷呈七彩，天地乾坤共和谐’的理念诠释总体规划天女散花、七彩飘带、天水地池等构想。将广场休憩座椅、遮阳构筑、疏散隔离绿化带艺术化处理为花瓣形态，似花非花，飘逸灵动。人随花舞，游客既是观众又是演员，人与花共同形成世园会欢快和谐的环境氛围。”[12]

鉴于人流量较大，周边场地以林荫广场铺装为主，尽量少采用台阶，高差采用坡道处理，并设置多个出入口。场地采用螺旋放射状的线形，延长坡道长度，降低坡度，以满足大流量人群快速疏散与残疾人交通要求。

地池区设计：

“地池西岸区为顺接鲜花大道至地池建筑群的景观过渡区。保留现状长势良好的乔木林，结合其设置卵石浅滩、湿地岛屿、景观涌泉、水中树穴、亲水台阶等浅水空间；局部架空设置的玫瑰西道，设计台阶广场、花阶座椅、大草坡、大地之舞组雕、几何形的种植池以及林荫树列组成广场空间；保留改造现状泄洪渠低洼地貌及湿地植被，在上空增设钢结构，架空观景步道形成花溪谷。”[13]

图 5-50：天水地池区南北纵向设计剖面图（来源：天水地池区详细方案设计，同济大学建筑设计研究院（集团）有限公司）
Figure 5-50: The North-South Longitudinal Cross Section Plan of Tianshui Lake Zone Service Center (Source: The Detailed Plan of Tianshui and Dichi Lake Zones, Tongji Architectural Design Research Institute (Co., Ltd))

图 5-51：天水地池景观总平面（来源：天水地池区详细方案设计，同济大学建筑设计研究院（集团）有限公司）

Figure 5-51: The General Layout of Tianshui and Dichi Lake Zone Landscape (Source: The Detailed Plan of Tianshui and Dichi Lake Zones, Tongji Architectural Design Research Institute (Co., Ltd))

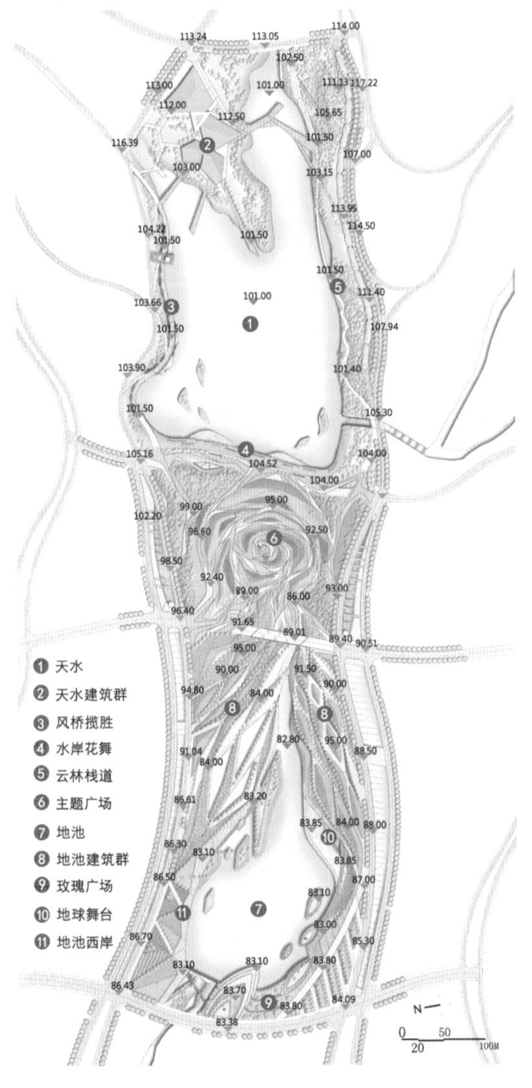

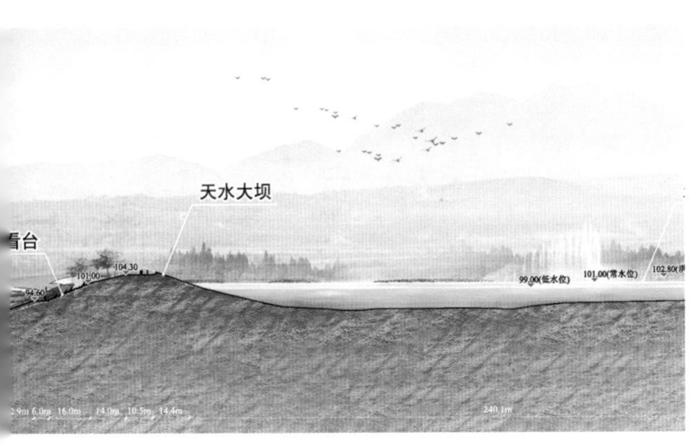

图 5-52：天水地池景观设计效果图（来源：天水地池区详细方案设计，同济大学建筑设计研究院（集团）有限公司）

Figure 5-52: The Design Effect of Tianshui and Dichi Lake Zone Landscape (Source: The Detailed Plan of Tianshui and Dichi Lake Zones, Tongji Architectural Design Research Institute (Co., Ltd))

4.3 气韵和谐，阴阳相生：童梦园

童梦园园区内地形起伏较大。高程最高点 129.85 米，位于地块最北端；高程最低点 101.80 米，位于地块最南端（毕家水库）。园内现状冲沟靠近山体部分，经常年冲刷导致沟底大块岩石裸露，冲沟两侧坡地长满野草；下游冲沟较宽坡度较缓，但大部分被开垦为梯田，部分地段抢占河道行洪断面。

景观设计在结合地形地势上着重考虑以下几方面问题：

（1）地势高差变化，设计过程中应多利用地形，减少土方量；

（2）地块南侧场地较为平整、开敞，适宜低龄儿童活动；地块北侧为谷地，适宜展示丛林探险、童话类景观。

（3）场地坡度变化较大，应坚持安全至上的原则，部分地段需进行填方处理后才适宜使用；

（4）现状水库及冲沟具有良好的自然景观条件，在满足行洪条件前提下，应进行景观化处理，增加景观趣味性；

（5）现状植被丰富程度低，需进行植物景观重塑。

“在整个空间打造上，塑造自然基底（阴）、人工环境（阳）两套空间体系，两者相互叠加，相互融合，形成园区以自然风景为基础，同时展现人工科技的景观营造形式，为游客提供多样化的景观感受。”[14]

童梦园依据现状地形及道路设计标高、防洪规划，通过对现状场地的整合，形成以绿化景观为主体，以游览路串联活动场地的空间布局。在竖向规划的标高控制上，营造整体跌落、局部起伏开敞空间（设计标高最高 132.00，最低 101.20）。园区内道路竖向设计根据世园会场址规划区现状地面及道路的标高状况，道路设计顺应等高线走向，缓解地势高差，营造步移景异的景观。

“园内‘绿飘带’以宽度 4－6 米不等的架空廊道表现，东侧地形复杂的谷地，将步行交通系统、自然生态系统、山势水系地形有机结合，从而形成一条集观景、交通、疏散为一体的多空间、多趣味的无障碍景观绿色廊道。”[15]

扫一扫

2014 青岛世园会童梦园特色游玩攻略

青岛世园会 - 童梦园

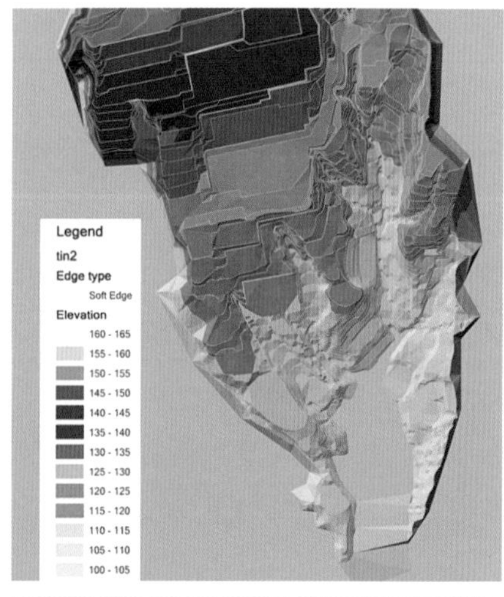

图 5-53：童梦园现状高程分析（来源：青岛新都市设计集团有限公司）
Figure 5-53: Elevation Analysis of the Site of Children's Dream Park (Source: Qingdao New Metropolitan Design Group (Co., Ltd))

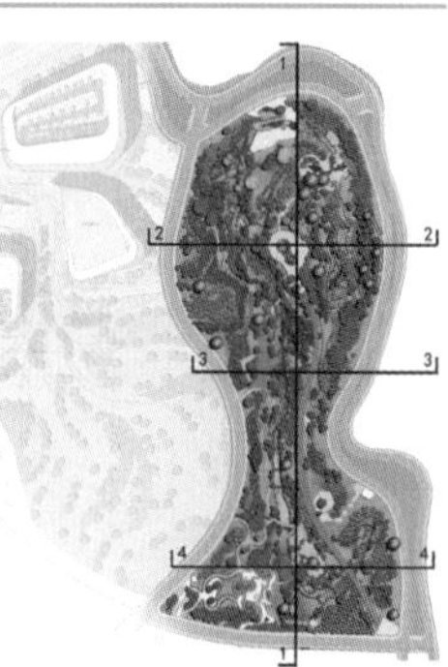

图 5-54：童梦园场地剖切线（来源：青岛新都市设计集团有限公司）
Figure 5-54: The Section Line of the Site of Children's Dream Park (Source: Qingdao New Metropolitan Design Group (Co., Ltd))

图 5-55：童梦圆剖面设计示意图（来源：青岛新都市设计集团有限公司）
Figure 5-55:The Cross Section Plan of Children's Dream Park (Source: Qingdao New Metropolitan Design Group (Co., Ltd))

4.4 发现探索，山林野趣：科学园

规划期望通过在科学园较为自然的环境当中，向游客进行科普教育，并运用最新的 4D 科技手段，通过碳汇园、多感官花园等展现自然的智慧，实现人与自然的对话。

在景观设计上充分利用原有山地及台地，最大限度地保留了原有植被，着力营造“山林野趣”的意境。

现状地貌：

科学园位于世园会园区的西北部，园区地形复杂，坡度大于 25% 的地块面积超过 37700 平方米，占科学园总面积的 36.8% 以上。园区最高点高程 +162.3 米、最低点高程 +103.4 米。自西北向东南有经千百年形成的冲沟，上游靠近山的冲沟坡度大于 10%，常年雨水冲刷导致沟底岩石裸露。

高差的平衡与利用：

（1）冲沟的处理

重点对冲沟不稳定驳岸区段进行加固处理。以保留利用、生态自然为原则，摒弃传统生硬的驳岸处理形式。以更为自然的石笼网格做处理。沟底在现状基础上进行整理，保留现状自然肌理。以大块置石做沟底，同时播撒水生湿生植物。

处理形式主要采用现状保留驳岸、石笼驳岸和沟底自然置石、驳岸与沟底同为石笼处理三种方式。

（2）坡度处理

主要采用挡土墙（垂直绿化墙、艺术化处理）、自然绿坡、梯田花田和栈道四种形式来平衡坡度高差。

在陡坡处设置的架空平台及栈道，自身形成观赏的视线焦点，同时具有观景、通道及遮阳遮雨的作用。嗅园设置在驳岸边坡，为避免较高挡墙的出现，设计采用层层跌落的绿化台地，自然、生态，较好的平衡了高差。[16]

图 5-56：科学园剖面示意图 1
（来源：青岛市旅游规划建筑设计研究院）
Figure 5-56: The Cross Section Plan of Science Park 1
(Source: Qingdao Tourism Planning & Architecture Designing Institute)

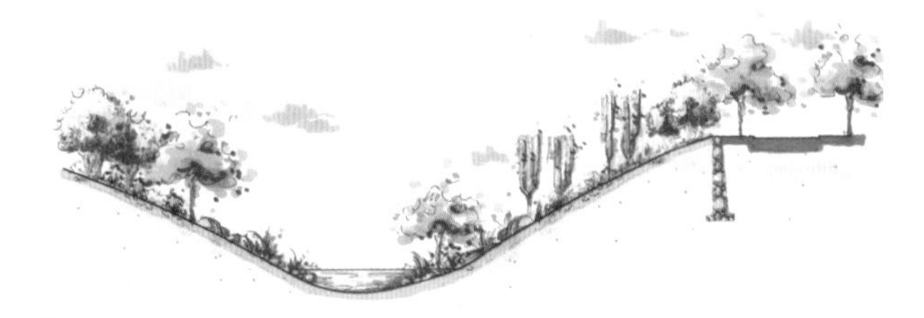

图 5-57：科学园剖面示意图 2
（来源：青岛市旅游规划建筑设计研究院）
Figure 5-57: The Cross Section Plan of Science Park 2
(Source: Qingdao Tourism Planning & Architecture Designing Institute)

图 5-58：平台栈道建成实景
（摄影：青岛市旅游规划建筑设计研究院）
Picture 5-58: The Scene of Timber Deck Platform
(Photography: Qingdao Tourism Planning & Architecture Designing Institute)

图 5-59：嗅园跌落绿地建成实景
（摄影：青岛市旅游规划建筑设计研究院）
Picture 5-59: The Scene of Terraced Green Space in Fragrance Garden
(Source: Qingdao Tourism Planning & Architecture Designing Institute)

4.5 感恩自然、对话生命：草纲园

草纲园所在位置是一处自然山谷，地势复杂，高程变化由北到南从 196 米到 84 米。现状山体保留完整，山势优美，山谷最低点是一条自然形成的泄洪渠。园区内现有植物主要以梨树、柿子、樱桃、桃树等果树为主，雪松、龙柏、五角枫、刺槐等混植其中。主要成片分布在现状沟谷两侧及园区周边坡地位置。

园区在尽可能保留现状的前提下，以改造为主，在现有基础上优化游览路径，丰富药用植物品种，完善配套设施。展示针对大气污染、水污染、噪声污染、土壤污染等多种城市问题的“解药”——生物治理材料，详细介绍各种植物的名称、产地、栽培、功效等信息，展示人类防治污染、保护自然环境的最新科技成果，令游客在游园中体会自然的恩赐。

竖向设计：

由于现状地形起伏变化较大，在竖向规划的标高控制上，整体上尊重现有的坡地关系，因地制宜的设计不同的场地标高（设计标高 +87.50—+144.0），营造整体跌落、局部起伏的开敞空间。

园区内道路竖向设计根据现状地面及道路的标高状况，进行优化设计，道路设计“依山就势”顺应等高线走向，尽可能在减少土方工程的前提下，保证园区的通达性。局部根据功能、景观或防洪要求抬起或下穿。

驳岸设计：

（1）自然驳岸

原有河道整理——自然置石堆砌而成的小型瀑布河道，周边配合水生植物自然置石，主要用于现有自然石块河道区域。

缓坡绿化——水系配合草坪大树，营造赏心悦目的开阔景观。主要用于高差较小，适合较为开阔的驳岸区域。

叠级种植池——层叠式驳岸，使河流在汛期与旱季同时具有水景。用于驳岸高差较大区域。

木平台 + 水生植物——木平台驳岸，增加亲水木平台，满足游人亲水需求。

（2）人工驳岸

人工干砌——由于原有河道高差较大，无法放坡，采用人工干砌岸坝，由当地毛石或废弃混凝土砌筑，具有良好的自然生态效果。

植草袋、喷播绿化——用于现状坡度较大不适宜种植区域，彻底解决水土流失问题。工期短，见效快。[17]

图 5-60：草纲园竖向设计图
（来源：青岛腾远设计事务所有限公司）
Figure 5-60: Vertical Design of Caogang (Herbal) Park
(Source: Qingdao Tengyuan Design Studio (Co., Ltd))

图 5-61：草纲园剖面设计图
（来源：青岛腾远设计事务所有限公司）
Figure 5-61: The Cross Section Plan of Caogang (Herbal) Park
(Source: Qingdao Tengyuan Design Studio (Co., Ltd))

图 5-62：草纲园剖面设计图（来源：青岛腾远设计事务所有限公司）
Figure 5-62: The Cross Section Plan of Caogang (Herbal) Park (Source: Qingdao Tengyuan Design Studio (Co., Ltd))

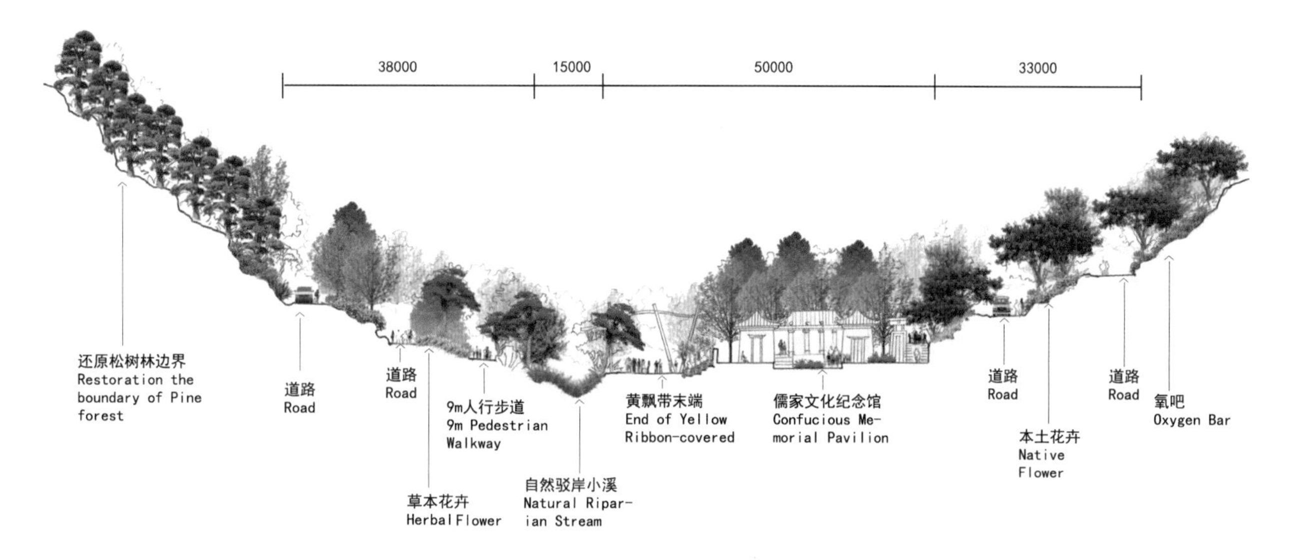

扫一扫

草纲园，《世园 100》，第 14 期。
提示：请用电脑打开，右键翻页阅读

游青岛世园会草纲园，看植物如何为地球治病（图）

注释
Notes

① 基于张晓曦在 2014 年 5 月 28 日发布的《2014 青岛世园会主题馆》和 Jun 在 2014 年 5 月 30 日发布的《青岛世界园艺博览会主题馆》整理而成。

②、③、④、⑤、⑥、⑦ 傅筱，施琳，李辉．显隐之间——2014 青岛世界园艺博览会梦幻科技馆设 [J]. 建筑学报，2014，(7)：074-083.

⑧ 韩海燕，王欣．莲花馆：万绿丛中一点红 [J]. 走向世界，2014，(29)：042-046.

⑨、⑩ 王振飞，王鹿鸣，李宏宇，汪琪，潘浩，庞哲，王懿亮，周宁弈．2014 青岛世界园艺博览会地池综合服务中心 [J]. UED，2014，(II)：046-057.

⑪、⑫、⑬ 根据同济大学建筑设计研究院（集团）有限公司编制的《天水地池区详细方案设计》整理。

⑭、⑮ 根据青岛新都市设计集团有限公司提供的资料整理而成。

⑯ 根据青岛市旅游规划建筑设计研究院提供的资料整理而成。

⑰ 根据青岛腾远设计事务所有限公司及美国 VC 景观设计公司提供的资料整理而成。

第六章　七彩飘带

—— 从概念、形式到功能的园区步行景观系统

Chapter VI　Rainbow Streamer

Path System Landscape Design

From Conception, Form to Function

2014年3月28日

1 七彩飘带，追溯求源

The Origin of Rainbow

1.1 飘扬 12 年的七彩飘带

“七彩飘带”是本届世园会主题重要的组成部分，其呈献给游客形式上的概念源于中国古典神话故事“七仙女下凡”，象征七仙女手中所飘洒出的七条彩带；空间结构上以天水地池主题区为源点向外发散，将整个主题园区的七大功能区联系为一体，实现“一轴七片”的规划概念；功能上则具有园区内交通导向标示和遮阳、避雨、装饰等作用，是为解决实际问题所设计的一景多用步行长廊。

当然，七彩飘带从来都不是从天上飘下来的，也不是一时间想出来的。对于功能性景观长廊在大型活动规划中的应用实践，可以追溯到 2002 年。青岛世园会的“七彩飘带”是伴随脚踏实地的实践，日复一日的积累逐渐成熟起来的，有源可溯。这是一条从 2002 年到 2010 年，从 2010 年再到 2014 年，整整飘扬了 12 年的七彩飘带。从 2002 年湖南衡阳火车站以流定型的初步实践，到 2010 年上海世博会功能复合步行长廊的设计实践，无不考虑到该如何通过长廊设计起到划分与连接空间格局的同时，又做到以人为本的功能性设计，从而能给游客行人一个安全舒适的观景体验。正是一直以来的实践和积累，促成本届青岛世园会“七彩飘带”的诞生。

图 6-1：2002-2014 年功能性景观长廊实践时空分布图
Figure 6-1: Temporal distribution of functional landscape corridor practice from 2002 to 2014

扫一扫

律动在大地上的“虹”

七彩飘带
——2014 青岛世界园艺博览会园区步行空间系统

2002 **年衡阳火车站：以流定型初实践**

第一个“七彩飘带”的实践最早可以追溯到 2002 年。在为期 2 年的湖南衡阳火车站规划设计中，初次将以流定型的设计方法应用其中。

所谓以流定型，即根据人流的自然移动作为参照来有效设计路径，同时又反过来影响人流移动，并控制密度和集聚设施。这一方法早在 20 世纪的 50 年代，就在设计师沃尔特·格罗佩斯对加州迪斯尼乐园的设计中得到了成功实践①。

大型公共功能性场所中，比如火车站、游乐园、博览会等，功能片区复杂、配套服务设施体系庞大、导向识别性要求高、人流密集且个体需求多而杂，在这样的情况下，对于如何合理分流与聚流，提高人流的流动性，降低停滞拥堵甚至失去方向感的风险，成为摆在设计者面前巨大的难题。

没有经过实地考察或验证，仅仅以经验来对路径进行设计，往往是不客观的，人为设计的必然性必定会与人在具体使用过程中所产生的偶然性相矛盾，所以功能结点之间的关系——路径设计，是影响整个环境空间使用效率、流畅性的重要因素之一。

吴志强：功能场合中常依赖指示系统来指示功能区域及方向，但是人的行为是主动的，人的自然流线是随机的，轨迹成弧线、斜线。为了能设计出最以人为本的线路，就让行人来给出答案。

在 2002 年做衡阳火车站设计的时候，没有数字技术的辅助，只能站在高处透过硫酸纸或透明玻璃对火车站内部一层大厅的人流移动规律进行观察，并绘制轨迹，得出不同时段、不同需求所产生的人流路线，不同热点区域之间的联系方式。从而想到根据人的行走移动路线，设计出对应地上不同的颜色线条来指示不同需求的大方向，比如沿着红线的大方向走，能最快速便捷地走到卫生间等。

这最初的实践和学习积累，为后来的“飘带”概念在大型规划中的应用提供了宝贵经验。

① 沃尔特·格罗佩斯与美国加州迪士尼乐园的“最佳路径”
① Walter Gropius and the “Best Path” of California Disney Park

位于美国洛杉矶的加州迪士尼乐园，是全球首个迪士尼乐园，于 1955 年 7 月 17 日开业。它的设计者是现代设计史上举足轻重的人物——德国的沃尔特·格罗佩斯。在迪斯尼的设计过程中有这样一段小插曲后来作为路径设计的典范为后人津津乐道。

格罗佩斯设计的迪士尼乐园马上就要完工了，然而各景点之间的路径该怎样设计还没有完美方案，格罗佩斯心里十分焦急。

当时的他正参加一个在巴黎举办的庆典，庆典一结束，他就让司机带他去地中海滨。

汽车在南部的乡间公路上奔驰，这里漫山遍野都是当地农民的葡萄园。当他们的车子拐入一个小山谷时，发现那里停着许多车。原来这是一个无人管理的葡萄园，你只要在路边的箱子里投入 5 法郎就可以摘一篮葡萄上路。据说这是当地一位老太太因葡萄园无人料理而想出的办法。谁料到在这绵延百里的葡萄产区，总是她的葡萄最先卖完。这种给人自由，任其选择的做法使大师深受启发。

回到驻地，他给施工部拍了份电报：撒上草种，提前开放。

在迪士尼乐园提前开放的半年里，草地被踩出许多小路，有宽有窄，方便自然。后来，格罗佩斯让人按这些踩出的痕迹铺设了人行道。1971 年在伦敦国际园林建筑艺术研讨会上，迪士尼乐园的路径设计被评为世界最佳设计。

图 6-2：运用传统方式对人流踪迹进行记录
Figure 6-2: The traditional methods used for trace record

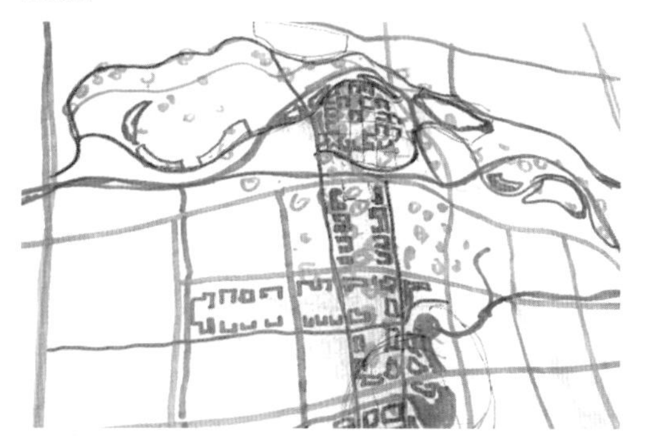

2010 年上海世博会：大型博览会中功能性景观长廊重要应用实践经验

上海五月的梅雨气候、夏季的酷暑烈日、庞大的参观人数以及有限的园区面积等因素，是上海世博会在规划设计时所面临的巨大挑战。作为主创设计团队，我们在对 2000 年德国汉诺威世博会的实地考察以及长年的经验累积中，决定将功能性景观长廊应用到上海世博会中，以此作为应对气候、密度等挑战的重要措施之一，并将这条以往匍于地面的“带子”飘到空中去。于是我们便看到了一条条底层架空的空中走廊绵延在世博园中，庇护着游客遮风挡雨、躲避烈日的同时，又在地势平缓的园区内人为筑起具有不同层次的观景平台，给游客更多角度的观景体验。

景观长廊中所应用的喷雾降温技术、遮阳日照分析技术、通风抗风评估技术等生态智能技术，都给后来的青岛世园会沿用起到了重要的指导作用和技术铺垫。唯独美中不足的是受限于施工等因素，致使最初象征“彩虹”的长廊所应具备的流线形态没能完全实现，最终都做成了方折形态。不过这也给 2014 年世园会“彩带”的升华预留了想象和提升的空间。

图 6-3：2010 年上海世博会“彩虹”功能性景观长廊概念点
Figure 6-3: The Conceptual Highlights of Rainbow Functional Landscape Corridors in 2010 Shanghai EXPO

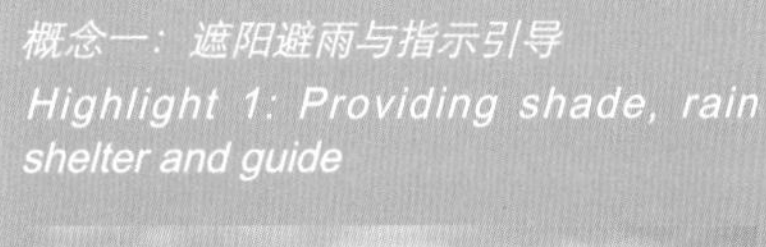
概念一：遮阳避雨与指示引导
Highlight 1: Providing shade, rain shelter and guide

“彩虹”长廊多样复合功能中最为直接、实效的作用就是能随时充当庇护场所为人遮风挡雨与避暑，同时以其特有的流线延展性起到指示引导的作用，随之行走便能快捷便利地穿梭于多个相连功能区之间。

概念二：增加高度与户外面积
Highlight 2: Increasing height and outdoor area

世博会中的空中走廊在增加高度、提供良好观景体验的同时，也增加了户外的有效面积，同样的投影面积用地却能因此容纳两倍的人流，不仅如此，底层架空的设计，不但提供底层行人以遮阳挡雨，也具备了通风降温的效果。

概念三：生态降温与采能作用
Highlight 3: Temperature control and energy collection

利用喷雾技术，实现降温功能，并利用长度所累积的表面积，附以太阳能收集系统，合理利用空间采集能源以供他用，符合世博会低碳节能的环保理念。

概念四：提升气氛与整合园区
Highlight 4: Upgrading the cultural taste and adding to the atmospheric harmony

原有概念中欲以“彩虹”功能性景观长廊的七彩颜色盘活整个园区气氛，使世博会彰显的城市多姿多彩直接落到游客最能触手可及的上空，与此同时作为空间纽带，整合不同功能区。

概念五：主题提升——全球文化汇聚浦江
Highlight 5: Theme Upgrading—Assembly of Global Cultures

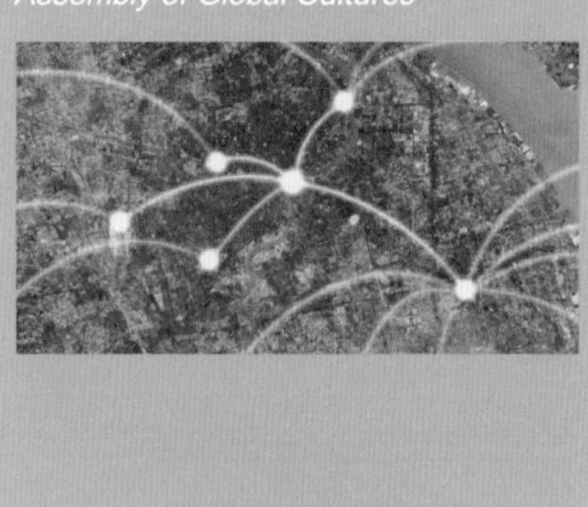

2014 年青岛世园会：厚积薄发，势在必行

同样的国际性大型博览会、同样是在夏季举办、同样巨大的预估人流等挑战都使“七彩飘带”的诞生成为必然。而与上海世博会不同的是，世博会的主要载体为大型展馆，本次在青岛举办的世园会旨在传达“让生活走进自然”的理念，因此自然即内容，自然即展馆，所以人与自然的开放接触主要以室外为主，从室内到室外、从平地到山地等不同因素使得“七彩飘带”更是势在必行。

2014 青岛世园会所倡导的师法自然、反哺环境、使人与自然和谐共存的理念深入人心。当今人类所面临的诸如空气污染、水质污染等众多问题与挑战待以解决，借“七彩飘带”——运用功能复合景观步行长廊设计，来解决世园会中气候给观园带来挑战的实际问题，以小见大，使之成为人类运用智慧应对自然挑战、与之和谐共同发展的样板缩影，同散布在园区内无处不在的其他解决方案一起来传达世园会的应有之义。

图 6-4：2014 年青岛世界园艺博览会“七彩飘带”功能性景观长廊
Figure 6-4: Rainbow Streamer Functional Landscape Corridor in 2014 Qingdao Horticultural EXPO

1.2 独一无二的七彩飘带：专属于青岛世园会

扫一扫

世园会规划发布
创意源七仙女下凡

从客观地理条件与空间结构布局出发：独属于青岛的飘带

本次世园会选址于崂山风景区，连绵的山脉，起伏的丘陵，浑厚的岩石，富饶的土壤，清澈的水库，茂密的针叶林，错落分布的阔叶林，开合有度的场地空间都是其所具备的天然资源[2]。

也正是由于山地的自然特质给园区的总体规划设计带来了地形上的挑战，在前期园区的场地分析中发现，由于展区内天然的水面与山地占地面积大，加之参观人次众多的预计考量，使得本次世园会展区的可用面积以及人均面积十分紧张，这也直接决定了园区的空间规划布局。在统筹展会需求和后续利用，并结合水库、河流、山地、森林等自然空间要素后，形成了“一轴七园”的总体空间结构，而“七彩飘带”则成了其中不可或缺的组成部分。

从山地调研分析到总体空间布局，再到一轴七片，七彩飘带除了表达主题思想之外，更为重要的本质是作为空间结构中的软组织部分，以需求为导向，在空间格局上对七片功能区域进行分割，同时又起到了指引连接彼此的纽带作用，源自天水地池，又汇聚于此，七彩四溢又一脉相承。

其中，七彩飘带的“七彩”以视觉识别象征代表七个特色功能片区，“飘带”则对应穿越各自代表的片区，指引分流的同时，又引流汇至天水地池中心区，起到了联系与导引指示的重要作用。

图 6-5：2014 年青岛世界园艺博览会总体空间布局与七大片区

Figure 6-5: Spatial Layout and Seven Functional Zones of 2014 Qingdao Horticultural EXPO

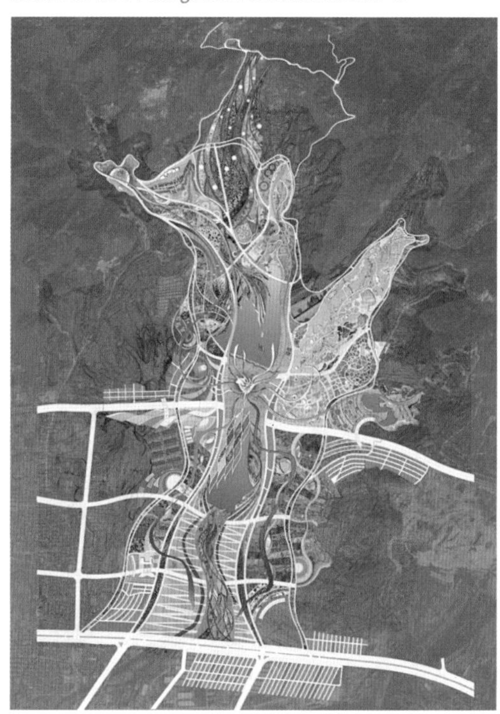

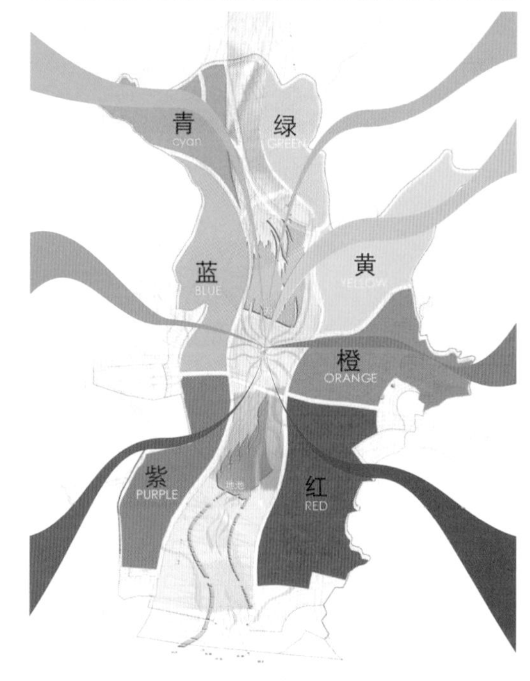

红、橙、黄、绿、青、蓝、紫七大功能片区解析七彩飘带[3]
7 Color Function Zones alone the Rainbow Streamers[3]

- 红区（中华园）：“中华聚会、园艺舞台”。设置了全国各省展园、港澳台展园和山东省各城市展园；
- 橙区（花艺园）：“花、创意、绿色海洋”。设置了室内植物馆、青年设计园、最佳园艺实验区、花香园等展园；
- 黄区（草纲园）：“感恩自然、对话生命”。展示利用植物对抗城市各种污染疾病的最新成果；
- 绿区（童梦园）：“认知、想象——快乐园艺”。结合展示、导游活动，将知识、体验通过童话场景寓教于乐；
- 青区（科学园）：“发现、探索、思考——爱自然”。利用最新的科技手段，设置碳汇园、多感官花园等展示自然智慧；
- 蓝区（绿业园）：“绿色产业的未来”。布置各类绿色企业展园，系统展示企业以低碳为核心的先进技术；
- 紫区（国际园）：“自然和平、多彩世界”。设置国家、国际城市展园、国际组织展园等。

整体思想的一部分：七彩飘带与天女散花

“七彩飘带”寓意由来解读
The Story and Metaphor of Havenly Maids and Rainbow Streamers

为了能使非专业人士和游客理解我们的设计，给人们留下深刻的印象，并朗朗上口、口口相传，我们引入了中国古代经典的神话故事——“七仙女下凡”，并由此概念逐步演绎。花仙子在自然的花丛中翩翩起舞，“七彩飘带”即是花仙子不断舞动的七彩丝带。通过总平面布局直观地表现仙女起舞的生动形态。这个概念在中华园的青岛馆中采用全息投影进行了全方位的呈现。

“七彩飘带”所采用的“七仙女下凡”的故事与“天女散花”虽然是不同的故事传说，但我们期望通过将这两个中华传统故事在世园会园区进行演绎，并与国外熟知的花仙子的故事进行结合，让国内外游客容易理解和接受规划思想和园区布局的同时，借具象的故事载体向人们传递主题思想的积极涵义，即人与自然和谐共处，合理利用环境资源，保护甚至反哺自然，才能得到自然的庇护和回赠。这一过程其实是一个矛盾以及相互依赖发展的辩证过程，人类要学会合理利用自然环境来促进自身生存、发展，同时又不给自然带来负面影响，这一切都是建立在“和谐”二字的基础上，否则最后人类自己终将是自食其果。七条彩带不但连接着七大主题区，其实也是人与自然的和谐共处的纽带与象征。人类源于自然，受惠于自然，无论人类文明发展到任何阶段，这条根本的生命线都是永远不能断的。

从一轴七片到七彩飘带，从功能划区到形式寓意，我们极力保证基于功能考量的严谨与逻辑性，同时辅之以中华传统文化的寓意之美，使之能正确地传达我们的设计思想，以便深入人心。

《七彩飘带》杜一侠，青岛市作家协会会员 世园参考第54期
“Rainbow streamers” DU Yixia, Member of Qingdao Writers Association Source: Qingdao Horticultural EXPO Reference, Vol.54

这里的季节，
春夏秋冬都把脚步留住，
四季把七彩，
化作彩练在百果山炫舞——
桃花开在冰消雪化后，
春风裁剪杨柳树，
荷莲长在天水地池里，
妖娆尽展不沾污，
飘香丹桂是从蟾宫降，
漫山遍野红叶铺，
傲雪寒梅在把春来报，
更有耐冬相辅助。

蘸着天水，
写出一部传世的至宝奇书，
泼洒地池，
绘就一幅人间的天堂画图——
翠碧如黛的山脊，
情侣般的红花雨绿树，
赭黄肥沃的土地，
喷着香的金瓜与紫蔬，
草纲园里的药草，
多得让药圣折服瞠目，
童梦园中的异卉，
看得孩子们啧奇惊呼……

七彩的飘带，
铺就了一条七彩的道路，
七彩的飘带，
给予了人们七彩的祝福。

2 从形式到功能：以人为本的功能设计

From Forms to Functions: Human-Centered Function Design

2.1 三个度与一条底线准则

“七彩飘带”从最早的概念到设计再到实施，我们遇到的最大的困难不是能不能做的技术问题，而是愿不愿意做的意识问题。世园会执委会最初认为这仅仅是附加的装饰品，可有可无。我们作为总规划团队不断给执委会的决策领导提建议，反复强调“三个度与一条底线”的准则，最终成功说服决策领导建设“七彩飘带”系统。“三个度与一条底线”的准则是贯彻于整个七彩飘带设计过程中的核心准则，也是关系到整个世园会成败的关键问题。

三个度：温度、密度、强度

在规划设计的整个过程中，作为规划师最担心的不是别的，而是青岛世园会的夏天。从 4 月 25 日开园到 10 月 25 日闭幕，正是青岛最炎热的季节。虽然青岛作为滨海城市，夏天的平均气温只有 25℃，但园区位于远离海边的山谷中，气温比海边高 3℃ -5℃。而且与世博会大多在室内参观有所不同的是，世园会的参观对象以室外为主。面对炎热的夏日高温，没有遮阳系统肯定不行，所以“温度”问题是“七彩飘带”所要解决第一个度。同时，避免因个别亮点片区导致的局部地段的高密度人群积聚，规划时始终要注重大型集散，必须通过一条指引带结合功能片区的合理布局，把亮点区域有延续性地分布在相对距离较远的位置，尽可能使人群不集中在一个点上，“密度”问题便成了“七彩飘带”要解决的第二个度。最后一个度便是“强度”，七彩飘带所串联的座椅、步道、桥梁、栏杆等设施必须经受得起最大的人流强度以及流量的考验。根据模拟分析和计算的结果，世园会中最大的高低峰结点人流产生强度差达到了 10 倍之多。

一条底线：安全底线

在展览会这样的大型事件中，不管是世博会还是世园会，最后给人们留下的都是美的、好的部分，这毋庸置疑是主办方、规划师和设计师所努力的目标。但需要我们规划设计师更加关注的，应该是把精力努力花在那些不会被人关注的底线问题上，例如城市规划中的用地红线、绿线等是不被大众所知晓的规划底线。我们在总体规划的设计过程中，包括后来作为总规划团队与各个设计单位和执委会各级领导、各个部门的沟通交流中不断强调安全底线的重要性。在整个世园会中人们耳熟能详的是七彩飘带，但作为专业人士我们关注的是七彩飘带所保证的这条安全底线。

像世园会这种以室外参观为主的大型展会，最害怕的就是夏天的“四暴”现象，即“暴风、暴雨、暴晒、暴躁”，这是最容易带来安全问题的四个现象。“七彩飘带”不仅仅可以提供防风、遮雨、遮阳的场所，有效减少因此给游客带来的暴躁情绪，同时，也为特殊情况下人群的紧急疏散提供了有效的导引途径。所以“七彩飘带”形式背后的真正意义是“以人为本”的功能设计。以人为本不是孤立地考虑人本身，而是应放置于整个周遭环境的整体中一同考量。对于一个大型集聚型活动，合理有效地预测和评估各种不同的场景，才能保证安全这条最重要的底线。

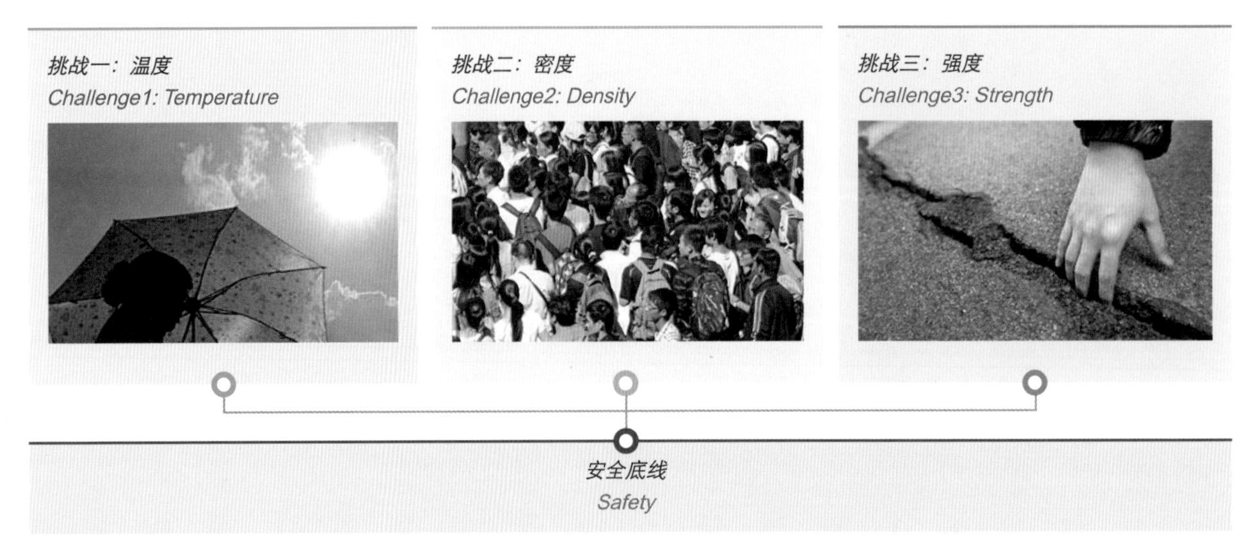

2.2　功能复合体

七彩飘带呈现给游客的是“形”与“色”的印象上的形式意义，但其作为“三个度与一条底线”的重要载体，是园区重要的功能复合体，承载了“步行系统连通、引导指示人群、遮阳避雨控温、服务设施集聚、标志景观体现”五大功能，同时串联各个主题园区，以红、橙、黄、绿、青、蓝、紫的鲜明色彩呈现七大核心园区的主题。作为园区最重要的步行空间系统，七彩飘带是一个主题鲜明的步行空间、一个功能复合的步行空间、一个节能环保的步行空间、一个自然怡人的步行空间。

步行系统连通

设计目标　*Design Target:*

根据园区总体空间结构布局，以天水中心广场为节点，使各个园区的步行系统连续衔接。

解决需求　*Demands:*

有机地连接七大园区，保证人们沿着七彩飘带步行就能走遍主题区的所有园区；同时此次世园会在山地举办，以鲜明的彩带使步行走道从山地树林中区分出来。

实现依托　*Measures:*

结合步行道路实际路况对连杆廊架、支撑架构进行设计；结合世园会空间总体规划图以及实际山地路况，对步行系统及其线路进行合理布线与尺寸计算（如宽度、高度等）；步行长廊系统途经与配套重要节点布局。

图 6-6：山地树林中鲜明的步行长廊
Picture 6-6: The Bright-Colored Pedestrian Corridor in the Mountain Woods

引导指示人群

设计目标　*Design Target:*

步行系统串联各个展区，体现引导的作用。设置步行指示系统，为游人提供信息和指引，引导人们合理、高效、有序的流动。

解决需求　*Demands:*

作为任何一个大型公共服务型场所，方向的指引和功能区的快速识别是影响效率的重要因素。色彩作为最容易记忆的元素，采用鲜明的色彩作为引导体系，能缩减观园游人花费在找路、问路上的时间，将更多有效的时间通过七彩飘带鲜明的指示功能转移到园区本身。

实现依托　*Measures:*

结合七彩主题寓意以及实际对应片区定位，对色彩元素等视觉识别体系进行设计；合理结合配套的导向标识系统。

图 6-7：实拍红色飘带引导指向中华园
Picture 6-7: Red Streamer Fluttering to the China Park

遮阳避雨控温

设计目标 *Design Target:*

结合游人流线密度以及日照、降雨量等模拟评估分析，合理设置游人遮阳避雨及其他公共设施。

解决需求 *Demands:*

考虑到山地地理特征及青岛的城市气候（崂山区夏日平均温度 25 度、极端温度 35 度），又以室外游展为主，使暴露在烈日和暴雨下的概率较大，需给游客提供遮阳避雨的场所，解决中暑淋湿的问题，降低其发生的风险。

实现依托 *Measures:*

遮阳顶棚材料选择，隔热遮挡辐射的同时又能透出光线，保证廊架下的全局光和通透性，同时具备遮雨防止雨水渗透；喷雾技术与机械送风系统等。

图 6-8：设于廊架顶棚两侧的喷雾送风一体式控温设备
Picture 6-8: The Integrated Spray-Blower Temperature Control Equipment under the Corridor Ceiling

服务设施集聚

设计目标 *Design Target:*

设置休憩座椅、商店、直饮水点、厕所、垃圾箱等配套服务设施，使七彩飘带成为重要的休憩、并能够提供更多服务的基本场所。

解决需求 *Demands:*

保证游人安全、舒适观园是世园会顺利进行的基本保障，其中补水、如厕、休憩是游客在观园中最为重要也是最为基本的需求，做到在步行长廊体系下就满足其所有的基本需求。

实现依托 *Measures:*

结合人流密度预测评估，对步道服务设施集聚点分布进行测算；合理配置相应服务设施（如直饮水、垃圾箱、桌椅、厕所等）。

图 6-9：黄色飘带步行长廊下的直饮水设施
Picture 6-9: The Drinkable Water Facility Under the Yellow Streamer Pedestrain Corridor

扫一扫

世园会喷雾降温直降 10℃
置身室外通体舒畅

扫一扫

世园会内步行系统
可遮阳避雨控温

标志景观体现

设计目标 *Design Target:*

作为展现规划主题的特色景观，串联主要的景观区域，其本身也将成为园区内一道亮丽的风景线。

解决需求 *Demands:*

主办方希望能够有标志性的建筑物或者构筑物，来塑造园区的特色；游客需要具有鲜明特色标志物，来辨识自己所处的方位，记住自己参观的路径、内容等。七彩飘带鲜明的色彩和自由的形态成为整个园区最重要的标志性景观。

实现依托 *Measures:*

整体造型与色彩设计，作为特色景观之一为世园会增添气氛，锦上添花；结合景观性植物花卉，在布局、色彩等感官上相得益彰，成为穿梭在园区内七道美丽的风景线；在夜晚集合灯光设置与设计强化景观的标志性等。

图 6-10：红色飘带与配套的景观植被组合
Picture 6-10: Red Streamer Corridor With Designed Vegetation

图 6-11："七彩飘带"功能使用实照图集
Picture 6-11: Rainbow Streamer Corridor In Use

3 活的飘带：实施方案要点解析④

Streamers With Life–The Course From Design to Implementation ④

3.1 设计理念与目标

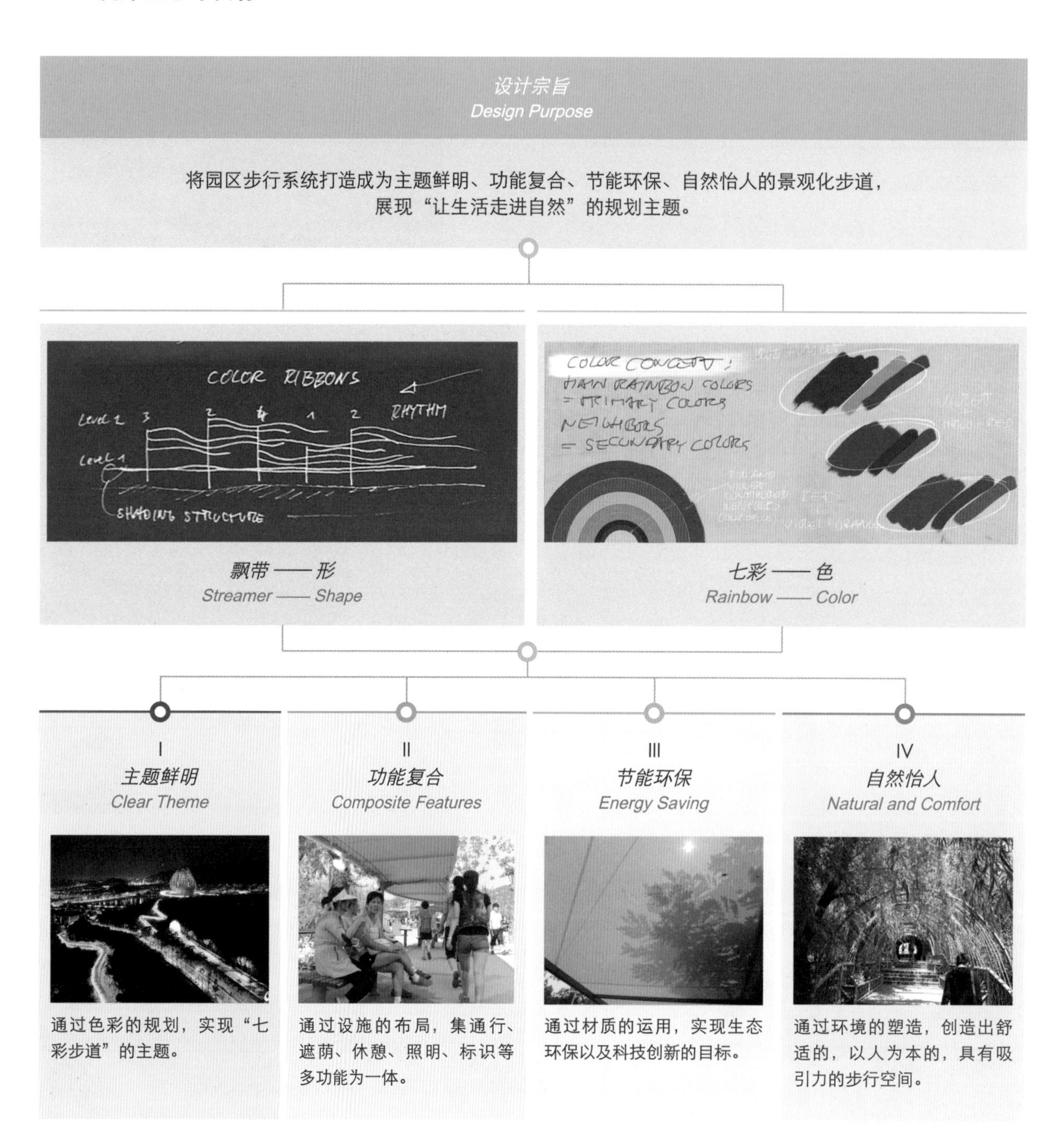

3.2 要点之一：七彩飘带的线位布局

线位布局

在线位布局方面，“七彩飘带”设计团队对现有步道的分布、路幅、坡度、功能进行实地调研、分析和解读，结合四大“七彩飘带”线位布局依据：连通步行系统，串联各重要节点；引导人流通过各重要景点，进入中央主题广场；与现有步道及场地的实施方案紧密结合；保证通畅的步行空间，便于人流疏散，对“七彩飘带”在世园会中的实际落地位置进行合理布局。

其中，难度最大的一点就是与已有实施情况的结合。七彩飘带自2012年9月份开始着手方案设计之始，世园会各个园区已经开始建设实施了，且实施的程度参差不齐，各个地块的设计方案也比较零散，同时建设实施是实时推进并不断变化调整的。这给七彩飘带的设计和实施带来了极大的挑战，需要不断地协调和整合不同地块和不同层面的设计及建设实施。

表 6-1：现有步道实施方案的分布及路幅解读
Table 6-1: Road Network and Road Width Design Based on Existing Roads Layout

路幅宽度	分布区域
2米	童梦园、草纲园、花艺园、农艺园、茶香园、科学园
3米	草纲园、山地园、童梦园、科学园、花卉园、茶香园、农艺园、百花园
4米	童梦园、花艺园、茶香园、农艺园、山地园
6米以上	国际园、中华园、花艺园、天水地池区、绿业园

1. “七彩步道”线位利用现有步道线位布置，不再另辟路径。
2. 选择各园区3－4米以上步道作为“七彩步道”的路径，以满足作为园区主通道的功能要求。

表 6-2：现有3－4米以上步道实施方案的坡度解读
Table 6-2: Slop Design of Existing Roads with Width of 3-4m

步道纵坡	分布情况	步行舒适度
2%－5%	国际园、中华园、天水地池区、童梦园、绿业园	步行舒适
5%	花艺园、草纲园、茶香园、农艺园、山地园	步行舒适
8%－10%	草纲园、茶香园、农艺园的局部路段	适宜步行
台阶	花艺园、草纲园台阶较多绿叶园、童梦园局部	残疾人无法通行

1. 现有3－4米以上步道实施方案的纵坡大部分适宜步行。
2. 台阶处补设无障碍通道。

图 6-12：现有步道实景图
Picture 6-12: Scene of Existing Roads

表 6-3：现有步道实施方案的功能解读
Table 6-3: Function Design of Existing Roads

功能	设计状况
硬铺通行	有
遮荫	无
休憩	无
七彩主题景观照明	无
七彩主题景观植栽	无

现有步道实施方案功能上仅满足硬铺通行。因此七彩步道将增设遮荫、休憩、主题景观照明等功能。

选线方案

- 经过园区 中华园
- 经过景点 园艺文化中心、中国各省市展园区
- 步道宽度 4米

- 经过园区 草纲园、花艺园
- 经过景点 国际睡莲文化交流中心、花艺园综合服务中心、青年设计园设计竞赛区
- 步道宽度 4米

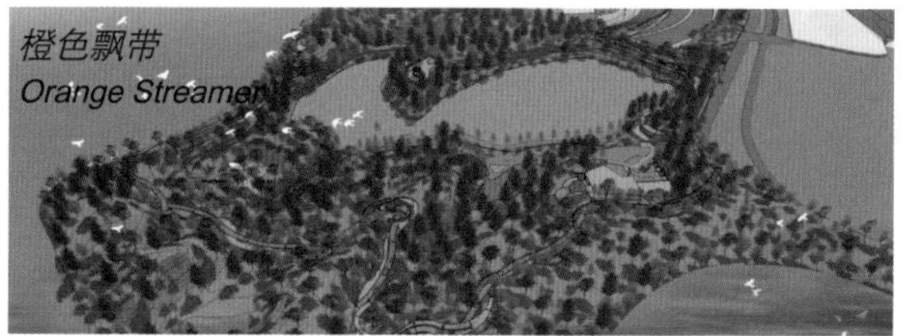

- 经过园区 草纲园
- 经过景点 荷莲及草本植物展示区、水景花艺展示区、抗生植物区
- 步道宽度 4米（拓宽步道，局部增设辅道）

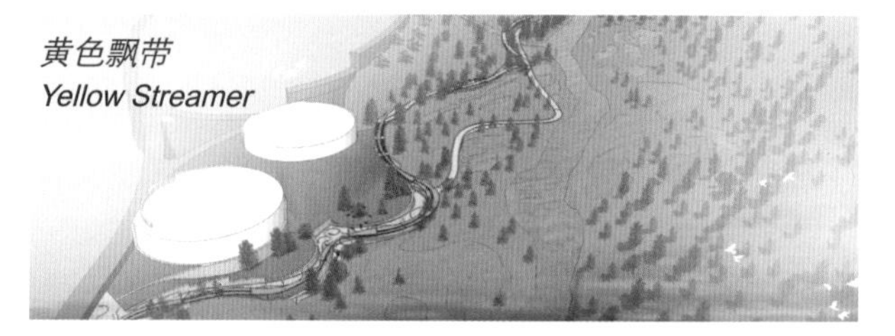

- 经过园区 童梦园、天水地池区
- 经过景点 马里奥、南瓜马车、云林观礼区
- 步道宽度 4米、6米（使用高架步道）

- 经过园区 绿业园
- 经过景点 企业展区
- 步道宽度 9米－16米（使用原有步道，局部台阶处增设坡道）

- 经过园区 农艺园、茶香园、绿业园
- 经过景点 茶文化广场、水文化广场
- 步道宽度 4米（局部拓宽，增设辅道）

- 经过园区 国际园
- 经过景点 36个国际展区、国际接待中心
- 步道宽度 6.5米（使用原设计步道）

节点布局

在“七彩飘带”节点设计方面，延续“天女散花，七彩飘带”的主题，以“散落的花蔓”作为布点的设计概念，同时满足节点布局的三大主要功能：

- 融入七彩主题：在节点处形成开放空间，主题色飘带融入景观节点中；
- 结合周边功能：节点设计结合周边相应的景观及建筑体功能，形成集景观、集散、休闲、休憩、观赏为一体的综合体；
- 飘带互相串联：主题飘带串联各重要节点。

■ 红色飘带节点：中华园北部广场
功　能：大型活动举办、休憩及观景；
细　部：红色耐候钢板，主题色点状地灯，飘带蔓延入广场

■ 红色飘带节点：园艺文化中心周边广场
功　能：建筑集散场地、休憩停留空间
细　部：灰色蔓状铺地，主题色点状地灯，主题色花卉植栽池

■ 橙色飘带节点：国际文化学术交流中心广场
功　能：大型活动、休憩、观景
细　部：橙色灯带，叶形植栽池

■ 黄色飘带节点：文化主题餐厅及博物馆广场
功　能：建筑集散空间、停留空间
细　部：主题色蔓形灯带，深灰色叶形地坪

■ 绿色飘带节点：观景平台
功　能：入口集散空间
细　部：浅灰色透水混凝土基底，儿童画喷画，主题色灯带

■ 青色飘带节点：绿业园北部、南部场地
功　能：休憩场地、过渡空间
细　部：主题色灯带，灰色石材飘带

■ 蓝色飘带节点：茶文化广场、水文化广场
功　能：大型主题活动、休憩场地
细　部：主题色灯带

■ 紫色飘带节点：国际园接待中心广场
功　能：建筑集散场地、休憩停留空间
细　部：条形主题色灯带，理性的方格状铺地基底

图 6-13：“七彩飘带”重要节点空间布局分布
Figure 6-13: Distribution of Important Nodes of Rainbow Streamers Corridor System

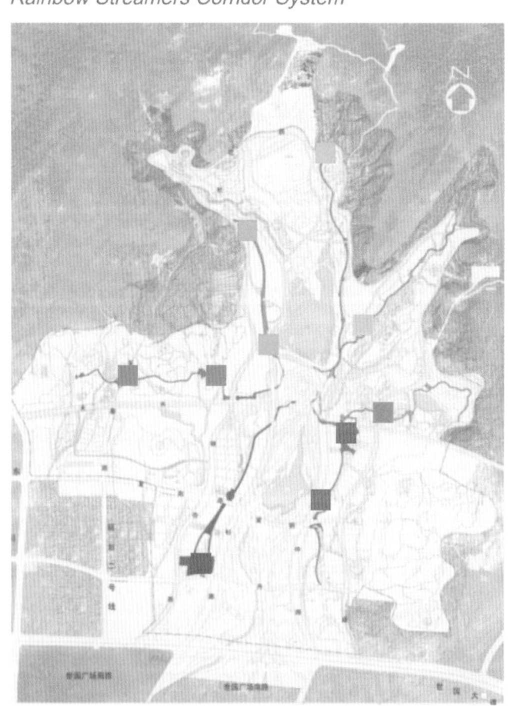

3.3 要点之二：七彩飘带的设施布局

七彩飘带的设计尺寸（高度和宽度）多少合适？其平面形态应当如何设计？这不仅仅需要从形式上进行考虑，还需要满足功能上遮阳的要求，即满足行人步行空间以及休憩座椅等服务设施遮阳的设计需求。人们知道，阴影是随着时间不断变化并因遮阳棚（七彩飘带）摆放角度的不同而不同。那么，究竟如何设计七彩飘带的高度、宽度和平面形态，才能对步行空间和休憩座椅实现最有效的遮阳效果，这需要借助客观严格的日照分析计算辅助进行设计。

如 6-14 右图所示，以固定步道平均宽度（4 米）作为定量，选取上午 9 点至下午 3 点作为分析区间（由于上午 9 点至下午 3 点日照强烈，其中正午至下午 1 点温度达到一天中最高，是最需要遮阳的时间段），在满足基本人机工学（如身高等）以及保证开阔观景视野的考量下，调整廊架尺寸变量预设值。

日照分析结论
The conclusion of Sunshine Simulation Analysis

七彩步道宽度大多在 4 米；经过日照分析，棚架为宽度全覆盖、位于正上方为遮荫效果最佳，且越低效果越佳，但同时应考虑景观整体效果；及户外构筑物高度规范规定。

- 棚架宽度：2.5 – 4 米
- 棚架设置位置：步道两侧，根据飘带线形摆动
- 棚架高度：2.7 米，符合室外构筑物最低标高

图 6-14："七彩飘带"日照分析图
Figure 6-14: Sunshine analysis charts

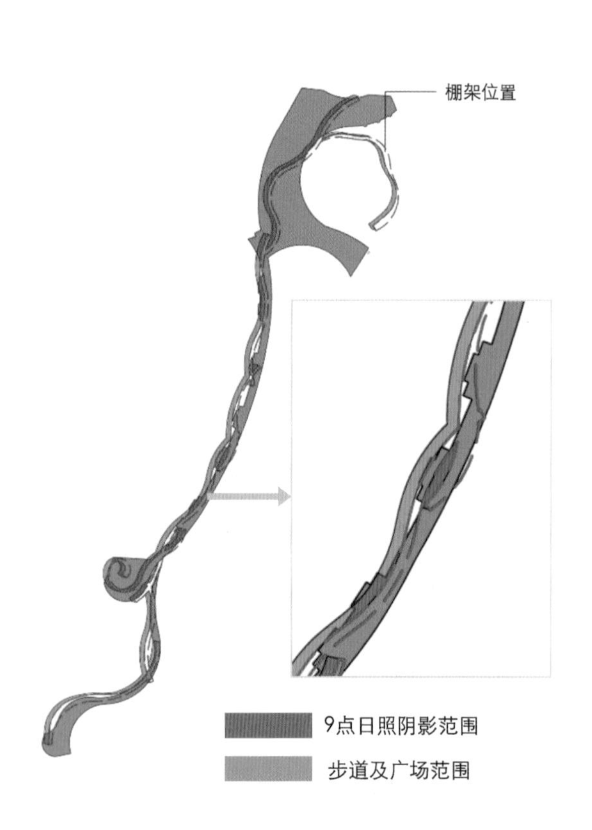

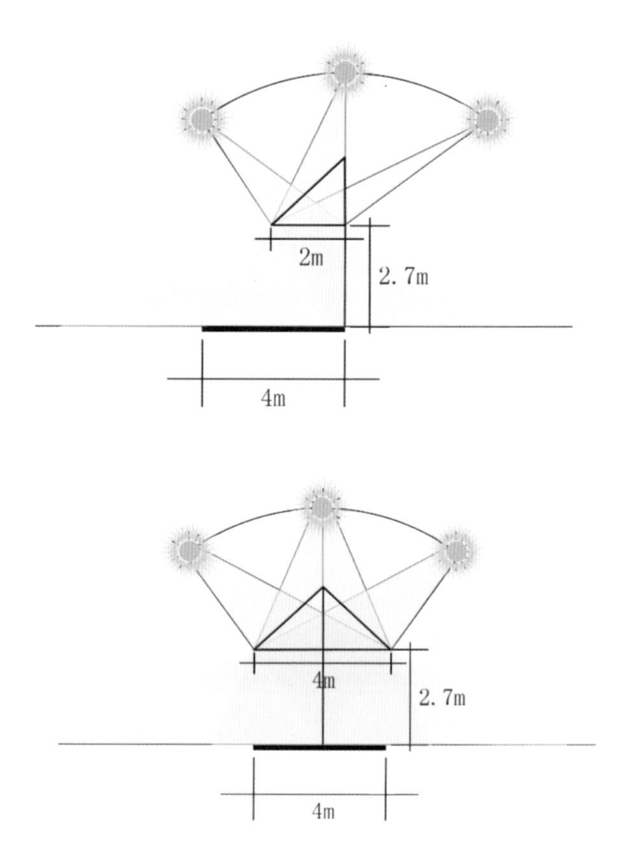

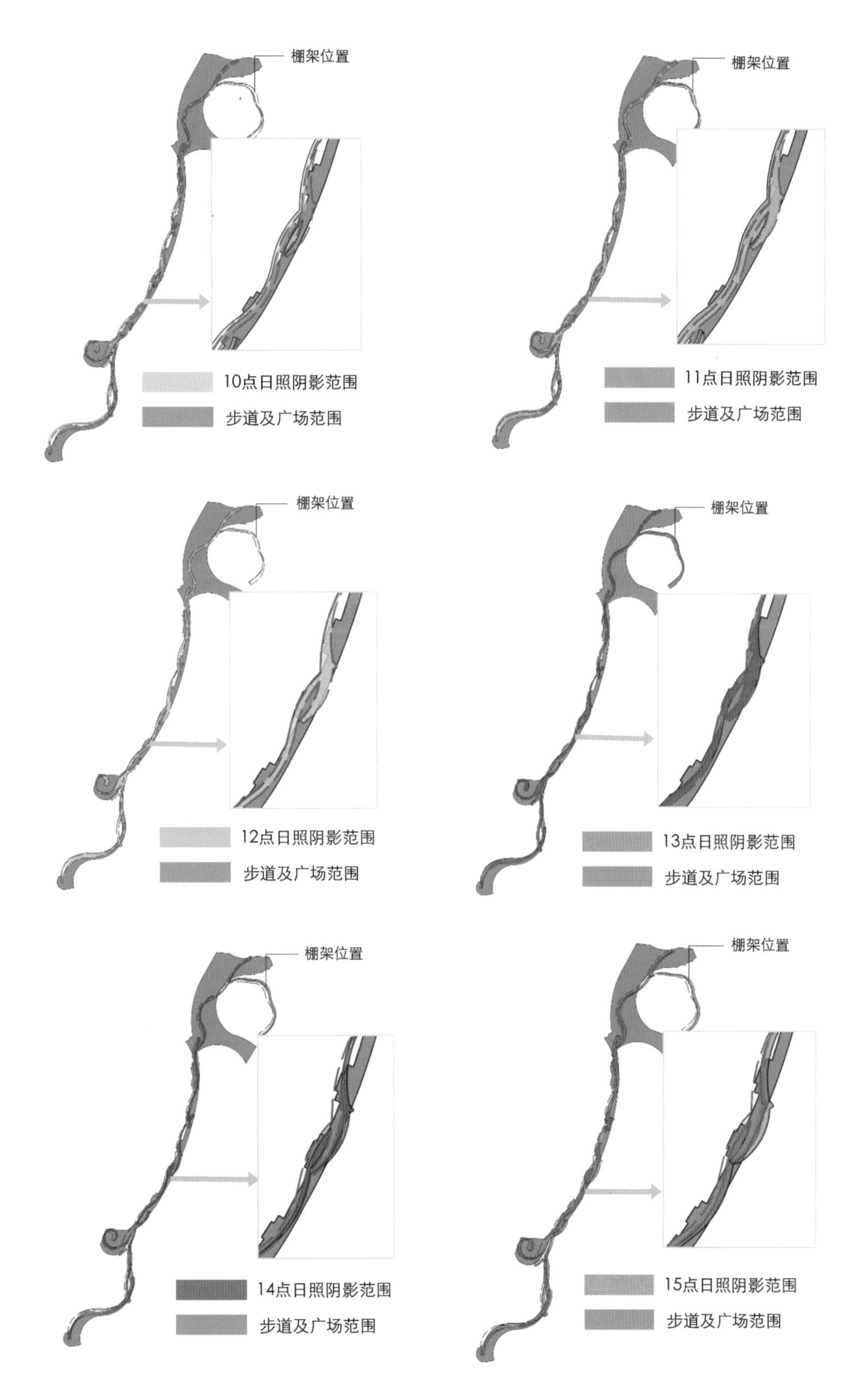
棚架位置
10点日照阴影范围
步道及广场范围
棚架位置
11点日照阴影范围
步道及广场范围
棚架位置
12点日照阴影范围
步道及广场范围
棚架位置
13点日照阴影范围
步道及广场范围
棚架位置
14点日照阴影范围
步道及广场范围
棚架位置
15点日照阴影范围
步道及广场范围

3.4 要点之三：七彩飘带的造型设计

“七彩飘带”如何做到形式与功能的完美结合，从 2012 年 09 月底到 2012 年底整整 3 个月的密集攻关时间里，听取了来自执委会、相关设计单位、市民等多方意见和建议，进行了多次方案的修改，而后与设备厂商以及施工方合作，才得以落地实施。

图 6-15：世园会“七彩飘带”方案设计回顾
Figure 6-15: The Design Process of Rainbow Streamer Corridors in Horticultural EXPO

2012 年 10 月 30 日

设计方案：在棚架结构上采用了单柱及双柱形式结合，膜形态采用穿插飘逸的白膜。
深化解析：此方案飘带所具备的“柔”和“流动性”较弱，如何用“刚”表现“柔”是解决飘带造型的核心问题；结构形式建议全程使用单柱形式，提升布局自由度的同时，把“刚”减少的最小；棚架既要考虑功能性，同时还应考虑非功能性，展现七彩主题及艺术性、文化性；进一步加入对色彩的应用处理，以体现“七彩”主题；进一步处理好棚架与地面的关系、与人行为的关系、功能与非功能的关系、连续与间断的关系、白天与夜晚的关系；注重设计指标的分析与投资控制等。

2012 年 11 月 13 日

设计方案：对棚架方案进行了再一次的调整，并融入了文化艺术元素。
深化解析：注重飘带整体形象的体现，主要通过“飘带”的形式、色彩及其识别性（世园会标识、七彩主题）等方面来体现，其艺术形态方面仍需进一步探讨研究；增加总体布局，布局应考虑与广场、水库、步行系统，以及交通体系的关系，与地下管线的结合以及共杆体系的处理方式；增加可观的设计数据分析，对现状数据及设计数据的统计和分析，包括竖向、长度、面积、以及广场等数据，作为“飘带”设计的重要理论依据；棚架单体分析，主要指对于杆件节点的分析，杆件的截面形式分析等，棚架阴影投掷面的分析，尤其是入园高峰时段11:00 – 15:00的阴影投掷面。

2012年12月26日

第三次方案设计
The 3rd Draft

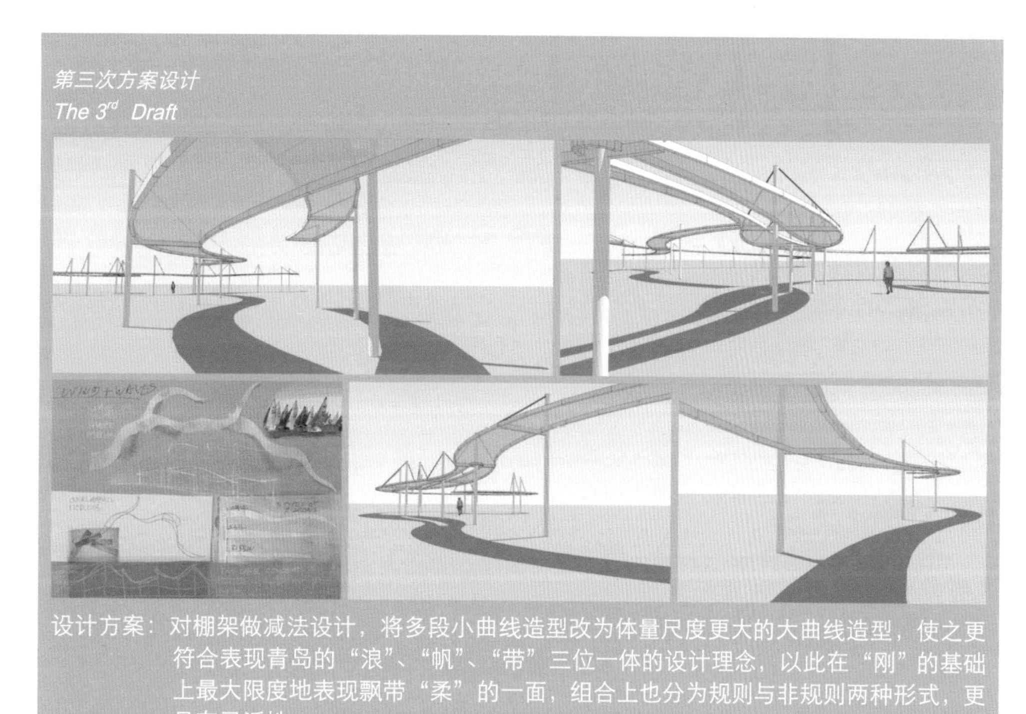

设计方案：对棚架做减法设计，将多段小曲线造型改为体量尺度更大的大曲线造型，使之更符合表现青岛的“浪”、“帆”、“带”三位一体的设计理念，以此在“刚”的基础上最大限度地表现飘带“柔”的一面，组合上也分为规则与非规则两种形式，更具有灵活性。

结构

七彩飘带的造型设计除了前面与设施布局相关的高度与宽度的尺寸以及平面形态之外，还需要考虑兼顾美观性与牢固性，既要充分展现七彩飘带飘舞灵动的柔性美感，同时又要兼顾结构抗风牢固性的基本底线。

从美观性角度考虑，需要尽量将飘带做的灵动飘逸，因此最早的结构构思是尽量采用比较轻巧的细杆，特别是遮阳膜的四边，并且膜的形态也是可以扭曲的曲面。

从牢固安全的角度进行考虑，这种轻巧的结构还难以消除各方面对会展期间风力考验的担心，因此经过多次的讨论修改，最终还是采取了比较牢固的框架式结构，遮阳膜也仅仅采用了平面的形式。

共杆设计

同时，结构框架不仅仅考虑结构上的牢固性和形式上的美观性，设计团队还采用了共杆设计，将照明、喷雾降温等功能融合在一起。即利用结构杆管作为埋线管道，独立供电与控制单项设备，形成泛光照明、背景音响、功能照明以及喷雾四类实施的线缆共杆。

图 6-16: 结构设计示意图
Figure 6-16: Structure Design of Rainbow Streamer Corridors

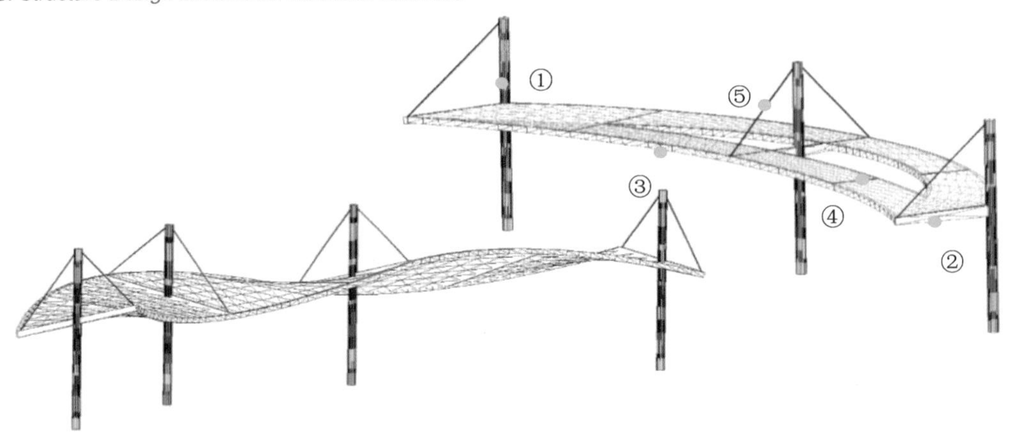

表 6-4: 结构杆及尺寸
Table 6-4: The Size Of The Pole

编号	名称	尺寸
1	主立杆	圆管，直径 180 毫米
2	横杆	矩形管，200×100 毫米
3	膜边界固定管	矩形管，120×80 毫米
4	膜斜撑管	矩形管，60×60 毫米
5	斜拉钢管	圆管，直径 50 毫米

材料——网状彩膜

遮阳膜是七彩飘带在形式上最具有视觉冲击力的部分之一，但也蕴藏着很重要的功能性设计。最初对遮阳膜提出的基本要求为：既能满足遮阳遮雨的基本功能，又能尽量不影响视线的遮挡，即站在遮阳膜下的游客能透过膜看到外面的景观。另外，我们还提出了扩展性要求：

（1）与太阳能和 LED 技术结合，在夜晚能够实现 LED 发光的功能；

（2）LED 发光能够进一步通过计算机控制来实现设定的图案变化，即达到显示屏的效果；

（3）若太阳能和 LED 技术难以实现，可以在遮阳膜上绘制不同的图案，融入地方特色文化元素。

非常遗憾的是，限于技术研发和资金投入等的困难，最终只实现了基本要求。但令我们感到欣慰的是，我们在遮阳膜下行走和休憩的时候，并没有沉闷压抑的感觉，能够比较通透的看到头顶上的天空和景观，实现了比较愉悦的观景体验。

图 6-17: 网膜在日光下的效果（左图）与可选色的网膜示意图
Figure 6-17: Effect of omentum in daylight (left) and Optional color of omentum

3.5 要点之四：七彩飘带的色彩设计

色彩是七彩飘带最具有视觉冲击力的部分，但色彩不仅仅是形式上的，更重要的是其最具有识别性和视觉指示导引的作用。如何准确演绎主题“七彩”以在百果山下勾勒大地艺术，同时又满足识别性、指示性以及审美等功能要求，整个设计团队对颜色的设计进行了精心的设计，同时结合施工上色及材料对其进行了挑选。

色彩布局紧扣“七彩”主题，结合对应七大片区确定七大常规色相，即红、橙、黄、绿、青、蓝、紫。使之成为对应片区品牌专色，传达准确的象征寓意；七种色相的颜色组合遵循一个主题色搭配两个相邻色的原则⑤，具有视觉连贯性的同时，又在审美上保证相得益彰；同时根据色彩诱目性⑥的原则，选用明度较高的色调，来吸引人的目光，使七彩飘带具有较强的识别性，能快速的辨别出其位置和方向并前往休憩、遮阳等；通过棚膜色彩及精心挑选相宜色彩的花卉来一同营造统一的观感环境；最后选取灰白色调应用于铺地、廊架及花坛等配套部分，以稳定、大气的色彩基调来反衬主题色。

图 6-18：“七彩飘带”色彩设计及组合原则
Figure 6-18: Principle of Rainbow Streamers Color Design and Matching

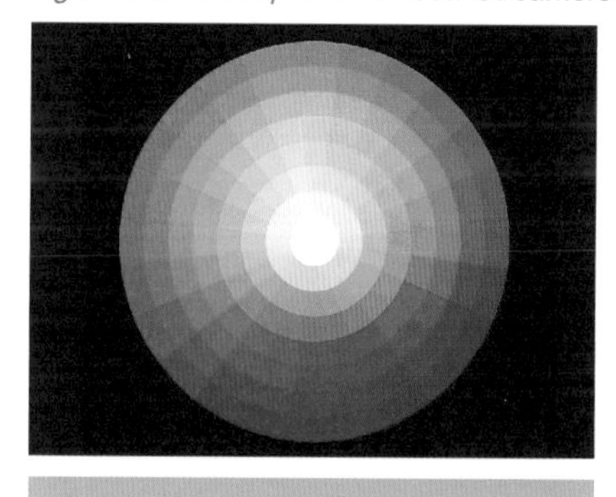

⑤ 色环与相邻色
⑤ Color ring and the adjacent color

如上图即色环，分布在色环上不同角度所形成的扇形区域颜色称作色相，相邻扇形区域的两种颜色称作相邻色或相似色。同一扇形区域中的同一色相沿半径方向的亮暗变化称作明度。

⑥ 色彩诱目性
⑥ Attraction of colors

色彩的诱目性：能够吸引人目光的色彩特性被称作诱目性。在能够使诱目性变高的色彩中，与无彩色比较，有彩色较好；与低彩度色比较，高彩度色较好；与低彩度色比较，高彩度色较好；与低明度色比较，高明度色较好。

图 6-19：2014 年青岛世园会"七彩飘带"功能复合步行景观长廊系统技术设计与运用清单
Figure 6-19:Technical Design and Application List of Rainbow Streamer Corridor System in 2014 Qingdao EXPO

技术一：排线共杆设计
Tech 1: All-in-One Pole Design

飘带廊架支撑、照明、音响、喷雾排线共用同一根主杆，故共杆的设计是实现设想功能的重要技术依托：

- 泛光照明共杆：线路打孔穿管，灯具螺栓固定于杆件上。
- 背景音响共杆：线路打孔穿管，音响禁锢轴固定。
- 功能照明共杆：线路打孔穿管，灯具禁锢轴固定。
- 喷雾共杆：线路沿棚架杆件明敷，管线直径 10 毫米。

技术二：廊架结构设计
Tech 2: Corridor Frame Design

廊架结构设计主要由五部分组件构成：主立杆、斜拉钢管、膜边界固定管、膜斜撑管以及横杆。

五个构件中，只有主立杆直接接触地面，并支撑所有构件；斜拉钢管以主立杆为受力支点牵拉顶棚部分；膜边界固定管和膜斜撑管分别在切向和横向撑开顶部棚膜；横杆则起到顶棚线性方向边界收边支撑的作用。

技术三：半透光遮阳挡雨顶棚薄膜
Tech 3: Semi-translucent Shading film

为了达到阻挡紫外线、热辐射、遮雨的效果，选用可造色的网状彩膜。

具有一定的透光性的同时，又能够大幅度降低太阳辐射的穿透力；高密度的网状结构增加了流体流动阻力，合理利用流体的黏度与表面张力使得雨水绝大部分情况下不会渗过棚膜；具有一定弹性的组织材料也满足非规则面的拉伸，有一定的可塑性。

技术四：喷雾送风一体式控温设备 LED 灯条与室外音响设备
Tech 4: The Integrated Spray-Blower Temperature Control Equipment, LED Light Bar and Outdoor Stereo System

根据需求量评估，采购配套喷雾设备、LED 灯条以及室外音响设备。

技术五：日照模拟分析
Tech 5: Sunshine Simulation Analysis

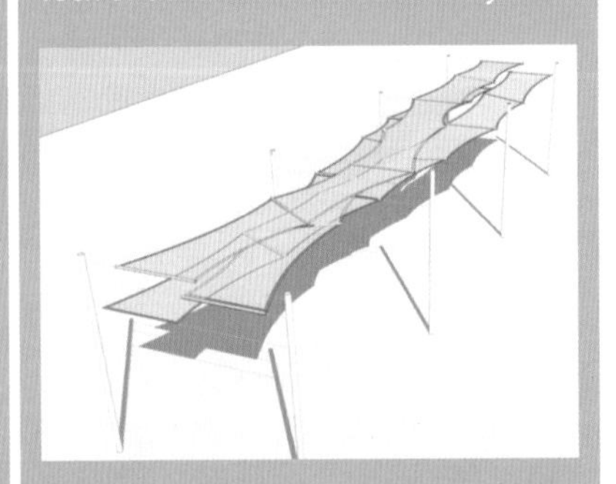

利用日照分析相关软件，结合世园会举办会址实际地理特征，建立完整的地球与太阳数学模型，分析"七彩飘带"在不同布线、布点的任意位置、任意时间的细部状况，如阴影位置偏移情况等，以此作为验证依据对原有设计进行合理调整，以求最高效、理想、舒适的遮阳效果。

设计指标

表 6-5：2014 年青岛世园会“七彩飘带”功能复合步行景观长廊系统设计指标表

Table 6-5: Design Index for Rainbow Streamer Pedestrian Corridor System in 2014 International Horticultural Exposition Qingdao

七彩飘带	长度	面积		竖向		棚架			
	主通道长度	主通道面积	经过的广场面积	台阶长度 / 面积	坡度 / 长度	主通道棚架长度	主通道棚架覆盖面积	广场棚架长度	广场棚架覆盖面积
红色飘带	480	2108	4492	无	0.04% – 4.4%	647	1415	260	642
橙色飘带	560	2337	4975	无	5% – 8%	786	1545	271	459
黄色飘带	727	2544	1072	128 平方米 /45 米	7% – 10%	832	1673	136	283
绿色飘带	830	4972	720	24.5 平方米 /6 米	4% – 6%	441	992	0	0
青色飘带	340	3800	2227	39.6 平方米 /7 米	1.5% – 7.5%	617	1425	85	161
蓝色飘带	578	2028	5326	9.6 平方米 /3 米	0.2% – 9.0%	585	1286	271	706
紫色飘带	514	4075	10064	无	0.1% – 4%	682	1726	292	1126
总计	4029	21864	28876	—	—	4590	10062	1315	3377

扫一扫

七彩飘带廊架及附属
设施工程情况

4 飘向未来的七彩

A Rainbow Bridge to Future

为期 184 天的世园会虽然结束了，属于百果山的“七彩飘带”完成了关键性的历史使命，是拆是留还未确定。但可以确定的是，七彩飘带给游客留下了深刻的印象，也发挥了非常好的功能性作用。同时我们也可以肯定的是，在未来，七彩飘带我们还要继续不断的探索实践下去。

衡阳火车站的“七彩飘带”以“以流定型”的初步构思方便了人们的通行；世博会的“七彩飘带”以底层架空与双层设计包容了双倍的人流；世园会的“七彩飘带”以遮阳挡雨指引便捷舒适了游客。但作为设计实践不应仅仅是在在世博会、世园会这样大型、密集型运营的城市事件中运用，最重要的还是要回归人类的生活。那么，下一个阶段的七彩飘带将更具革命性，它将融生态、智慧技术于一体，更有机地融入我们的城市生活中，来造福人类。

下一代“七彩飘带 4.0”将会在技术上做进一步的突破研究。如，如何让结构做的更加轻巧、灵活且承载更大的风力荷载？如何让遮阳材料的遮荫效果更好但更加通透？如何在遮阳材料上融入 LED 的发光技术，让夜晚的照明更节能同时景观性更好？最重要的是，要探索研究进一步融入太阳能薄膜革命性技术，让太阳能更大规模地走到城市中间。“飘带”不规则、随环境而变的适应性特征与全覆盖、全贴合的太阳能光伏膜组合模式，将打破传统机械式地以单栋建筑为载体置放太阳能板的瓶颈和技术阻隔，利用太阳能光伏膜低成本、大面积的天然优势，落脚到城市广场、公园、绿地、道路、设施、交通甚至人体等更多元广泛的载体上，从而超越建筑载体，真正有可能实现下一代“城市太阳能全覆盖”的设想目标。

低投入，高产出正是智慧、生态文明下不同于传统工业时代大投入大消耗最大的不同，也是“七彩飘带”乃至本次青岛世园会要传达的生态思维。如果说世博会是“和谐城市”的一个实验范本，世园会也不例外，以世博会、世园会的前沿技术、概念集中展示作为跳板，将技术、案例沿用到城市中、自然中、生活中，这正是世博会或世园会等展览会举办的题中应有之义。

太阳能光伏膜城市应用的可能性[7]

The Feasibility of the Application of Solar Photovoltaic Film in Cities[7]

在未来市场中，薄膜太阳能电池所占的比重将会不断增加，薄膜太阳能电池的研发将继续提速。薄膜电池已被列入我国太阳能光伏产业“十二五”规划的发展重点。

有机薄膜太阳能电池使用塑料等质轻柔软的材料为基板，只需要将廉价物料放在诸如塑胶等有弹性的表面上便可，价钱便宜而且轻便，因此人们对它的实用化期待很高。研究人员表示，通过进一步研究，有望开发出转换率达 20%、可投入实际使用的有机薄膜太阳能电池。专家认为，未来 5 年内薄膜太阳能电池将大幅降低成本，届时这种薄膜太阳能电池将广泛用于手表、计算器、窗帘甚至服装上。

专家相信，不久的将来，薄膜材料的太阳能电池将出现在人们的日常生活中。现今，世界上至少有 40 个国家正在开展对下一代低成本、高效率的薄膜太阳能电池实用化的研究开发。

扫一扫

太阳能光伏网

图 6-20：太阳能光伏膜城市应用的可能性

Picture 6-20: The Feasibility of the Application of Solar Photovoltaic Film in Cities

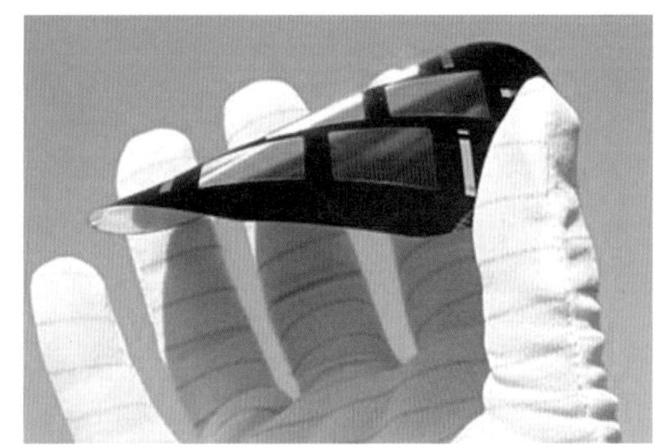

图 6-21：附图："七彩飘带"图集
Figure 6-21: Attachment: Pictures of Rainbow Streamer Corridor in Use

注释
Notes

① 引自《最佳路径》小学四年级语文教材，江苏教育出版社。

② 引自青岛世园会官方网站。《新闻发布会召开，相关规划设计公布》，青岛世园会新闻宣传部，2014 年 4 月 1 日。
该文网址为：http://www.qingdaoexpo2014.org/content/2014-04/01/content_10361370_all.htm

③ 引自青岛日报。《七大园区解读“七彩飘带”》，2012 年 8 月 23 日。
该文网址为：http://epaper.qingdaonews.com/html/qdrb/20120823/qdrb466164.html

④ 引自上海市政总院景观分院提供相关设计资料。

⑤、⑥ 引自约瑟夫 • 阿尔伯斯所作《色彩构成》。

⑦ 引自《2013-2017 中国薄膜太阳能电池市场调研与未来前景预测报告》，2013 年 7 月；《薄膜太阳能电池》，该文网址：
http://baike.baidu.com/link?url=FNGBlQWpkWvxBCVcQTUd4AWdT6zW8LWfigR_gRUH2U7wttWv
GNHl6d44NWO6f8_zux6kyYyrNF-TF2EBQgooUa

第七章 智能世园会

——运用数字新技术，实现园区智能化

Chapter VII Smart Horticultural EXPO

By Intelligent Technology

2014年8月29日

1 智能世园系统：全生命周期的智能化

Intelligent EXPO System-Intellectualization of Complete Lifecycle

在智能化和信息化广泛影响人们生活的今天，以“让生活走进自然”为主题，2014 年青岛世界园艺博览会将智慧世园打造成了这次园艺展会的品牌与特色。世园会融入科技手段，从不同层面打造全面立体的智慧园区。

如图 7-1 所示，我们的规划设计解决方案将青岛世园会的智慧世园系统分为五个相互关联的核心部分，分别是规划设计、建设控制、管理运营、园区游览和交互展示，从而实现智慧园区的全生命周期的智能化。

智慧技术如何帮助世园会的规划决策？我们整个规划设计团队从世园选址、到地形地貌（高程、坡度、坡向等）模拟、再到风模拟、水模拟、太阳辐射模拟，进而测算游客量与空间游客密度，通过一系列数字化的计算机辅助设计程序，综合设计最佳的规划方案。

在建设过程中，我们整合各方资源、调研各个方面，通过通信工程规划、数字园区规划科学合理地布局通讯、互联网基础设施。

作为智慧园区，世园会建立了“智慧园区”综合管理平台和“智慧旅游”综合服务平台等数字园区地理信息基础服务平台。各职能部门，运营商和软硬件供应商共同建设以信息发布、掌上园区、智能游览、指挥中心、协同办公等多平台多系统为一体的智慧园区系统。园区内还引入视频分析、客流统计等先进技术，可以实时提供入园人数、土壤质量等信息，实现客流引导、能耗监测、环境监测、自动喷灌等环节的可视化集中管控。通过门户网站、智能移动终端等多种信息技术手段，实现游客服务智能化和园区管理精细化。[①]

此外，青岛世园会还运用了多元化的智慧展示手段。由于智能手机的普及，扫描二维码获知信息非常方便，世园会建设者延伸出了“二维码植物信息”、“二维码绿化景观介绍”等多种智慧游园服务，通过设置在各景点的二维码图片，游客可以轻松查询展馆、景点和植物景观等信息。植物馆是最受游客欢迎的展馆之一，为了让游客及时了解馆内 1700 多种植物，这里引入了刚问世不久的“精确室内定位技术”。通过下载讲解软件，手机就像是一个随身导游，伴随游客的脚步，自动播放，随时讲解，实现了游园线路的私人定制。[②]

青岛世园会智能技术体系详见右侧图 7-2。

图 7-1：青岛世园会智慧世园的五大部分
Figure 7-1: Five Aspects of Intelligent Horticultural EXPO Park

扫一扫

2014 青岛世园会网上世园会平台。

《易智瑞蔡晓兵：Esri 地理信息助力建设智慧的青岛世园会》，青岛新闻网，2013 年 7 月 15 日。

图 7-2：青岛世园会智能技术体系
Figure 7-2: The Intelligent Technology System for 2014 Qingdao International Horticultural Exposition

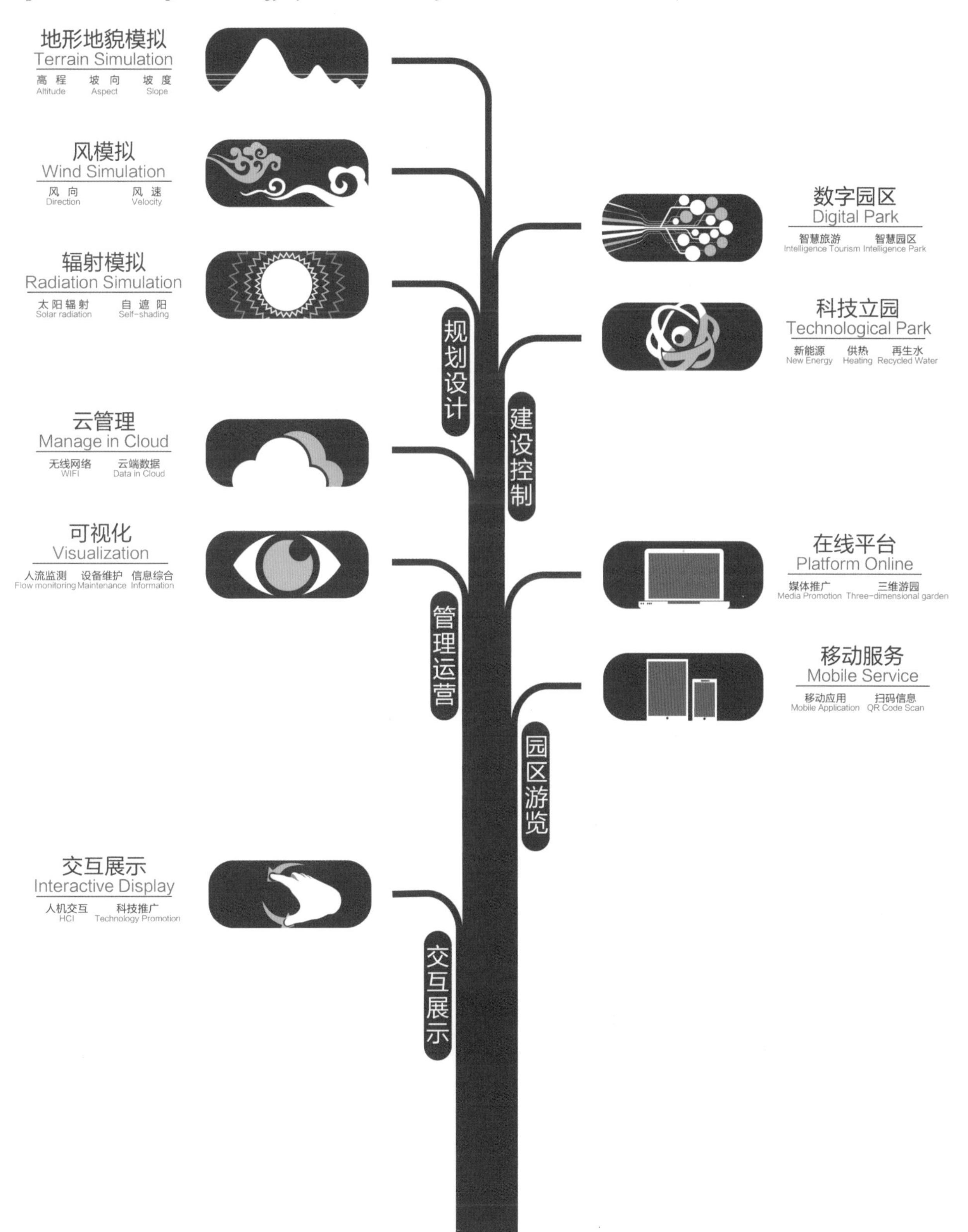

理智规划与智慧技术是智能城市的根本——专访 2014 青岛世界园艺博览会总规划师吴志强教授

问：上海世博会的规划中有一些智能园区的经验和实践进一步应用到青岛世园会中呢？是否有可能将这些智能实践规范和普及？

答：上海世博会让我有机会做了很多的智能、智慧的实验，也尝到了很多甜头。比如说，我们在世博园区的蓝牙信息的应用、世博短信的推送等，对于世博会的宣传、组织和安保有很大帮助，也对人流的预测和控制，对安全平稳地度过最大的人数峰值起到至关重要的作用。一些展示技术的运用使得参观者在看到实物的时候，能够获得更多的信息，一时消化不了可以回去以后再学。对于相关内容展示和传播有很大的好处。

图 7-3：2014 青岛世园会总规划师 吴志强教授
Picture 7-3: Professor WU Siegfried Zhiqiang, the Chief Planner of Qingdao International Horticultural Exposition 2014

我觉得这些经验有三点延续到了青岛世园会中：

第一，我们在规划设计中，运用的方案的模拟手段。这是在智能设计上的。比如太阳能模拟、风模拟等。这些工作对读懂世园会的山水，提高设计的品质，完成设计的核心思想，确保设计的节能减排和生态可持续起到很好的设计作用。

第二，整个设计过程中，智能技术平台对建设和运营周期的计划与控制都是有好处的。

第三，网上世博的手法在世园会上继续得以发扬。随着四年来网络的发展，上网的人更多了，特别是用手机上网的人数大大增加。使世园会的推广和观众参观的调查回访有了更多的途径。但是世园会不仅仅使用了世博会的技术。如今世园会时的网络技术远远超过当时的世博会。例如，世园会做到了 Wi-Fi 的园区全覆盖，当时世博会只是做到了某些场馆的 Wi-Fi 覆盖；又如展品和参观者的交互，在世博会中只是很少的一部分展品做到了，而世园会大部分场馆做到了；技术的极大进步，使得我们可以把很多不同种类的植物进行自然化的展示，与游客互动；最后是 184 天的世园会的运营管理，也应用了大量新技术，如电子监控、安全防范、园区调度、应急反应等。智慧园区没有绝对智慧，只有将当前技术运用到针对参观者的服务中，应用到参观者的安全、舒适、愉悦上，智慧园区才达到了其真正的目的。这是一个不断进步的过程。

很难说这些技术都可以实现规范化。有些技术可以规范和普及，但有些技术已经被更新的技术替代了。世博会的很多智能技术现在都已经很低级了，很多甚至已经淘汰。比如，世博会用的蓝牙推送技术，现在就已经基本淘汰了。再如，人脸识别技术（防范盗窃），当时只是用在世博会的节点地段，比如门口。现在已经做到全域识别，任何地方都可以识别。作为设计师，应该当知道：第一，在什么地方需要提升设计、环境、运营的品质，以及何处需要技术的辅助？第二，需要不断地更新自身的知识储备，向其他专业的专家请教，学习。这两点对于设计师来说是永恒不变的要求。

问：智慧技术在城市规划中发挥着愈发重要的作用，那么在未来的规划中，智慧技术将发挥怎样的角色和作用？对传统规划将带来怎样的变革？

答：在未来的规划，智慧技术扮演越来越重要的角色。它的重大意义主要体现在以下九个方面：

1. 对自然、山水的阅读；

2. 把控规划基地基础设施、管道管线的系统；

3. 所有未来的土地上需要解决的关键问题，有更准确的把握和诊断；

4. 未来城市规划中间，更多的基于大数据和网络平台，需寻求更多的不同领域的专家协同；

5. 所有的规划方案都可以进行单体和群落，节点和整体之间的配置关系的检验，以完成多方案的比较和优化；

6. 每一个规划方案都可以进行未来使用交通、人流、物流、耗能、耗水、耗时、耗材的模拟。模拟后可以看到方案对于真实社会经济环境的影响。知道这些影响对于规划品质的提升起到非常重要的作用；

7. 每一次规划设计，都为单体设计提供了模拟数字底板。为未来的每一次深化设计，大大减低了工作量；

8. 随着智能技术的发育，打通从战略规划到总体规划，再到总体设计，再到网络设计，再到地块设计，再到建筑设计，再到室内环境设计，再到展示设计，甚至到运营设计……打通各个专业的群落，使得相互之间更好的协作，完成设计群落的协同创新；

9. 通过网络技术，大大加强了每一次方案群众参与的可能性，把很多更加专业的技术语言转化为普通民众看得懂、摸得着、可以理解、可以参与、可以提意见、可以共同创新的平台和工具。

问：在很多规划项目中，各方越来越重视一些最新的宣传展示方式、推广手段和交互技术。以这次青岛世园会为例，就推出了手机 APP、三维旅游网页和二维码扫描解说等服务。然而，实际使用的人数却并不尽如人意，这种情况对我们规划师和设计师有什么启示？

答：实际上规划师和设计师不是万能的。每个地方的展会都有主办方，主办方取决于当地的管理结构，管理结构取决于地域文化，当地文化又取决于更大的背景。在世博会中，这些应用的推广是面向全国、全世界的；但青岛世园会充分体现了“山东特色”、“儒家底蕴”。山东好客，但不太会炫耀。感谢这些智能化的宣传工具，使得青岛已经比以前进步很多，让很多人知道了世园会，否则知道世园会的人可能会更少。

问：青岛园区中对于诸多数据的实时监测是一项非常直观且高效的智慧园区技术，这与您在 2012 年研发的世界首台市长决策桌之间是否有一定的联系？

答：市长决策桌就是空间管理决策桌，它包含未来的方案，现在的状况，实时数据的反馈和预案的准备。市长桌的前身就是上海世博会总控台。在 2005-2006 年间，在规划中的世博会面临那么大的人流压力时，我们非常希望有一个完整的规划和设计平台，并希望将其最终发展成为展会的运营管理平台。这个技术发展和延续若干年，其实就是市长决策桌的原型。所以说，市长决策桌，就是从世博会园区总指挥开始的。我们世博会中有一台巨大的中心控制台。为了保证实时操作，我们又把它压缩成一个保险箱。把这套系统延续开发，就成为市长决策桌。

问：智能城镇化是当今的热点话题，那么这个“智能”对于规划师和设计师有什么新的要求呢？如何将“智能”元素完美和谐的引入城市规划的过程中呢？

答：智能技术，最终都取决于智能和智慧的人。如果只有不断购买智能的技术，那么人就会变得越来越笨；反之只有当人类运用自己的智慧去创造智慧的技术，人才会变得更加智慧。在现在的技术条件下，传统的规划师突然之间有了很多新的工具、手段和方法。这些工具、手段和方法可以帮助规划师判断问题，深化设计，优化设计，更好地去指导建设和之后的城市运营。而这些新技术必然会对规划师提出新的要求。

规划师必须保持开放的心态。第一，必须向不同专家求教、学习、协同、合作；第二，虚心学习新技术和新工具；第三，必须反复思考怎么让市民在城市中更加安全、舒适、愉悦的生活，想清楚难点在哪里，只有将难点想清楚，这才是雪中送炭，而不仅仅是一种装饰、秀场。

2 智能的规划设计

Intelligent Solutions in Planning and Design

传统的规划设计过程是经验主义导向的，主观性较强，不利于评判和控制规划方案对于环境的影响程度。青岛世园会总体规划注重规划对于社会、经济和生态环境的多方面影响，避免非理性的思维干扰决策，因此广泛利用智能化的技术对场地进行深入解读，从规划建设前、规划实施中和规划实施后三个阶段去衡量规划项目对于不同系统的影响。运用地形地貌模拟、风模拟、太阳辐射模拟等智慧的技术手段，全方位动态模拟和分析规划方案对于环境产生的影响，用精确的数据和直观的图表实时校核和调整设计方案，以寻找最优化的解决路径。除总体规划外，更进一步的节点设计、建筑设计中，规划师、景观设计师和建筑师们也大量运用了智能化的生态模拟技术。如梦幻科技馆和科技餐厅的设计，不仅采用参数化设计，并且引入了多种分析技术，针对各种环境条件参数筛选优化结果。

2.1 计算机辅助生态设计在园区规划中的应用

总体规划中的地形地貌模拟

（1）园区高程分析

园区地形高程跨度较大，最高点海拔 166 米，最低点海拔 60 米。南部水库高程低，可达性高，便于开展近水活动。位置较高的点通常只能通过徒步和长距离的盘山路到达。

（2）园区坡度分析

尽管场地因为丘陵地形，世园会绝大部分土地坡度都在 20 度之内。天水路以北比天水路以南整体坡度较高。坡度大于 30 度的用地主要集中在世园会地块东部和北部。

（3）园区坡向分析

世园会以园艺植物为展示主体，坡向对于园中植物的布置影响巨大。总体上说，世园场地大部分是南向的坡向，利于植物生长。最好的东南坡向集中于毕家上流水库周围。

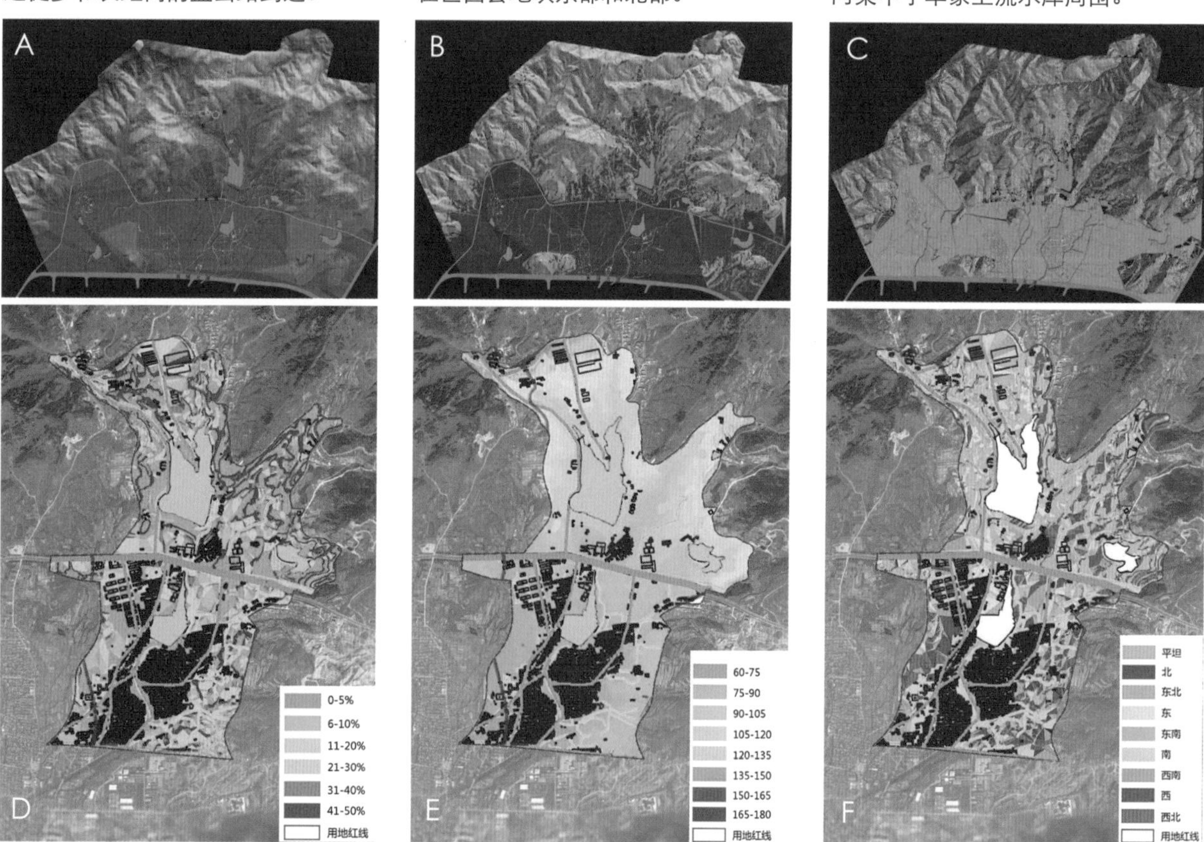

图 7-4：青岛世博会园区场地中的地形地貌模拟应用

Figure 7-4: The Employment of Terrain Simulation in 2014 Qingdao International Horticultural Exposition

图 7-5：基于场地的地形地貌模拟后的剖面分析（来源：上海同济城市规划设计研究院）
Figure 7-5: Section Analysis Based on Terrain Simulation of the Site (Source: Shanghai Tongji Urban Planning & Design Institute)

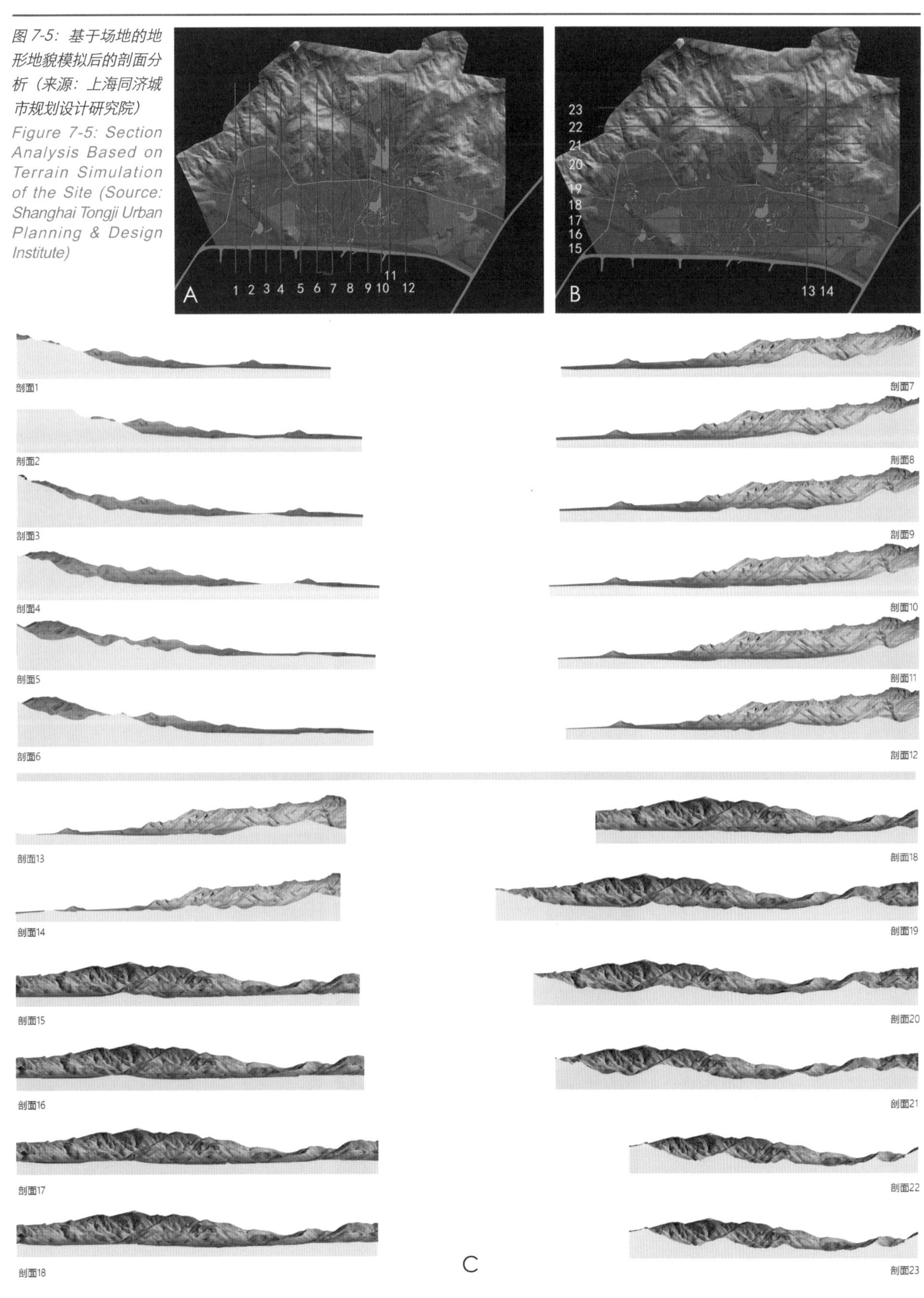

总体规划中的自然风场模拟

规划中利用 Ecotect 和 PHOENICS 等模拟软件，对青岛世园会的园区场地进行了风模拟，如图 7-6 所示。青岛属于海洋性季风气候，冬季受西伯利亚地区冷高压影响，夏季受西太平洋副热带高压控制。两者为不同属性的半永久性高压。根据软件对青岛世园会地形绕流的模拟结果可以看到，当风垂直吹向地块时，气流受到复杂地形的阻碍作用，其流向向上下左右各方向偏转，结果是气流到达迎风面边沿时，速度变大，呈射流状绕过山地的顶面和两侧面，并诱导背风面的气流形成两个对称的旋转方向相反的大旋涡。在迎风面，由于气流的转向，在地面处形成了小旋涡。

从图 7-6 中可看到，由于风受到园区周边高峰阻碍转向时，正好顺着高地形的斜坡吹进园区区域，该区流场绝大部分地区的风速在 5 米 / 秒以下，基本不会引起人们的不舒适感。但园区内的风速整体还偏高，需要增加绿化挡风设施从而降低风对人体的压力，以增强人体舒适度。

根据户外风环境、热环境模拟评估及景观视廊仿真评估，规划从用地布局、城市设计形态引导控制、生态景观及生态建导则 4 个方面优化调整规划方案：

①减少硬质铺地广场，增加绿地、水面，以降低热岛效应、调节微气候；

②针对视廊两侧建筑群体空间布局，对沿山区块建筑高度控制进一步优化、调整；

③在热岛效应较高的区域，建筑群体布局考虑组织穿堂风，利用自然通风，建筑设计结合建筑裙楼设置连续的骑楼及底层架空，以增加必要的遮阳空间，使用景观绿化为建筑表面遮阳，并尽量减少所有建筑的占地面积，使用高反射率的材料以减少对热量的吸收，在室外步行廊道设计水雾喷泉，缓解热岛效应，降低室外温度，增加舒适性；

④较大的区域，避免设计迎向主风面的连续板式高层建筑，宜设计点式高层建筑，并使其迎向主导风向的间距大于面宽，建筑底部统一采用架空和骑楼等方式，以减小风压，景观设计注重利用高大乔木缓解风速，注重户外景观设施的抗强风能力。

图 7-6：青岛世博会园区场地中的风模拟应用

Figure 7-6: The Employment of Wind Simulation in 2014 Qingdao International Horticultural Exposition

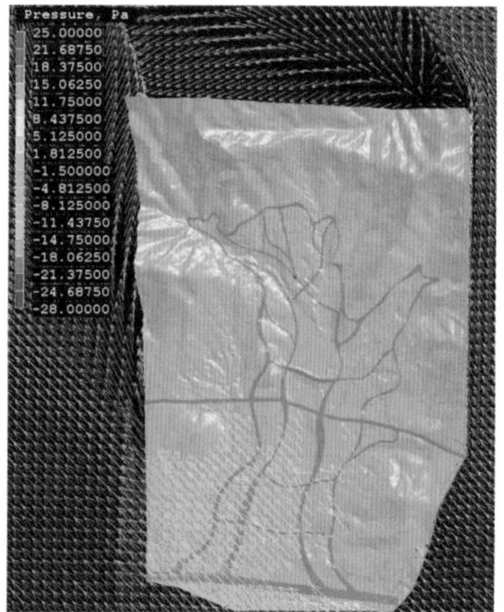

A：PHOENICS 模拟园区 30 米风向矢量图

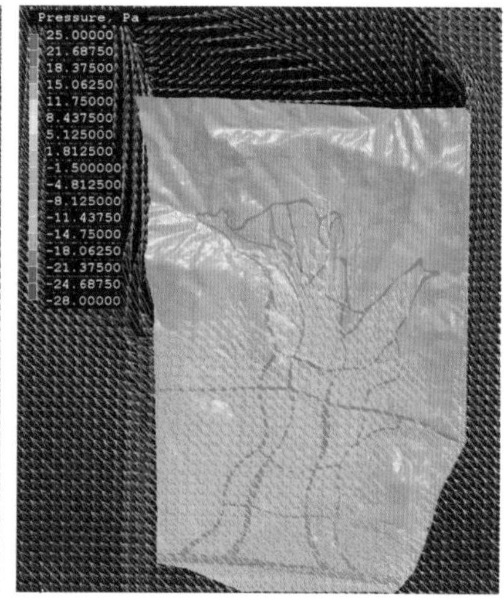

B：PHOENICS 模拟园区 70 米风向矢量图

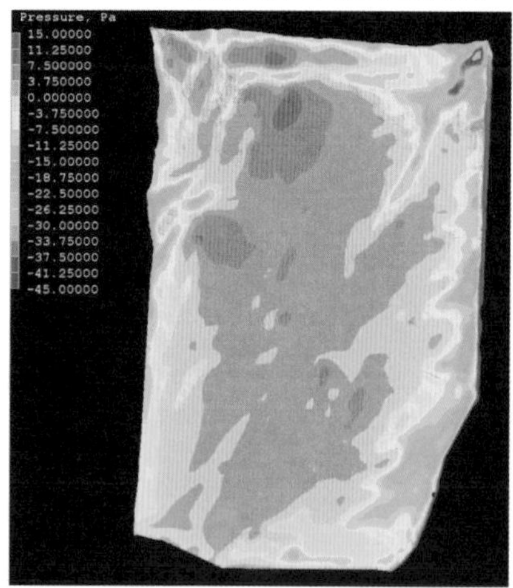

C：PHOENICS 模拟园区风压场模拟分析图（云图）

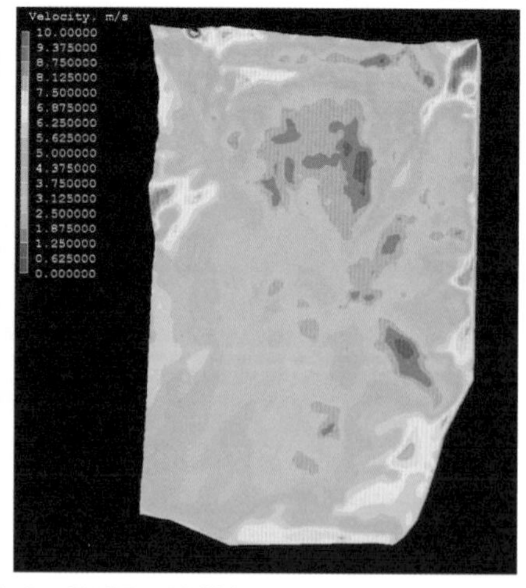

D：PHOENICS 模拟园区风速场的二维视图（云图）

总体规划中的太阳辐射模拟

通过应用软件 Ecotect 频率模拟青岛世园会场地的太阳辐射。模拟结果分析图青岛地处亚热带与温带过渡区，兼备季风气候与海洋气候特点。青岛的冬季时间最长，与北京不相上下，春季升温缓慢，延续时间较长，仅次于冬季；夏季稍短而凉爽；秋季为时最短，匆匆为过，几次寒潮袭来，迅速转入冬季。

图 7-7：青岛世博会园区场地中的太阳辐射模拟应用

Figure 7-7: The Employment of Insolation Analysis in 2014 Qingdao International Horticultural Exposition

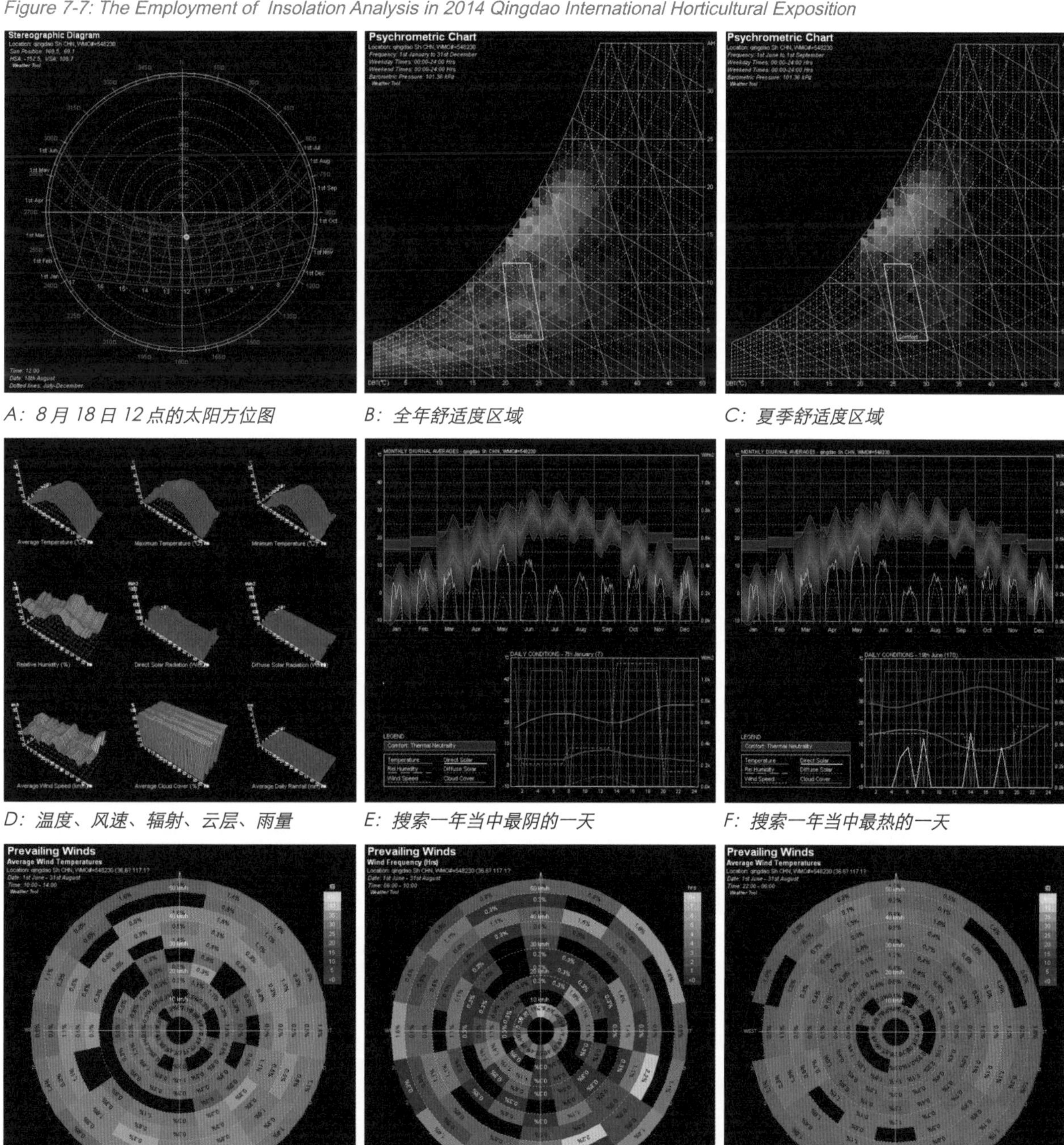

A：8 月 18 日 12 点的太阳方位图　*B：全年舒适度区域*　*C：夏季舒适度区域*

D：温度、风速、辐射、云层、雨量　*E：搜索一年当中最阴的一天*　*F：搜索一年当中最热的一天*

G：夏季中午 风平均温度　*H：夏季早晨 风频绿*　*I：夏季夜晚 风平均温度*

2.2 计算机辅助生态设计在园区建筑中的应用

建筑设计中的太阳辐射模拟

通过对世园会所在地区太阳活动信息的输入，模拟一年之中建筑可接收的太阳辐射总量。如图黄色的位置能够接收太阳辐射量最高。考虑到建筑的功能特点和科技的主题，将光伏一体化的技术应用到温室屋顶的维护部分，在呼应温室功能特点的同时达到节能减排的目的。

图 7-8：光伏幕墙四月份到十月份逐日发电量分析图
Figure 7-8: PV Curtain Daily Generation Capacity Analysis (April to October)

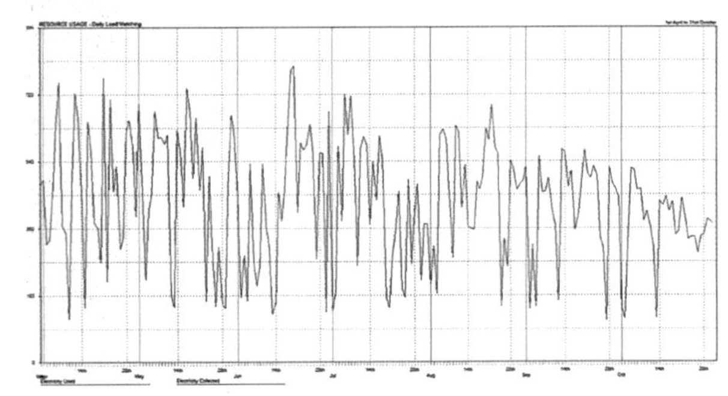

图 7-9：光伏幕墙四月份到十月份逐月日均太阳辐射量分析图
Figure 7-9: PV Curtain Daily Solar Radiation Analysis (April to October)

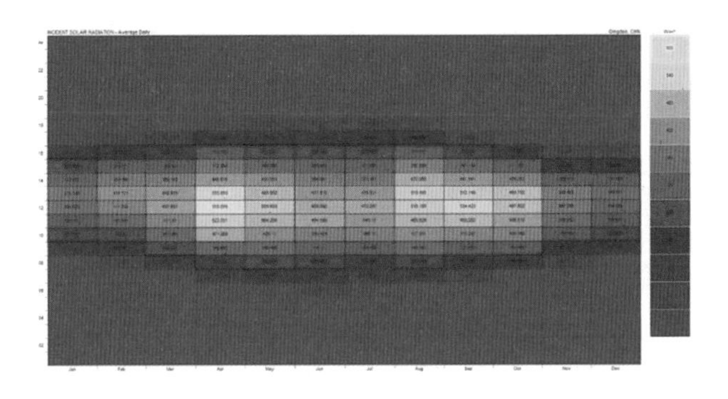

来源：2014 青岛世界园艺博览会科学园科技餐厅方案
Source: Planning and Design of Science Pack of Qingdao 2014 International Horticultural Exposition

建筑自遮阳模拟

建筑自遮阳是利用建筑构件自身产生的阴影来形成建筑的“自遮阳”，进而达到减少屋顶和墙面受热的目的。通过软件对每天各个时间段的建筑阴影区进行模拟，反馈到形体设计，反复调整得到最优的自遮阳效果。

图 7-10：光伏（来源：2014 青岛世界园艺博览会科学园科技餐厅方案（未实施）南京大学建筑与城市规划学院）
Figure 7-10: PV (Source: Planning and Design of Science Pack of Qingdao 2014 International Horticultural Exposition (Not Implemented), School of Architecture and Urban Planning, Nanjing University)

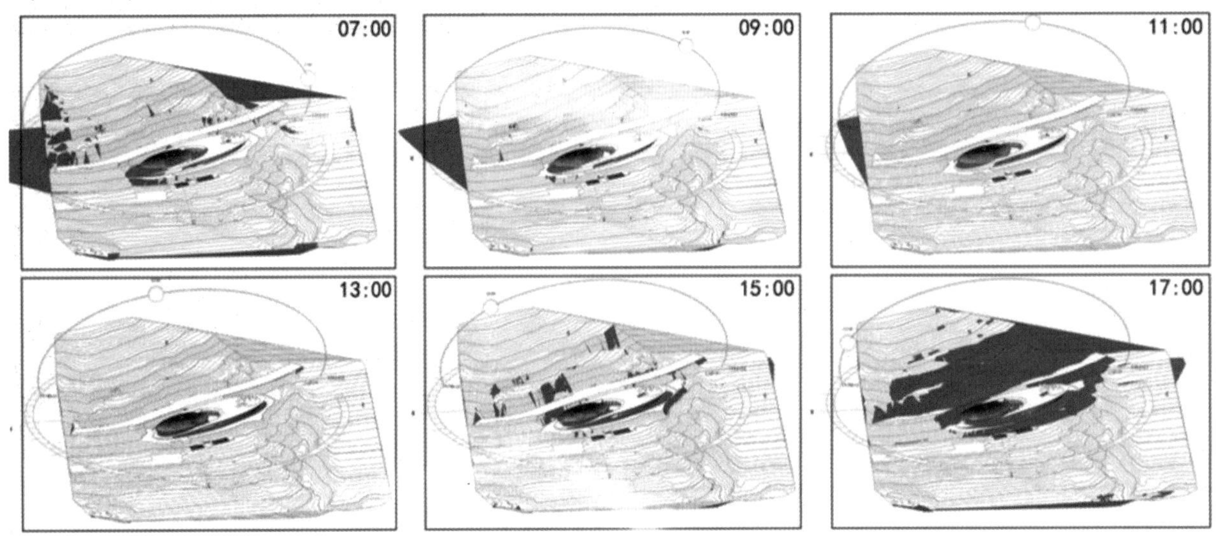

建筑设计中的风模拟

根据青岛市李沧区当地气象数据，对建筑物周围的环境风场进行模拟。得到 1.5 米和 6.6 米标高处的风场图。可见红色区域为风压高区，在此类区域设置进风口；蓝绿色区域为低风压区，设置出风口。这样可以利用自然风压带动空气在建筑内部的流动，从而减少空调和换气扇的能耗。

图 7-11：科学园游客中心建筑设计方案中的风模拟。根据风压分布图，在正压区设置进风口，在负压区设置出风口，从而形成气流差，改善室内通风效果

Figure 7-11: Wind Simulation in Science Park

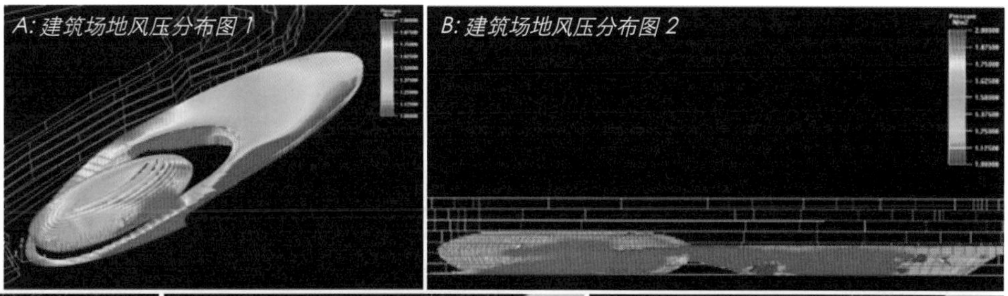

A: 建筑场地风压分布图 1

B: 建筑场地风压分布图 2

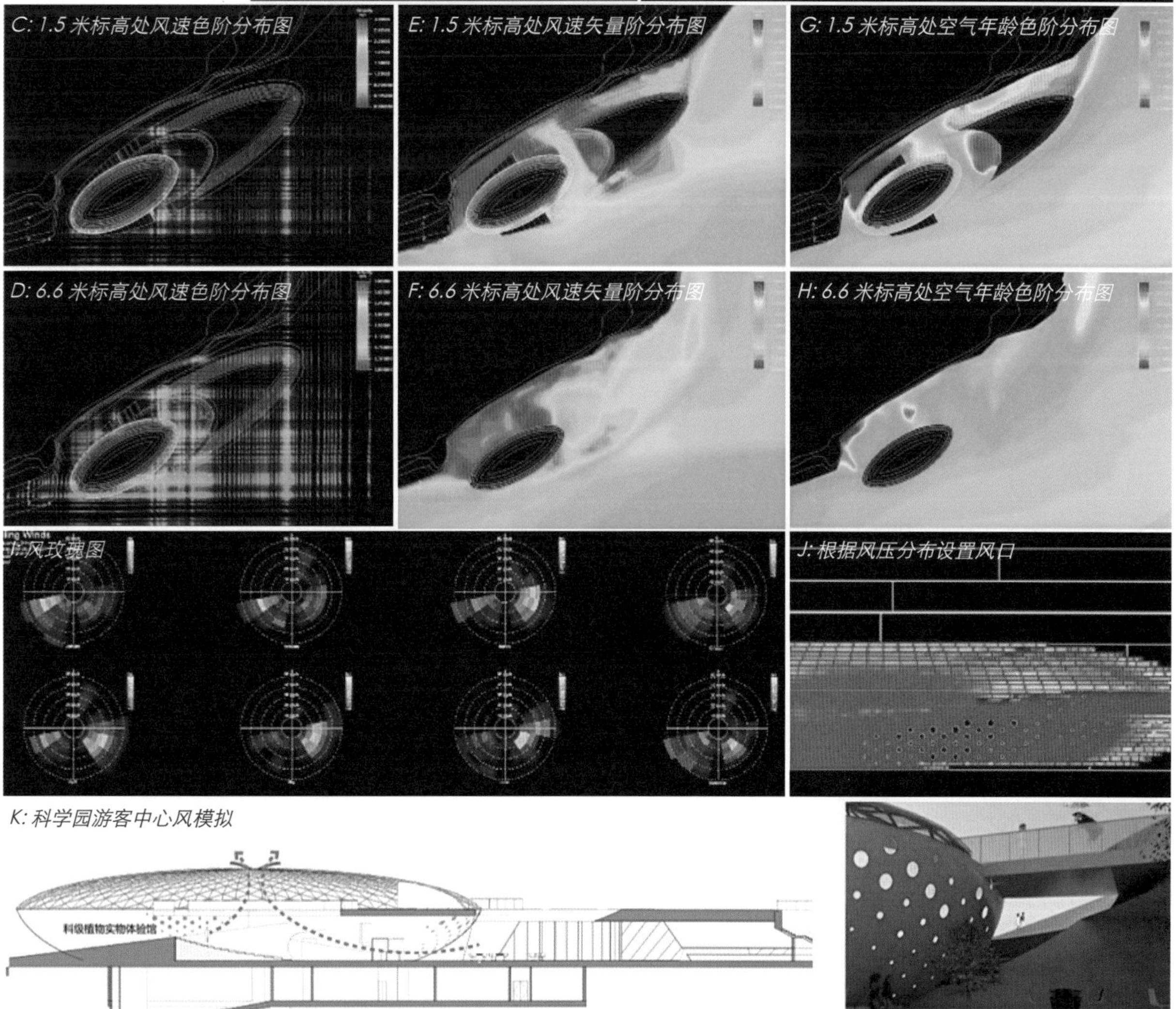

C: 1.5 米标高处风速色阶分布图

E: 1.5 米标高处风速矢量阶分布图

G: 1.5 米标高处空气年龄色阶分布图

D: 6.6 米标高处风速色阶分布图

F: 6.6 米标高处风速矢量阶分布图

H: 6.6 米标高处空气年龄色阶分布图

I: 风玫瑰图

J: 根据风压分布设置风口

K: 科学园游客中心风模拟

科级植物实物体验馆

（来源：2014 青岛世界园艺博览会科学园科技餐厅方案（未实施），南京大学建筑与城市规划学院）

(Source: Planning and Design of Science Pack of Qingdao 2014 International Horticultural Exposition (Not Implemented), School of Architecture and Urban Planning, Nanjing University)

3 智能的建设控制

Intelligent Solutions in Construction Controlling

精细高效的建设是确保规划设计得以实施的保障。在世园会的建设阶段，运用了智能化的手段与方法（如 ESRI）布局和实施通信网络和配套基础设施，为建设数字化园区奠定基础，包括通信工程规划、数字园区规划等。此外，在园区植被种植过程中，还应用了全球定位系统（GPS）对园区植被现状进行勘测普查，在树木种植过程中运用 GPS 定位，确保了种植的精细化。

3.1 通信工程规划和数字园区规划

通信系统是世园会智能体系中的重要组成部分。通信工程规划包括需求量预测、通信局所规划和管孔、管道数量的设定。如在世园会的建设过程中，预测固定通信用户总量 24G、移动通信用户 24 万部、广电通信用户 2840 户等。

规划中的世园会数字园区信息技术系统包含一个共享数据中心，一个基础通信支撑平台及两大服务平台，其中一个共享数据中心指园区地理信息及共享数据库中心，一个基础通信支撑平台指园区通信基础设施支撑平台，两大服务平台指“智慧旅游”综合服务平台及“智慧园区”综合管理平台。

园区地理信息及共享数据库中心构建三维数字园区地理空间系统，使青岛世园会实体景观在计算机中进行虚拟表达，建设网上数字世园 GIS 系统和移动终端 GIS 服务系统。

“智慧旅游”综合服务平台包括门户网站、世园会自助交通导航系统、网上虚拟世园会、趣味世园互动游戏、信息发布系统、新闻媒体服务系统、票务系统、展览馆预约参观系统、贵宾接待系统、电瓶车售票及调度管理系统、自助移动智慧导游系统、游客欢笑墙互动展示、呼叫中心。

“智慧园区”综合管理平台包括园区综合指挥中心、游客行为智能分析及调度系统、安防监控系统、智能交通系统、环境监测系统、公共广播系统、无线集群通信指挥系统、组委会信息资源共享系统、志愿者招募及管理、视频会议、会议室系统。

通信基础设施平台包括通信机房、园区光缆网及综合布线系统、语音通信系统、有线电视系统、计算机网络系统、无线园区、园区智能自控集成系统、异地容灾备份系统、通信管网。③

3.2 建筑信息模型（BIM）参与智慧建设

为确保世园会的工程建设和景观打造有机衔接，在场馆的建筑和结构设计过程中引进当今建筑和工程领域最先进的科技成果——建筑信息模型（Building Information Modeling）系统。它是以建筑工程项目的各项相关信息数据作为模型的基础，进行建筑模型的建立，通过数字信息仿真模拟建筑物真实信息，具有可视化、协调性、模拟性、优化性和可出图性五大特点。

总建筑面积约 2.3 万平方米的“叶片”造型展馆——植物馆的表皮玻璃幕墙是由 10000 多块曲面三角形玻璃拼接而成，在设计过程中就应用了 BIM 技术；而园区标志物“青岛之花”的全部设计过程都在 BIM 的协助下完成，并凭借“BIM 技术在青岛世园会标志物项目的设计层面的应用”获得了 2013 年第二届“龙图杯”全国 BIM（建筑信息模型）大赛的三等奖。

图 7-12：BIM revit 软件模拟的世园会标志物设计
Figure 7-12: The Design of the Horticultural EXPO Landmark Using BIM Revit

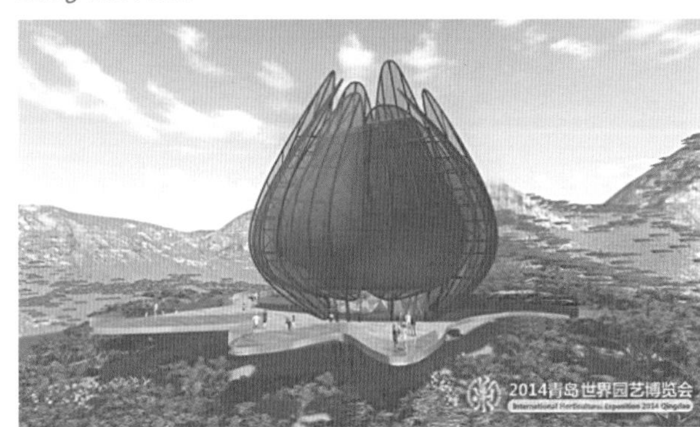

图 7-13：数字化园区工程光缆网环、星型混合拓扑组网分布示意图

Figure 7-13: Optical Cable Network and the Star-shaped Topological Network for the Digital Park Project

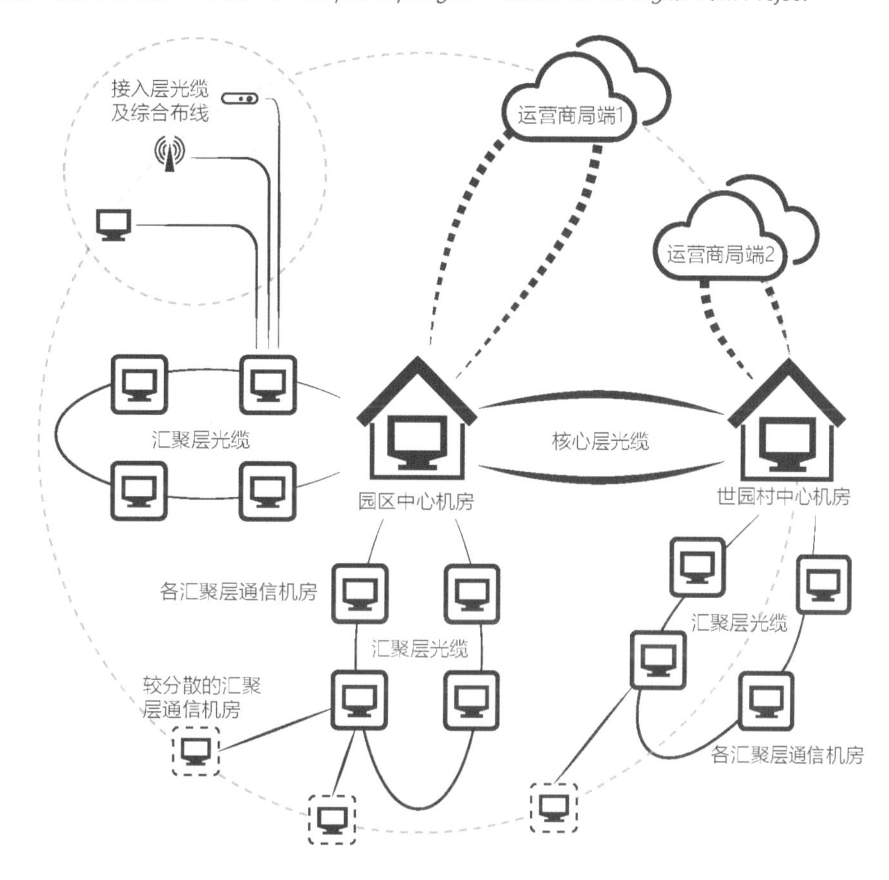

3.3 全球定位系统（GPS）植树定位

作为园艺盛会，植被是青岛世园会的重中之重。青岛世园会的苗木栽植均在路基工程未形成的情况下进行，这为行道树的栽植增加了难度。科技因素在这个环节起了至关重要的作用。世园会动用全球定位系统勘测普查园区植被情况，对需要补充大树的地点详细精确记录。每棵树木在种植前，都经过科学论证，在种植过程中，实施全球定位系统（GPS）定位放线，通过定位，确保树木种植位置误差在1厘米以内。该技术在国内外种植业、林业、牧业、园艺业均已广泛应用，极大地提高了种植效率。

扫一扫

《用 GPS 定位植树误差不超 1 厘米》，
青岛晚报，2012 年 3 月 11 日。

图 7-14：青岛世园会 GPS 植树定位（来源：青岛晚报）

Picture 7-14: GPS Planting in 2014 Qingdao International Horticultural Exposition (Source: Qingdao Evening News)

4 智能的管理运营

Intelligent Solutions in Management and Operation

青岛市是中国“智慧城市”技术和标准双试点城市，也是国家智慧旅游试点城市之一。围绕科技创新办世园的理念，世园执委会专门成立数字园区办公室负责智慧园区工作，高起点规划，高标准建设，全力打造“智慧旅游示范区”。世园会的智能化管理以地理信息为核心，以青岛世园会应用和游客的需求为出发点和落脚点，以人为本，以高标准、高技术含量、地图精美、功能实用完善、完美用户体验为目标，建设一整套完整的地理信息技术服务体系。该体系量化为数字园区地理信息基础服务平台，该平台针对互联网用户、内网用户和园区运营应急指挥中心提供相应的智能化服务，同时又受到多维空间地理信息的强有力支撑，是一个统一的、整合的世园会管理运营系统。

图 7-15：空间地理信息数据支撑的数字园区地理信息服务平台

Figure 7-15: The Digital Park Geographic Information Service Platform Based on Spatial Geographic Data

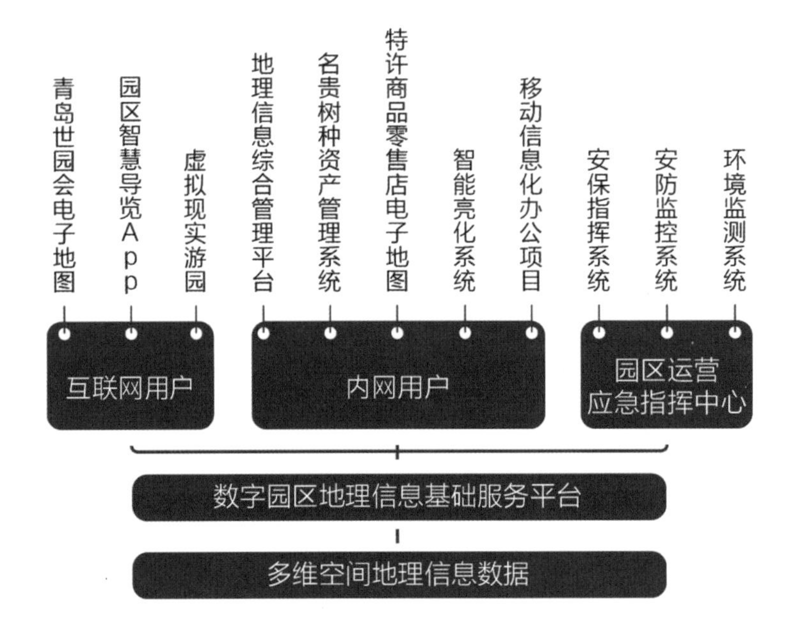

4.1 世园十智

青岛世园会多领域应用数字电子新技术，以创建“国家智慧旅游示范园区”为目标的“世园十智”在园区管理和游客服务方面显示其“智慧”所在。“世园十智”指的是世园会有代表性的十种智慧技术集成应用。包括信息网络覆盖化、地理资讯可视化、人流控制智能化、设施维护科学化、人员管控信息化、应急信息综合化、信息发布同步化、物联技术便捷化、“手机导游”人性化和“网上世园”明晰化。

扫一扫

《世园会 Wifi 全覆盖成智慧城市样板 可用手机导游》，青岛日报，2014 年 6 月 8 日。

4.2 连接无线——园区信号全覆盖

完善的通信及 IT 基础设施平台，为世园会园区提供底层通信及硬件基础。建设万兆主干全光纤网络，采用先进的三网合一通信技术，打造园区信息高速公路；针对越来越多的智能手机用户，世园会实现无线园区 2G/3G/4G/Wi-Fi 信号的全覆盖，游客只需走进园区即可通过各种移动终端获取 Wi-Fi 信号，且 Wi-Fi 采用公开密码形式，名称及密码将附在园区导览图中，游客可以轻松享受到免费的 Wi-Fi 高速无线上网服务。为管理者和游客提供十分方便快捷的联网服务和支撑，并且为智能园区的一体化建设、云端数据共享、应急快速反应、游客导览服务奠定了基础。

同时，针对室内环境下 Wi-Fi 定位不够精确、无线设备需要安装等情况，青岛世园会还部署了 iBeacon 技术设备。它能精准定位用户在室内的位置。该技术通过使用可被放置在任何物体中的小型无线传感器和低功耗蓝牙技术，使用户通过智能手机即可传输数据，将定位精度从原来的几百米，几十米，提高到一米以内。它的低功耗蓝牙技术能使设备拥有更长的续航时间，支持 iOS、Android 等系统，使 95% 的智能手机用户可享受此服务。

图 7-16：青岛世园会实现了 Wi-Fi 的全园区覆盖
Figure 7-16: Full Wifi Coverage in The Qingdao Horticultural EXPO Park

4.3 数据在云——多维空间数据管理

青岛世园会拥有统一共享的数据服务中心，提供基础数据支撑。应用虚拟化和云计算技术，采集园区地形地貌、设施管网等静态数据，整合世园动态运营数据构建数据中心，提供统一数据服务。这是智慧园区的一项重要基础支撑系统。世园会智能管理系统及其数字园区地理信息基础服务平台包含的多维空间数据包括桌面版矢量地图、移动版矢量地图（在线、离线）、影像地图、2.5 维地图、历史影像、360 全景、三维数据、游客服务专题数据、园区管理专题数据、导览线路专题数据等。他们集合了从规划设计、到建设施工、再到导览服务各个渠道、端口的数据，整合构建了全面完整的世园会数据库，并且实现了数据的共享，为进一步地利用数据打下了坚实的基础。

图 7-17：青岛世园会多维空间数据管理
Figure 7-17: Multidimensional Spatial Data Management in Qingdao Horticultural EXPO Park

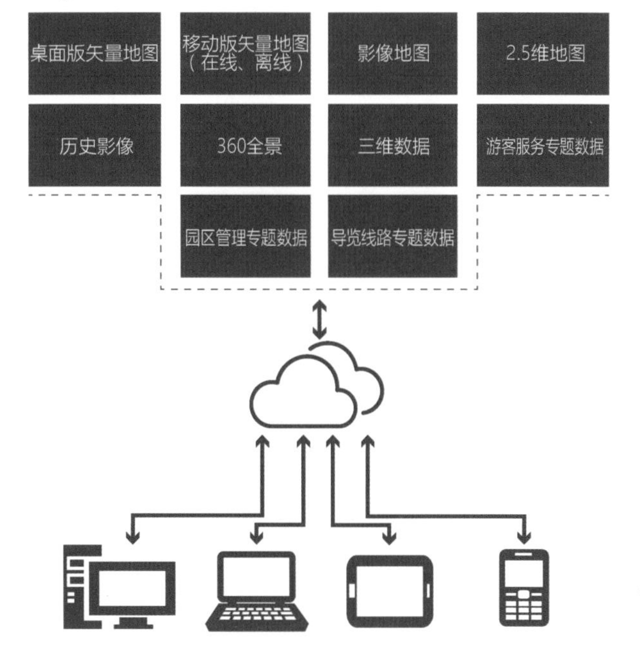

2014 年 11 月 3 日

4.4 智能服务系统

基于数字园区地理信息基础服务平台进一步为青岛世园会量身打造了园区智能服务平台，该平台包含数据管理系统、运维支撑系统和服务系统三大子系统，如图 7-16 所示。它进一步整合了各个空间信息数据，起到数据内外联通交互的作用。这个系统能够处理各类园区管理事务，对园区各类监测点的数据进行采集和处理，对园区各类经营项目进行申报、审批、注册管理等。在平台界面上，有电子地图、数据采集、专题图、业务部门、数据管理、服务管理和运维中心七大板块，每个板块各自包含若干任务子项，图 7-17 所示。

图 7-18：数字园区地理信息基础服务平台与三大子系统

Figure 7-18: The Digital Park Geographic Information Service Platform and The Three Subsystems

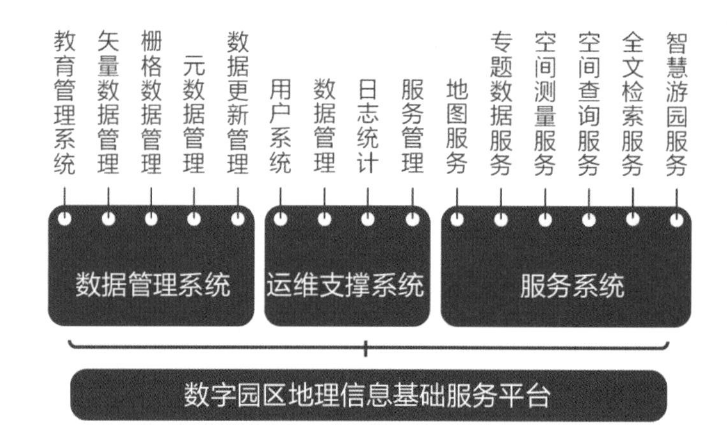

图 7-19：数字园区地理信息基础服务平台界面

Figure 7-19: The Interface of the Digital Park Geographic Information Service Platform

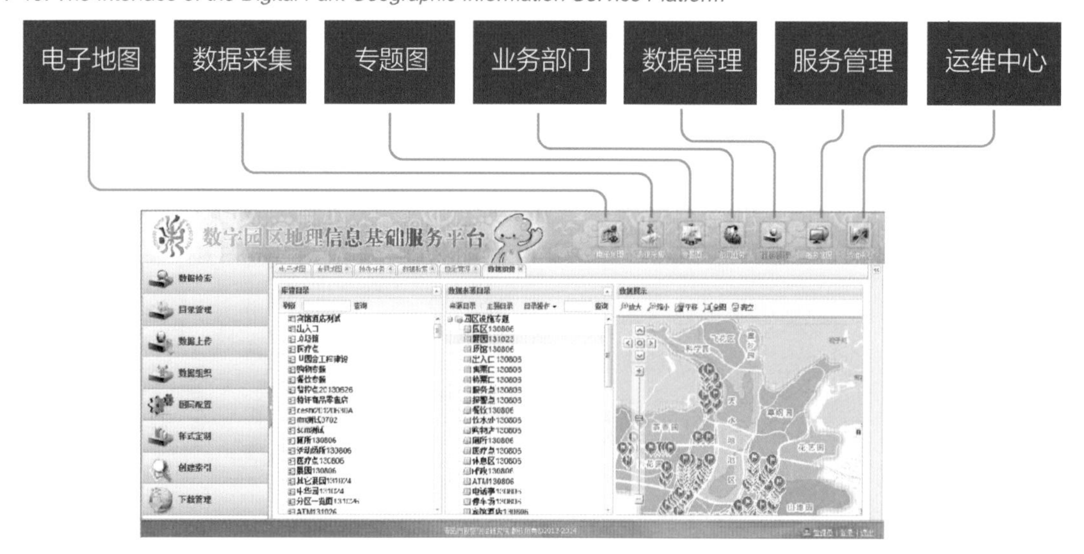

4.5　智能管理系统

除地理信息服务平台之外，青岛世园会还基于地理信息建立了综合管理平台，并以此搭建智能管理系统。青岛世园会智能管理平台的搭建，进一步强化了智能化的园区管理，使各部门协同高效地工作成为可能，极大地提高了世园会管理工作的效率和质量，系统实现了人流控制智能化。应用先进的视频分析、人数自动统计及人脸识别技术、集成电子门票售检票系统，实现园区动态人流情况分析，实时掌握热点人流量，为人流预警和疏导提供决策支持。系统也实现了设施维护科学化。设施设备运维管理智能化，用手机即可申报故障并集中管理；智能喷灌系统，可根据土壤监测数据提供喷灌辅助决策；园区路灯实现智能管理，环保节能。系统还实现了应急信息综合化。实现园区气象、温湿度、空气质量、水文、土壤质量、火情监测等自动采集，为园区防汛防火、极端天气预警、游客服务等提供决策支持，并自动计算距离与路线，使相关处理机制最短时间和最短距离相应。此外系统实现了环境的实施检测，针对大气、水质、土壤的参数做出分析，控制环境的变化。实现了信息发布同步化。数字化网络广播中心，负责声音图像文字等多媒体信息实时发布，并提供网站、手机、园区大屏幕、信息终端、广播同步发送，游客可迅速获知信息。

图 7-20：人流实时监控
Figure 7-20: Real Time Monitoring on Visitors' Flow

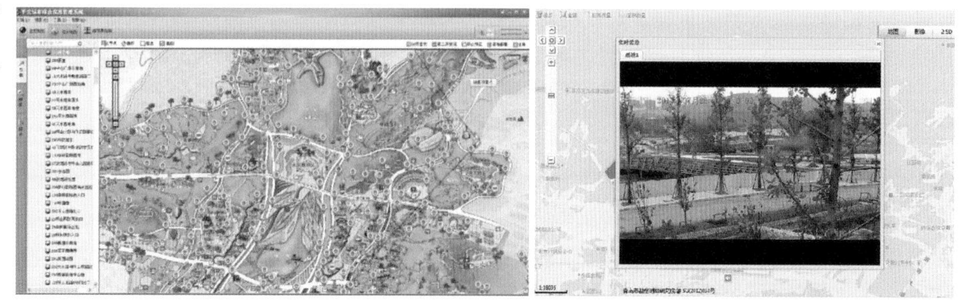

图 7-21：安保实时监控
Figure 7-21: Real Time Security Monitoring

扫一扫

《青岛世园会：智慧系统提升运营管理水平》，青岛网络电视台 - 青岛新闻栏目，2014 年 3 月 26 日。

2014 年 11 月 6 日

5 智能的园区游览

Intelligent Solutions in Tour Organization

单单提供一个智慧的规划和建筑无法保证整个世园会的畅游体验。正所谓搭台唱戏，仅仅搭建一个优质的台子并不能让用户满意，演唱本身才是吸引观众的最佳引爆点。

为了给游客提供最佳游玩体验，青岛这个古老的城市，采纳了最新潮的交互方式，并顺应了移动互联网浪潮，在移动端、新媒体方面做了诸多努力。自 2011 年 11 月 25 日青岛世园会官方微博正式开通以来，青岛世园会官方微博分享了从世园会的建园进度、世园会的日常资讯到世园会的票务信息、精彩景观等，成为大家了解青岛世园会的重要窗口，在游园过程中，还可以与官微实时互动，真正实现了边玩边互动，将游玩与参与完美的融合。

5.1 “游园前”的智能

多平台媒体推广

青岛世园会的眼界并不仅局限于微博这一种平台。除了新浪微博，青岛世园会还将自己的宣传打到了腾讯微博、人人网、百度贴吧、微信，当然还有自己的官网。多种社交媒体的大力推广，极大的普及了青岛世园会的知名度。同时也拉近了世园会和普通大众的距离，这些平台营销的努力让市民切身实地的感受到世园会就在身边。

图 7-22：青岛世园会在线传播平台

Figure 7-22: Qingdao Horticultural EXPO Online Promotion Platform

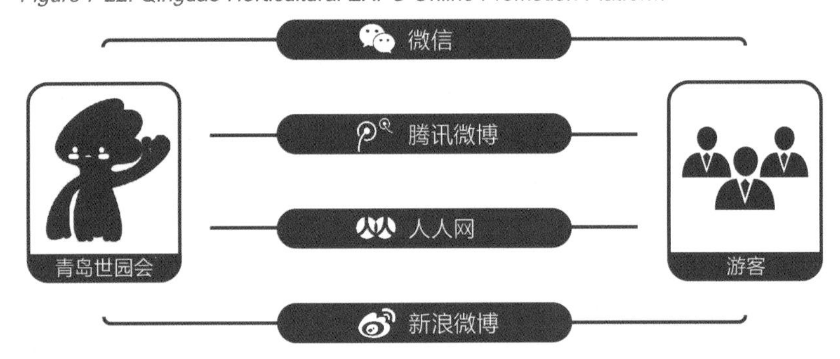

在线制定游玩路线

2014 青岛市世界园艺博览会，被称为世园会史上“科技含量最高”的一届盛会。那些闪光的科技元素，体现在世园会的建设过程中，也体现在园区的各个展馆中，其中一个亮点就是青岛世园会官方网站上的“网上世园”服务。

在青岛世园会官方网站的导航栏，很容易发现“网上世园”。点开“网上世园”后，一副立体感很强的世园会网上沙盘图，就呈现在眼前。拖动鼠标，能对整个园区景观有一个宏观的认知。点一下网页右下方的吉祥物青青，强大的工具栏就出现了，能够提供游客服务、园区览胜、三维地图、景观百科、世园会资讯以及互动游戏等服务。

本次青岛世园会中，“网上世园”最强大的功能就是预览。首先，游客可以通过“网上世园”对青岛世园会的各方面信息有一个初步的认识，“网上世园”因此被称为了解青岛世园会的第一窗口。其次，“网上世园”还为游客们设计了六条风格鲜明的游园路线，如亲子之旅、登山健身之旅、园艺摄影之旅等。夏日高温，选择一条舒适的旅游路线，对游客们的游园体验，具有重要的意义。

另外，“网上世园”还为游客们提供了交通路线、门票问题、饮食住宿等服务，真正让游客能够通过“网上世园”窗口，为游览世园会做到有备无患。

网上世园会是实体世园会的补充和提升，也是重要的辅助宣传平台，不仅可供参观者“看世园、游世园”，同时还加入全面互动、信息共享、资讯传播等功能，让关心世园会的人在网络实景的环境下分享、交流和体验世园会的魅力。[4]

图 7-23：青岛世园会在线平台相关服务
Figure 7-23: Service Online Platform of Qingdao Horticultural EXPO

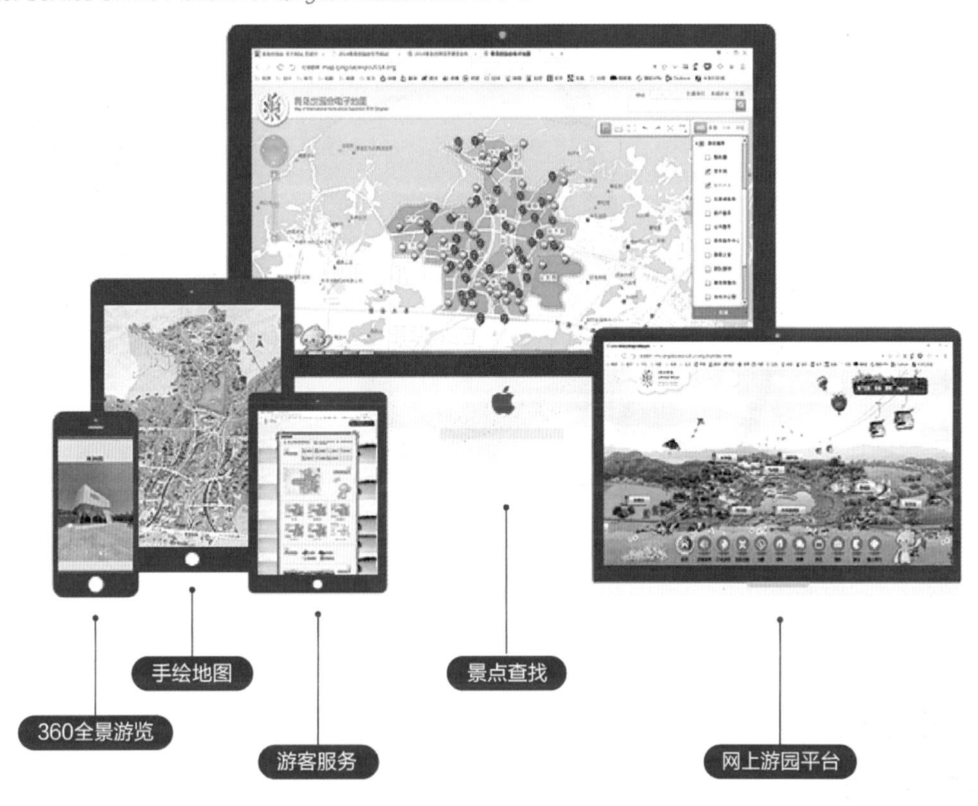

5.2 “在园中”的智能

RFID 芯片门票

青岛世园会的门票内部嵌有一颗 RFID 芯片，每一张门票在制作时将被分配一个惟一的制票号码。参观者只需将门票插入验票机，便可轻松入场。通过 RFID 芯片采集的参观者信息将汇聚到票务系统的中枢，进行数据处理分析，便于园区的管理，只要门票通过验票机，后台系统会马上统计、更新入园人数，管理方就可据此了解园区内的人员密度，并进行科学的分流引导。

扫一扫

《世园会门票装上“中国芯”》，北京日报，2012 年 11 月 06 日。

图 7-24：青岛世园会门票
Figure 7-24: Tickets of Qingdao Horticultural EXPO

2014 年 11 月 8 日

图 7-25：全平台青岛世园会官方 APP
Figure 7-25: Qingdao Horticultural EXPO Official APP in all Platforms

图 7-26：青岛世园会官方 APP 主界面
Figure 7-26: Main Interface of Qingdao Horticultural Expo Official APP

扫一扫

《世园会游园智慧伴侣：青岛世园会 APP》，中国航空旅游网，2014 年 7 月 6 日。

电子导游

全景浏览、在线旅游……这些线上服务着实让相当数量的大众可以在无法前往世园会的条件下尽览世园会美景。但对于广大亲自前往世园会参观的游客而言，这种线上参观无法满足实时的信息查询。为了方便广大游客的游园体验，青岛世园会推出了移动客户端，同时覆盖三大平台，具备地图、资讯、导航、电子讲解，以及二维码世园百科等功能，力图让所有智能设备的使用者都能够以最简单高效的方式领略到世园会的魅力。

青岛世园会 APP 拥有四个栏目，分别为首页、世园在线、实景导览、互动游戏，满足了用户从了解世园会到地图导航，再到娱乐游戏等不同的用户需求。

信息呈现是青岛世园会官方应用的最大特性。游客可以通过应用获取场馆、景点、乃至植物的具体信息，手持 APP，就好像一位虚拟导游陪伴左右，在你需要的时候为你提供相关的讲解，让你的边游边学，寓教于乐。

同时，即使游客已经不在园区游览，青岛世园会官方应用依然可以发挥其独特的作用——提供园区的相关资讯和讯息，让游客可以获得最迅捷的最新世园动态，方便其日程规划。

青岛世园会官方应用的另一大利器就是路程规划。内置世园园区的详细地图，世园会官方应用将为游客推荐最为合理且个性化的路线规划，一步步引导游客尽览世园会的每一处风景。不仅如此，应用内置的实景导览功能拥有实时景观识别功能，类似谷歌、微信等的街景扫描，将方便游客自动识别旅游景点、酒店、交通集散地、餐饮以及休闲娱乐等实景。

5.3 “在馆中”的智能

扫码讲解

为了给游客提供更为便捷的游园服务，青岛世园会还提供了二维码扫码查询信息的功能。

世园会内鲜花大道、山地园区内的主要植物都已配备了二维码，扫一扫每一种植物旁的二维码，就可以扫出植物的相关信息，并将相关信息分享到微信、微博等社交平台中。除了植物，景点、场馆等都已拥有属于自己的二维码，游客既可以通过“青岛世园会”世园百科功能扫描二维码，也可以通过微信扫码获取相关信息。在园区里，应用先进的虚拟化、云计算技术建成的地理信息系统，让平面“死板”的地理资料“立体”起来，地形地貌、地上设施、地下管网等可以“三维仿真”、360 度实景，为世园会各系统提供了一致的数据服务。

图 7-27：植物馆中的二维码（来源：《世园参考》）
Picture 7-27: QR Codes in Botany Pavilion (Source: EXPO Park Reference)

扫一扫

《青岛世园会建立智慧园区信息系统 扫码识植物》，半岛网旅游，转载自《青岛早报》，2014 年 4 月 1 日。

iBeacon 智能广播

青岛世园会还通过企业合作，在世园会植物馆内率先部署 iBeacon 设备，推出了基于精准室内定位技术的世园会手机智慧导览 APP，为观众提供了室内室外都精确覆盖的自助语音导览服务。观众下载使用世园会室内导览 APP 后，进入展厅参观时，会接收到附近几米内 iBeacon 基站广播的信息，从而在 APP 播放相应的语音讲解内容，APP 通过 iBeacon 设备能够计算出观众在展厅的具体位置，精准度最高可达 1 米左右。展馆还可以采集到观众的参观行为数据，为进一步开展基于大数据技术的智慧博物馆应用提供源源不断的积累数据。[5]

扫一扫

《青岛世园会本月部署苹果 IBeacon 技术设备》，和讯网，2014-10-22。

图 7-28：青岛世园会将 iBeacon 技术应用于园区
Figure 7-28: iBeacon in Qingdao Horticultural EXPO

6 智能的互动展示

Intelligent Solutions in Interactive Exhibition

青岛世园会不仅是一场园艺与植物的盛会，更是一次高科技和贴心服务带来的奇特体验。园区的花、树、路、馆，每一个片区、每一个节点，都能让游客触摸到身边科技的魅力，并在重点区域引进能让游客参与互动的科技元素，增强游客与景区的互动和联系。

6.1 “智慧生活”的体验

在青岛世园会上，主题馆展区的海尔“智慧生活馆”以“智慧科技，活出新鲜”为理念，将游客带入一个未来概念版的智慧科技家庭。海尔智慧生活馆设七大主题展示区，分别为智慧生活畅想展区、舒适空气区、安全食品区、健康用水区、安心社区、智慧太空区、虚实融合展区。让空调、冰箱、厨房电器、电视以及 3D 打印等种种电器的未来应用前景以及所带来的全新体验得到展现，让参观者率先感受了未来时代中空气、水、食物、娱乐及护理等生活元素的一站式智慧生活解决方案。[6]

人体健康管家

参观者可以通过手机等电子终端实现电器联网，互联网冰箱能够记录主人每天购买的食材信息，在保障新鲜的同时推荐适合家人体质的营养菜谱，并自动将菜谱传送给酒柜、箱和洗碗机。酒柜收到信息后，会自动推荐与菜谱匹配的酒品并调节到最佳饮用温度。烤箱会根据您的选择，提供智能制作方法，一键烘焙。当享用完美食之后，洗碗机会根据菜谱的油腻程度，对餐具进行智能清洗除菌。

而所有的信息，都将在一块屏幕上得以展示，通过可视化的表达，将身体的健康状况、厨房的即时状态以及相应的操作实现整合，方便用户的操作。

图 7-29：游客试用人体健康管家（来源：中关村在线——爱的陪伴 海尔智慧生活馆细节全面曝光）

Picture 7-29: Try out of Human Health Keep(Source: http://jd.zol.com.cn/475/4758868.html)

海尔墨镜

作为海尔智慧家居的重要组成部分，海尔魔镜将为使用者提供最为贴心和科学的服装搭配。使用者不需要再为每天出门穿什么样的衣服、搭配什么样的风格而烦恼，只需要往镜子前一站，镜子就会自动根据外界天气和当天的气温走向为你推荐出最合适的服装搭配，同时还会在镜子前合成并显示出实际的穿衣效果。

图 7-30：游客试用海尔魔镜（来源：华声在线）

Picture 7-30: Try out of Haier Mirror(Source: news.voc.com.cn)

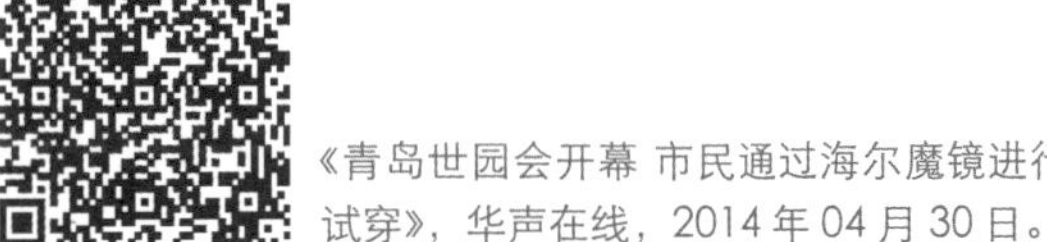

扫一扫

《青岛世园会开幕 市民通过海尔魔镜进行衣服试穿》，华声在线，2014 年 04 月 30 日。

6.2 “科技未来”的畅想

青岛世园会上被视为是史上科技感最强的世园会之一，对智慧与技术的重视让青岛世园会不仅仅只是园艺的盛会，更是展示最新科技成果和先进理念的舞台，在世园会中，从 3D 投影到 4D 电影，从一草一木到场馆建设，无不是当今最前沿科技的体现，正是这些创新技术的应用，共同打造出了一个绿色、节能、智慧的园区。

青岛世园会充分抓住技术优势，通过对最新技术的运用和推广，不断地为游客呈现最为震撼逼真的产品展示，让展示信息深入游客内心。同时，游客也并非单纯的信息接受者，世园会将互动元素引入展示之中，让游客能够参与其中，成为展示的一部分，正是无数游客的参与，让互动展示因游客而不同，因游客而丰富多彩。

图 7-31：青岛世园会高科技展示项目（来源：2014 青岛世界园艺博览会官方微博）
Picture 7-31: High-tech Displays in Qingdao Horticultural EXPO
(Source: The Official Microblog of Qingdao Horticultural EXPO, http://weibo.com/qdexpo2014)

梦幻展厅

梦幻展厅中心是一个地球投影装置，以半球为基底，设有各国地标性建筑及帆船模型。在球体上还循环演示洋流运动、水循环、碳循环，以此来展示绿色植物对城市的重要意义，彰显和谐生态的主题。

4D 电影

4D 电影《绿色密码》讲述的是人类为解除地球能源危机寻找“绿色密码”的艰险历程。全片通过能源枯竭、海啸来袭、海底历险、城市重生等情节，引发人们对现状的反思，唤起人们对能源、自然、地球的珍惜之情，将带领游客开启一场视觉与触觉的神奇之旅。

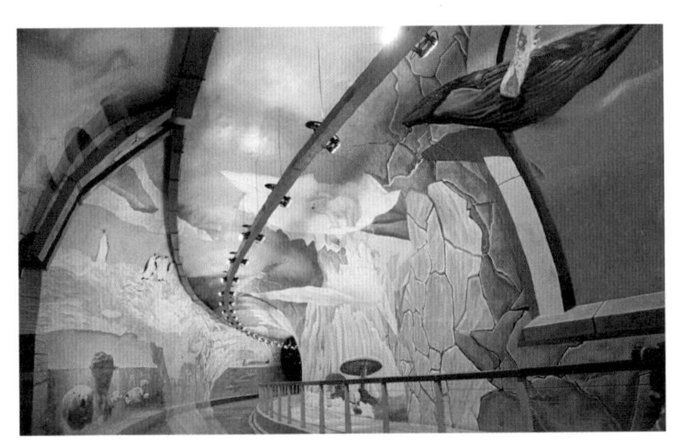

3D 隧道

世园会园区 3D 隧道画项目由青岛世园会执委会和青岛世园（集团）有限公司共同主办，青岛理工大学艺术学院承办完成，并获得上海大世界基尼斯颁奖。整个隧道面积两千多平方米，绘画工程利用透视原理，游客只要站在合适的位置，就可体验到上天入地的时空交错感。

水雾投影

青岛世园会音乐喷泉，位于李沧区百果山森林公园内天水湖里，大型水舞秀是整个世园会核心园区景观之一，水舞秀的奥妙在于湖水下的数百个喷泉。水舞秀是水与科技相结合的艺术，伴随或激昂或舒缓的音乐，水柱编织出了种种美妙图案，最高可达 80 余米。

7 关于智能的思考

Thinking on Intelligence

自 2008 年 IBM 提出智慧城市（Smart City）的概念被提出之后，对智慧城市的探索和讨论方兴未艾，成为近年来城市规划、城市建设、城市管理以及其他各个领域的热点，被各方通过各种形式理解、提出、展示和实践。

在智慧城市的基础上，我们根据中国的实际情况提出了智能城市的理念。用“智能城市”替代“智慧城市”的提法更适合中国国情。IBM 提出的“智慧城市”，英文为“Smart City”，其中“Smart”一词，本意机灵的、聪明的，并不直接对应“智慧”(wisdom)。其次，美欧已走过大规模城市化和工业化时代，已无需大规模基础设施建设，当前城市的主要任务是管理与服务的智能化，因而其市长行政职能比我国市长窄得多。再次，我国现正处于工业化、城镇化、信息化、农业现代化（以下简称“四化”）同步发展阶段，遇到的困惑与问题在质和量上都有其独特性，所以中国城市智能化发展路径必然与欧美不同，仅从他们的角度解读智慧城市，难以解决中国城市发展问题，这就说明了我国城市发展的内涵与实践远比欧美“Smart City”要丰富得多。因此建议我国使用“智能城市”的概念，更适合中国国情。对于拥有农村的中国广大城市而言，建设智能城市实质就是让一个城市能够又好又快又省地巧妙发展的过程，就是要将我国新型城镇化、深度信息化和工业化升级版深度融合，使城市能够集约、绿色、宜人、安全、可持续发展。

因此，根据智能城市的内涵与外延，我们提出城市智能化的构想。城市智能化的本质是城市需要“三元空间 (PHC)”的协调发展。当今城市已从二元空间 (PH) 进入了三元空间 (PHC)⑦，是城市智能化的大势所趋，只是各国所取名字不同，内容不同，发展阶段不同而已。目前国内外开展“智慧城市”建设，主要集中于第三元空间的营造，而我国城市智能化应该是“三元空间”彼此协调，使产业、生活、公共服务格局三者相互促进，超越现有数字城市、网络城市和智慧城市建设理念。

图 7-32：智能城市四大功能
Figure 7-32: Four Functions of Intelligent City

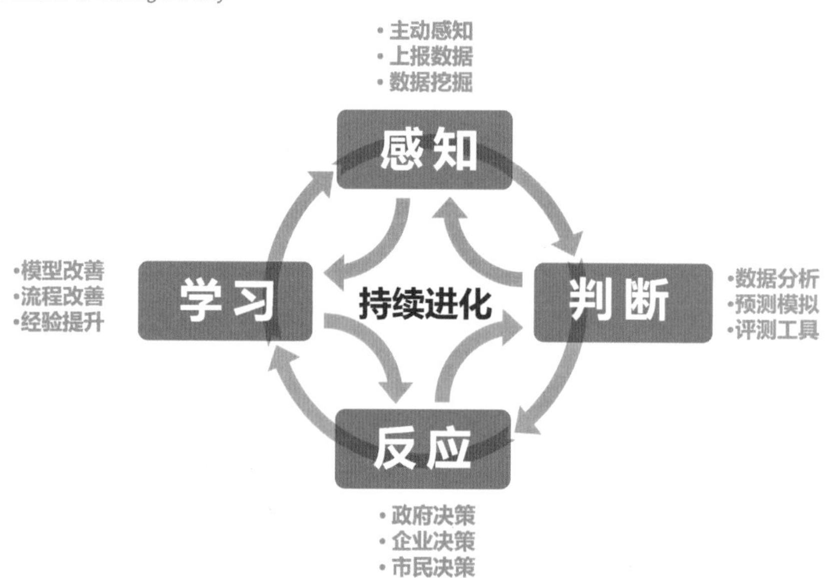

回顾青岛世界园艺博览会，让我们有机会通过具体的实践来冷静思考究竟何为智能，何为智能城市，又何为城市智能化。城市规划的服务对象是“人”。我们认为，对于城市规划而言，单纯为了智能而智能并不是真正的智能。我们反对仅仅为了智能的形式而做的智能，反对仅仅为了锦上添花而做的智能，反对为了热闹和浮夸、为了哗众取宠而做的智能。青岛世园会让我们规划师有机会从本质层面思考城市的智能化——什么是智能的核心要素？智能的核心要素应当包括两个方面——“人”与“资源”，“人”是智能化的根本，而“资源”是评判智能的关键。因此，发展智慧城市的意义应该不局限于技术进步，更重要的是要实现一场城市管理方式的革命，其衡量标准不应只是采取了多少炫目的先进科技，还要看是否发挥了民众自治力量，促进城市管理方式走向多元化、扁平化，并让政府职能向着服务型的方向转型。同时，对于我们规划师来说，必须保持开放的心态与开放的思维，整合多方力量，融合多方技术、协同多方资源，推动一个智能化的城市系统走向更美好的明天。

2014 年 11 月 13 日

7.1　智能之本——人的安全、便捷与愉悦

智能之本，即是以人为本。归根结底，城市是人类的家园，市民是城市的根本。让市民成为城市规划和建设的核心，让改善民生成为设计的主要方向。城市建设，无论是规划、建筑、景观、室内，其核心服务对象都并非机器亦或钢筋水泥，而是身居其中的人。对于城市自身而言，市民自己更熟悉本地区的资源格局和自身需求，因此务必要建立以人为本乃至市民参与的智能城市规划，让规划与设计自人而生，至人而止，从而形成良性的生态系统，促进市民和城市的共同发展。

真正的智慧，当是智慧的“人”，而非智慧的“技术”。智慧的“人”不断发现智慧的方法、创造智慧的成果、运用智慧的技术，才能使我们的城市和生活更加智慧。如果只是一味地吹捧外部的智慧技术，人就会变得越来越无知。规划师要具备的智慧，应当是雪中送炭的智慧。只有从“人”与“资源”两个方面入手，满足“人”的需求，才能从根本上提出智慧的解决方案。人在生活中的安全、便捷与愉悦是其基本需求。通过对数字技术、数据分析、管理体系的改造，让居住于城市中的居民切身实地的感受到安全的保障，基础设施的便捷，发自内心的感受到城市生活的愉悦，才是智慧的要义、目的、责任，才能实现对智能城市的真正演绎。

7.2　智能化与可持续发展——节能、节物与节时

在可持续发展的总目标下，智能化是其必不可少的实现手段。事实上，智能化与可持续发展是一个硬币的两个面，是相辅相成，相生相伴，相互影响，相互促进的。要想成功实现城市的可持续发展，就必须更加智能地运用我们有限的资源。因此，对资源是否合理利用，是评判是否智能的重要标准。而资源的消耗是多个维度的，包括耗能（能源消耗）、耗物（物质消耗）和耗时（人力与时间的消耗）。只有运用智能化的手段，智慧整合各种技术，使得原本粗放型的资源利用模式逐步走向集约化、精细化和智慧化。在资源利用方面上尽可能地降低能耗、物耗、时耗，减少对物质的浪费，以更节能的方式实现能源再生，减轻生态的压力，提升资源的利用率，实现城市的精明增长，让城市永续发展。

图 7-33：智慧城市核心要素
Figure 7-33: Key Factors of Intelligent City

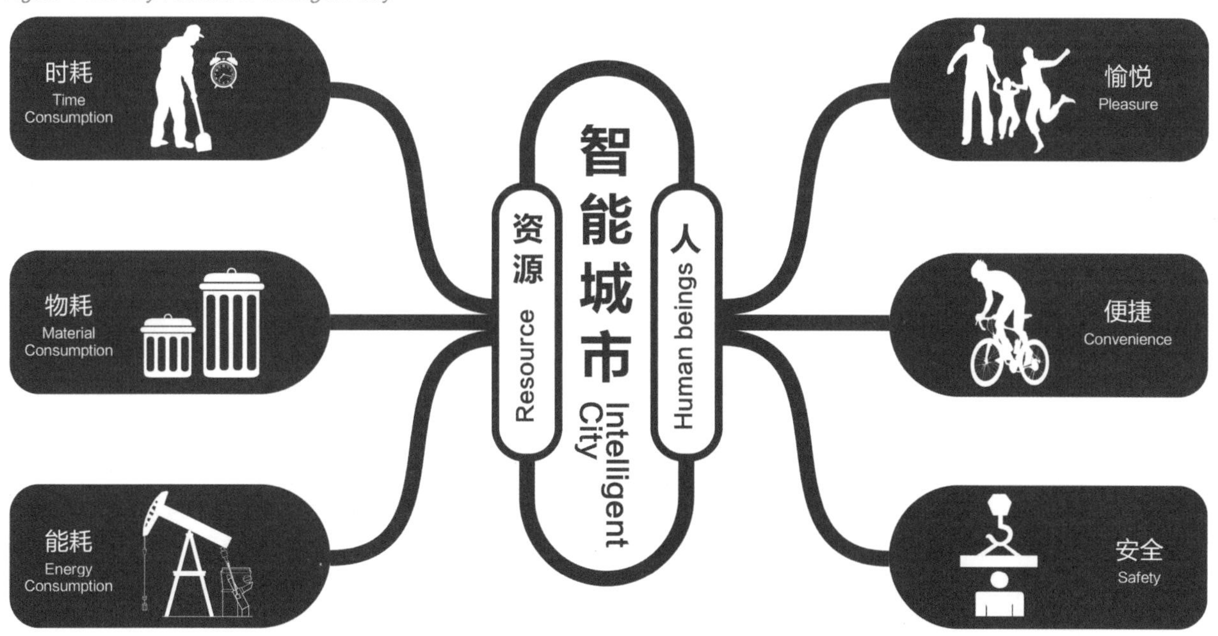

扫一扫

青岛世园会微信公共号

世园商城微信

世园 100 微博

注释
Notes

① 参考自《易智瑞蔡晓兵：Esri 地理信息助力建设智慧的青岛世园会》，青岛新闻网，2013 年 7 月 15 日。
网址为：http://www.qingdaonews.com/content/2013-07/15/content_9857235.htm

② 参考自《青岛世园会：智慧系统提升运营管理水平》，青岛网络电视台 - 青岛新闻栏目，2014 年 3 月 26 日。
网址为：http://lanmu.qtv.com.cn/system/2014/03/26/011261135.shtml

③ 参考自《2014 青岛世界园艺博览会园区修建性详细规划（修编)》，青岛市城市规划设计研究院编制。第 76-77 页。

④ 参考自《夏日畅游青岛世园会：如何提升游园体验？》，网易旅游，2014 年 7 月 3 日。
网址为：http://travel.163.com/14/0703/19/A08K2FTD00064L77.html

⑤ 参考自《青岛世园会本月部署苹果 IBeacon 技术设备》，和讯网，2014-10-22。
网址为：http://tech.hexun.com/2014-10-22/169570508.html

⑥《青岛世园会海尔馆打造一站式智慧生活体验》，网易新闻，2014 年 4 月 28 日。
网址为：http://news.163.com/14/0428/10/9QTN8MST0001124J.html

⑦ “三元空间”：第一元空间指物理空间 (P)，即城市所处物理环境和城市物质组成：第二元空间指 “人类社会空间 (H)”，即人类决策与社会交往空间，第三空间指 “赛博空间 (C)”，即计算机和互联网组成的 “信息” 空间。

后记

Postscript

从2010年底开始担任青岛世园会总规划师着手世园会的总体规划设计，到2014年持续184天的世园会开幕闭幕，再到2015年初这本《青岛世园会可持续规划设计》即将付梓，有无数人倾尽全力给予我极大的帮助，借此机会向他们一一致以衷心的感谢。

感谢青岛市领导对世园会规划设计工作的支持。青岛市委对世园会主题的演绎、青岛市长的鼎力支持对青岛世园会规划的成功至关重要。主管市长王建祥先生为世园会殚精竭虑、握发吐哺，给予我充分信任，激励着我为世园会规划工作竭尽最大的努力。

感谢青岛市政府各个相关职能部门为世园会的规划、建设、宣传和旅游等工作协同合作。特别感谢青岛市规划局、林业局、城乡建设委员会、交通运输委员会等部门的领导同志和众多工作人员，他们是规划设计得以顺利实施的关键。也要感谢李沧区、崂山区、城阳区的领导同志，他们的积极配合和全面协助让规划团队受益匪浅。

感谢青岛世园会执委会历任领导和工作团队，在近五年时间里他们与我们规划团队并肩作战。正是一批批以李奉利秘书长为代表的“世园人”夜以继日地不懈努力，才最终确保了世园会的成功召开。

感谢全国各地的学界前辈，他们的指导和建议让我受益匪浅。感谢风景园林规划与设计教育家、中国工程院院士孟兆祯先生，他多次提出宝贵建议，他的智慧、学识与人格深深地感染着后学。

规划设计是一项多团队协同创新的工作。感谢所有参与青岛世园会总体规划、控制性详细规划、各个专项规划、景观设计、建筑设计、展示设计等各个层面规划设计的城市规划师、建筑师、景观师、园艺师和各类工程技术人员。感谢青岛新都市设计集团的设计师，他们出色地完成了童梦园的设计；感谢南京大学建筑与城市规划学院的教授和南京大学建筑规划设计研究院的老师，他们团队设计了青岛世园会的梦幻科技馆和科技餐厅；感谢青岛市旅游规划建筑设计研究院的团队落实设计世园会的科学园的构思；感谢青岛腾远设计事务所的所长和工程师，他们设计了莲花馆、童梦园和草纲园；感谢天津华汇工程建筑设计有限公司的团队设计了天水地池服务区的建筑；感谢同济大学建筑设计研究院主持设计了鲜花大道；感谢上海同济城市规划设计研究院的团队进行了天水地池的景观和主题广场的设计；感谢荷兰的UNstudio建筑事务所设计了美妙的主题馆；感谢美国的VC Landscape Development Inc.团队贡献了植物馆和草纲园的概念；同时，上海建筑设计研究院有限公司也参与了植物馆的设计；此外上海市政工程设计研究总院（集团）有限公司园林景观设计研究院、同济大学建筑与城市规划学院的老师也参与了大量的设计工作，他们是千千万万世园会设计工作者中的代表，我向他们致敬！

我也要感谢我的工作团队的同事们：马春庆、娄永琪、卢仲良、杨秀、姚雪艳、刘悦来、刘谷一、赵倩等。他们日日夜夜伴我一起创作，为我的创作构思一次次制图改图；还要感谢青岛市相关局、委、办从前期开始与我的团队一起工作的王亚军、田力男、王兆慧、孙更强；感谢参与过编纂工作和资料整理工作的韩婧、王思成、朱颖华、乐可柯、郭微润、胥星静、唐晓薇、甘惟、孔翎聿、严娟、俞晶、姚放、赵倩、张裕锦、汤岭岭、刘伟、滕雨薇、庞璐等，他们收集和整理了大量第一手的文字、影像和图表资料，并编排文字、绘制插图。世园执委会专家办主任魏小鸿先生一直热情相助，为此书奔波劳苦，他和众多摄影家为本书提供了大量珍贵的影像资料，在此万分感谢。

最后，还要感谢我的家人支持和理解，感谢老父亲的临终教诲。

甲午年大寒

于同济大学文远楼